高等职业教育土木建筑类专业新形态系列教材

建筑装饰工程项目管理

主　编　苗二萍

副主编　田俊杰　刘小峰

参　编　刘红丹　李　娟　齐丽君

　　　　魏留明　王文星　刘怡燕

U0367106

机 械 工 业 出 版 社

本书紧密结合建筑装饰装修工程施工全过程,展开介绍了装饰装修工程招标投标,装饰装修工程合同管理,装饰装修工程流水施工,网络计划技术基本知识,单位工程施工组织设计,装饰装修工程施工的成本、进度、质量等管理的相关内容。

本书按照国家现行的装饰装修工程相关规范和技术标准编写,可作为高等职业院校建筑装饰工程技术专业的教学用书,也可作为广大土建工程技术人员及从事相关专业岗位技术人员培训的参考用书。

图书在版编目(CIP)数据

建筑装饰工程项目管理 / 苗二萍主编. -- 北京:
机械工业出版社,2025. 1. — (高等职业教育土木建筑
类专业新形态系列教材). -- ISBN 978-7-111-77419-8

Ⅰ. TU712

中国国家版本馆 CIP 数据核字第 2025CK5678 号

机械工业出版社(北京市百万庄大街 22 号 邮政编码 100037)

策划编辑:常金锋   责任编辑:常金锋
责任校对:王 延 张 薇   封面设计:王 旭
责任印制:刘 媛

涿州市殷润文化传播有限公司印刷

2025 年 5 月第 1 版第 1 次印刷

184mm×260mm・15.75 印张・398 千字

标准书号:ISBN 978-7-111-77419-8

定价:50.00 元

电话服务   网络服务

客服电话:010-88361066   机 工 官 网:www.cmpbook.com

          010-88379833   机 工 官 博:weibo.com/cmp1952

          010-68326294   金 书 网:www.golden-book.com

封底无防伪标均为盗版   机工教育服务网:www.cmpedu.com

Preface

　　"十四五"时期，中国工程建设已进入新发展阶段，在新发展理念引领下构建新发展格局，在应对全球化的市场活动中，施工管理和项目管理正在起着关键性的作用。施工的项目管理是支撑企业经营生产快速健康发展的主要手段和重要保证，近年来，部分国有重点企业已基本形成系统完备、科学规范、运行高效的中国特色现代化企业管理体系，总体管理水平达到或接近世界一流水平，打造了对标行业一流企业的项目管理创新实践的结构。

　　本书主要阐述了建筑装饰装修工程项目的组织与管理概论、建筑装饰装修工程招标投标、建筑装饰装修工程合同管理、建筑装饰装修工程流水施工、网络计划技术基本知识、单位工程施工组织设计、建筑装饰装修工程施工成本管理、建筑装饰装修工程进度管理、建筑装饰装修工程施工质量管理、建筑装饰装修工程职业健康安全与环境管理、建筑装饰装修工程项目信息管理等内容。

　　本书突破了已有相关教材的知识框架，注意理论与实践相结合，采用全新体例编写。内容丰富，案例详实，并附有多种类型的习题供读者练习。

　　本书由河南建筑职业技术学院苗二萍担任主编，河南建筑职业技术学院田俊杰、中国电建集团河南省电力勘测设计院有限公司刘小峰任副主编，全书由河南建筑职业技术学院苗二萍负责统稿。本书编写分工为：苗二萍编写单元1、6、8和9；田俊杰编写单元4、5和7；河南建筑职业技术学院刘红丹编写单元2和3；河南建筑职业技术学院李娟编写单元10和11。河南建筑职业技术学院齐丽君和魏留明参与了本书微课视频的制作工作，河南建筑职业技术学院王文星和刘怡燕参与了本书的开编内容讨论。刘小峰为本书的编写提供了大量工程实例和案例。

　　本书在编写过程中，参考和应用了大量国内外的文献资料，在此谨向原书作者表示衷心的感谢。由于编者水平有限，本书难免存在缺陷和疏漏之处，敬请各位读者批评指正。

编　者

二维码清单

（续）

页码	名称	二维码	页码	名称	二维码
152	施工进度计划的编制（一）		202	施工进度计划的检查和调整	
152	施工进度计划的编制（二）		220	施工质量事故处理办法	
178	成本管理概述		229	建设工程安全事故的处理	
183	成本控制		237	建筑装饰装修工程信息管理概述	
202	施工进度计划的实施				

Contents

单元 1

建筑装饰装修工程项目的
组织与管理概论

1.1　建设项目及其程序

1.1.1　建设项目

　　建设项目（construction project）也称为基本建设项目，是指一个总体设计或初步设计的建设工程组织施工，建成后具有设计所规定的生产能力或效益，在经济上实行统一核算，行政上实行统一管理的工程实体，例如在工程建设中的一个工厂、一个矿山；在民用建设中的一所学校、一栋住宅。负责一个建设项目并行政上独立组织，经济上独立核算的企事业单位叫作建设单位。

建设项目

1．建设项目的分类

　　按照不同角度，可以将建设项目分为以下类型：

　　1）按照其用途，可分为生产性建设和非生产性建设两大类。前者是指直接或间接用于物质生产的建设工程，如工业建设、运输邮电建设、农林水利建设、商业物资供应建设等；非生产性建设是指用以满足人民物质和文化生活需要的建设，如住宅建设、文教卫生建设、公用事业建设（城市的供水、排水、道路和环境绿化等）以及行政建设等。

2）按照其性质，可分为新建、改建、扩建、迁建和恢复工程五类。

国家为了控制固定资产投资的使用方向，将固定资产的投资划分为基本建设投资（基本建设项目）和更新改造投资（更新改造项目）两大类。

3）按照建设规模或投资大小，可划分为大型项目、中型项目和小型项目三类。

4）按照项目投资主体，可分为国家投资、地方政府投资、企业投资、合资企业投资以及投资主体联合投资的建设项目。

2. 建设项目的组成

根据工程设计要求，编审建设预算，开展项目的组织管理，为了便于控制、检查、评定和监督每一个工序和工种的工作的质量，需要将建设项目逐级划分为单项工程、单位（子单位）工程、分部（子分部）工程、分项工程和检验批。

（1）单项工程　建设项目可由若干个单项工程组成。单项工程是指具有独立设计文件，建成后具有设计规定的生产能力或效益的工程。例如工业建设项目中的各个独立生产车间，民用建设项目中的一个办公楼、一个宿舍楼等都属于一个单项工程。

（2）单位（子单位）工程　一个单项工程可包含若干个单位工程。单位工程是指具有独立的施工条件，但建成后不能独立发挥生产能力或效益的工程。例如工业建设中，一个车间常包含以下单位工程：一般土建工程、给水排水工程、采暖通风工程、机械及电气设备安装工程和工业管道工程等。

对于规模较大的单位工程，可将其能形成独立使用功能的部分划分为一个子单位工程，所以子单位工程就是将一项复杂的单位中具有独立使用功能的构筑物，单独划分出来便于施工、管理、资金控制的工程。子单位工程的划分一般可根据工程的建筑设计分区、使用功能的显著差异、结构缝的设置等实际情况，在施工前由建设单位、监理单位和施工单位自行商定，并将据此收集整理的资料供验收使用，例如高层建筑的裙房可作为子单位工程。

（3）分部（子分部）工程　一个单位工程又可划分为若干个分部工程。当分部工程较大或复杂时，可按材料种类、施工特点、施工顺序、专业类别等划分为若干个子分部工程。例如一般土建工程根据不同结构部位及结构特征，可分解为土方工程、地基及基础工程、砖石工程、混凝土及钢筋混凝土工程、装饰装修工程等若干分部工程。而建筑装饰装修工程作为一项分部工程，其地面工程、细部工程、门窗工程、幕墙工程等为子分部工程。

（4）分项工程　分项工程是对分部工程的再分解，一般分项工程应按照主要工种、材料、施工工艺、设备类别等进行划分。建筑装饰装修工程子分部工程及其分项工程划分详见表1-1。

表1-1　建筑装饰装修工程子分部工程及其分项工程划分

项次	子分部工程	分项工程
1	抹灰工程	一般抹灰、装饰抹灰、清水砌体勾缝
2	外墙面防水工程	外墙砂浆防水、涂膜防水、透气膜防水
3	门窗工程	木门窗制作与安装、金属门窗安装、塑料门窗安装、特种门安装、门窗玻璃安装

（续）

项次	子分部工程	分项工程
4	吊顶工程	整体面层吊顶、板块面层吊顶、格栅吊顶
5	轻质隔墙工程	板材隔墙、骨架隔墙、活动隔墙、玻璃隔墙
6	饰面板工程	石板安装、陶瓷板安装、木板安装、金属板安装、塑料板安装
7	饰面砖工程	外墙饰面砖粘贴、内墙饰面砖粘贴
8	幕墙工程	玻璃幕墙安装、金属幕墙安装、石材幕墙安装、人造板材幕墙安装
9	涂饰工程	水性涂料涂饰、溶剂型涂料涂饰、美术涂饰
10	裱糊与软包工程	裱糊工程、软包工程
11	细部工程	橱柜制作与安装、窗帘盒、窗台板和散热器罩制作与安装、门窗套制作与安装、护栏和扶手制作与安装、花饰制作与安装
12	建筑地面工程	基层铺设，整体面层铺设，板块面层铺设，木、竹面层铺设

（5）检验批　分项工程可由一个或若干个检验批组成。检验批可根据施工及质量控制和验收需要按楼层、施工段、变形缝、面积、数量等进行划分。例如《建筑装饰装修工程质量验收标准》GB 50210—2018 中规定，相同材料、工艺和施工条件的室外抹灰工程每 $1000m^2$ 应划分为一个检验批，不足 $1000m^2$ 也应划分为一个检验批。

〈◊〉 1.1.2　基本建设程序

基本建设程序是指建设项目中各项工作必须遵循的先后顺序，它是人们在长期建设实践中对基本建设规律的科学总结。

一个建设项目，从计划建设到竣工投产，一般都要经过决策阶段、实施阶段和使用阶段（或称运营阶段，或称运行阶段）。每个阶段又包括若干个环节，根据我国几十年的经验总结，基本建设程序包括的主要环节如下：

1. 项目建议书

一个建设项目首先按照项目的隶属关系，由相关部门根据国家经济的中长期发展规划，由业主单位在进行调查研究的基础上提出建设项目建议书，它是建设项目的轮廓设想和立项的先导。项目建议书经国家计划部门初步审查和审批后，便可委托相关单位对项目进行可行性研究。

2. 可行性研究

可行性研究是基本建设工作的首要环节，其目的是论证项目在技术上是否可行和可靠，在经济上是否合理，在财务上是否盈利，在生产力布局上是否有利，使项目的确立具有可靠的科学依据，以减少项目决策的盲目性，防止失误。开展可行性研究首先要进行必要的资源、工程地质及水文地质的勘察，工艺技术试验或论证，以及气象地震、环境和技术经济资料的收集等工作，尽量使可行性研究建立在科学可靠的基础上。

3. 编制设计任务书

设计任务书是根据已批准的可行性研究报告，由项目主管部门组织计划、建设和设计等单位共同编制的；它是可行性研究所提方案的任务化，是编制项目设计文件的依据。设计任务书应包括以下内容：

1）根据经济预测、市场预测确定的项目建设规模和产品方案。

2）资源、原材料、燃料及公用设施落实情况。

3）建设条件和建址方案。

4）建设标准、技术工艺和相应的技术经济指标。

5）主要单项工程、公用辅助设施、协作配套工程的构成，建设场地布置方案和土建工程量估算。

6）环境保护、城市规划、防震、防洪、文物保护等方面的要求和相应的措施方案。

7）企业组织、劳动定员和人员培训规划。

8）建设工期和实施进度。

9）投资估算和资金筹措。

10）经济效益和社会效益。

对于小型项目的设计任务书，根据需要，其内容可适当简化。设计任务书经批准后，将在基本建设中起着重要的桥梁作用，它是基础建设程序的一个重要环节。

4. 编制设计文件

建设项目任务书批准后，设计单位即可按照任务书的要求编制设计文件。按照我国现行规定，对于一般中小型项目多采用两阶段设计，即扩大初步设计（包括编制设计概算）和施工图设计（包括编制施工图预算）两个阶段。对于重大工程或技术上复杂又缺乏经验的项目可采用三阶段设计，即初步设计、技术设计（包括编制修正概算）和施工图设计三个阶段。

5. 建设准备

当建设项目的设计任务书批准后，主管部门可以组建一个新机构负责建设准备工作。建设准备包括征地、拆迁和场地平整，完成施工用水、电、路等畅通工作，组织大型专用设备及特殊材料的预订货，提供必要的勘测资料，准备必要的施工图纸，组织施工招标等。

6. 建设项目安装施工

建设项目做好施工准备，具备开工条件，开工报告经主管部门批准后，才允许正式施工。建设项目安装施工过程中，应加强全面质量管理，加强对施工过程的全面控制。控制包括检查和调整两种职能，检查是为了寻找问题与差距，调整则是针对检查结果提出改进措施。控制的重点是保证工期和质量，降低工程成本。

在施工阶段，建设单位应做好各方面的协调工作，做到计划、设计和施工三者相互衔接，工程进度、资金和物质供应相互配套，为建筑安装施工的顺利进行创造条件。

7. 竣工验收交付使用

建设项目按照设计文件规定完成建设内容，要求生产性项目经负载试运转和试生产合格，并能够生产出合格产品；非生产性项目已达到场地干净、水通、灯亮、暖风设备运转正常，满足正常使用，即符合国家规定的设计要求，评定质量等级，进行交工验收。大型联合企业项目可分批交付使用。验收时应有验收报告及验收资料。

工程验收分单项工程验收及整个建设项目验收两种。一个单项工程全部建成可由承发包单位签订交工验收证书，由建设单位报请上级主管部门批准；一个建设项目全部建成达到竣工验收标准，再签署建设项目交工验收证书，报请上级主管部门批准。重点建设项目有时需报请国家验收，并成立专门的交工验收机构。

1.1.3　建筑装饰装修工程实施程序

建筑装饰装修工程实施程序是指在整个施工过程中各项工作必须遵循的先后顺序。它是建筑装饰装修工程长期实践经验的总结，也是建设项目实施阶段必须遵循的客观规律。建筑装饰装修工程实施程序一般可分为承接任务、计划准备、全面施工、竣工验收及交付使用。大中型项目的建筑装饰装修工程的实施程序如图 1-1 所示。

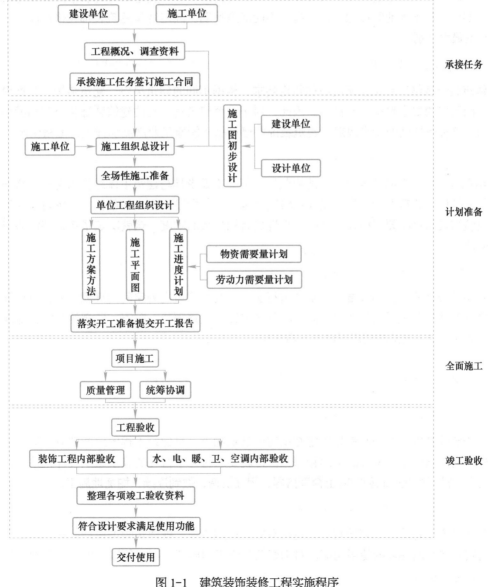

图 1-1　建筑装饰装修工程实施程序

1.2 建筑装饰装修产品及其施工的特点

建筑装饰装修工程是以建筑物的主体结构为载体，在建筑表面铺设装修装饰层，以达到美化居住环境、优化建筑物使用功能的目的。建筑装饰装修产品是附着在建筑物上的产品。与一般工业产品相比，它具有特有的技术经济特点，主要表现在产品本身及其施工过程中。

1.2.1 建筑装饰装修产品的特点

1. 建筑装饰装修产品的固定性

建筑物是按照设计要求在固定的地点建造的，而建筑装饰装修产品是铺设在建筑物上的，无法移动的，建在哪里就在哪里发挥作用。在这种情况下，一些建筑装饰装修产品本身就是建筑的一部分，并于大地间接地连在一起，不能随意移动。固定性是建筑装饰装修产品与一般工业产品的最大区别。

2. 建筑装饰装修产品的多样性

建筑装饰装修产品是按照用户的特定要求，根据不同的建筑风格、建筑结构、装饰设计生产的，而用户的要求是多种多样的。因此，对于一个建筑物，它的建筑装饰装修产品就是独一无二的。这种多样性的特点决定了建筑装饰装修产品不能像工业产品那样进行批量生产。

3. 建筑装饰装修产品的周期性

建筑装饰装修产品要考虑一定的耐久性，但并不要求其与建筑主体结构的寿命一样长，随着时间的推移，建筑设计风格、建筑材料以及施工工艺会发生很大的革新，且依附在建筑物上的建筑装饰装修产品要保持长时间的实用性具有相当大的难度，这就决定了建筑装饰装修产品的周期性。

4. 建筑装饰装修产品的双重性

建筑装饰装修产品不仅要对建筑物进行美化，改善建筑内外空间的环境，而且也起到了保护建筑物各种构件免受自然的风、雨、潮气的侵蚀，改善隔热、隔声、防潮的功能，提高建筑物的耐久性，延长建筑物使用寿命的双重作用。

1.2.2 建筑装饰装修工程施工生产的特点

1. 建筑装饰装修工程施工的流动性

由于建筑装饰装修产品都是固定在指定的建筑物上，是建筑工程的组成部分，建筑装饰装修工程的施工就是建筑工程的延续和深化。这就要求有一个合理的施工组织设计，采用科学的方法使人、材、机在时间和空间上合理搭界，相互协调，做到连续、均衡地施工。

2. 建筑装饰装修工程施工的建筑性

建筑装饰工程施工的首要特点，是具有明显的建筑性。就建筑装饰设计而言，首要目的是完善建筑及其空间环境的使用功能。对于建筑装饰工程施工，则必须以保护建筑结构主体及安全使用为基本原则。

3. 建筑装饰装修工程施工的规范性

一切工艺操作和工艺处理，均应遵照国家颁发的有关施工和验收规范；所用材料及其应用技术，应符合国家及行业颁布的相关标准。

4. 建筑装饰装修工程施工的严肃性

随着人们对物质文化和精神文化要求的提高，对装饰工程质量要求也大大提高，迫切需要的是从事建筑装饰装修工程的人员要持证上岗和生产活动中的严肃态度。

5. 建筑装饰装修工程施工管理的复杂性

建筑装饰工程的施工工序繁多，每道工序都需要具有专门知识和技能的专业人员担当技术骨干。此外，施工操作人员中的工种也十分复杂。对于较大规模的装饰工程，加上消防系统、音响系统、保安系统、通信系统等，往往有几十道工序。

6. 建筑装饰装修工程施工的技术经济性

建筑装饰工程的使用功能及其艺术性的体现与发挥，所反映的时代感和科学技术水准，特别是在工程造价方面，在很大程度上是受装饰材料以及现代声、光、电及其控制系统等设备的制约。随着人们对建筑艺术要求的不断提高，装饰新材料、新技术、新工艺和新设备的不断涌现，建筑装饰装修工程的造价还将继续提高。因此做好建筑装饰装修工程的预算工作是十分有必要的。

1.3　建筑装饰装修工程的施工准备

建筑装饰装修工程施工准备是指施工开始前为了保证整个项目能够按照计划顺利施工，事先必须做好的各项工作。它是施工程序中的重要环节，贯穿于整个施工的全过程。其基本任务是为现场施工建立必要的技术与物质条件，确保施工任务安全、高效、优质、低成本地顺利进行。

施工准备

1.3.1　施工准备工作的分类

因为建筑装饰装修产品的多样性及施工的流动性，所以每项建设工程都要单独地进行施工准备。建筑装饰装修施工准备工作繁多，占用时间长，一般都要分阶段完成。

1. 按施工准备工作的范围分类

（1）全场性施工准备（施工总准备）　全场性施工准备工作是一项建设工程的序幕，它是以整个建筑装饰装修工程群为对象，进行的具有全局性和规划性的施工准备工作。

（2）单位工程施工准备　在完成了全场性施工准备的基础上，每个单位工程在开工前还需根据本工程的具体条件，进一步做好技术与物质条件的准备，如装饰装修工程材料、施工机具、劳动力准备工作等。其目的是为单位工程装饰装修工程服务，也是对全场性施工准备工作的深入和具体化。

（3）分部工程施工准备　单位工程装饰装修工程的各分部工程开工以前，还要做更详细的作业准备，如分部分项工程施工技术交底、工作面条件、机械施工、劳动力安排等。只有在施工作业条件完全具备后，分部工程才能开工。

2. 按拟建工程施工阶段不同分类

（1）开工前施工准备　在拟建工程正式开工前所进行的一切施工准备，目的是为工程正式开工创造必要的条件，带有全局性和总体性。没有这个阶段，工程就不能顺利开工，更不能连续施工。

（2）开工后施工准备　它是在工程项目开工之后，每个施工阶段施工之前进行的相应施工准备工作。其目的是为各施工阶段正式开工创造必要的作业条件，带有局限和经常性，如在冬期、雨期的施工准备。各个不同的施工阶段施工内容不同，所需的技术条件、物质条件、组织要求和现场布置等方面也不同，所以在每一个施工阶段开工前，都必须做好相应的施工准备工作。

1.3.2　施工准备工作的内容

建筑装饰装修工程的施工准备工作，其内容主要包括技术准备、物资准备、施工场地准备和冬雨期准备。

1. 技术准备

审查施工图纸，做好设计交底；编制施工图预算，进行工料分析和成本分析，提出节约工料、降低工程成本的措施；编制单位工程或分部工程的施工组织设计，确定施工方案、施工方法、施工进度以及现场的施工平面布置；制定保证工程质量和生产安全的技术措施；对新技术、新结构和新材料进行必要的试验，并制定相应的施工工艺规程；提出施工所需的物资资源需要量。

2. 物资准备

根据施工进度的要求，组织材料、预制构件和施工机具的进场；材料及构件的品种、规格和数量，及时做好试验及检验工作；对施工机具进行检查保持其正常运行；对冬期施工项目，应备足保温材料、早强剂和防冻剂，以及供给防寒劳保用品等。

3. 施工场地准备

在单位工程开工前应做好施工现场的管线，道路，水电和通信；建立必要的水准点；整平施工现场一切障碍物；铺设为本工程服务的临时道路，接通水源电源，安设消防设施；搭设施工时临时房屋等。

4. 冬雨期准备

冬期主要由于长时间的持续低温、大的温差、强风、降雪和反复冰冻，会对抹灰工程的砂浆、室内的饰面工程、油漆、刷浆、裱糊、玻璃工程造成危害和质量事故。冬期施工的计划和准备工作应周全和充分。

雨期会给建筑装饰装修工程施工带来许多困难和不便，影响工程质量和进度。雨期施工以预防为主，应根据施工地区雨期特点及降雨量，现场地形条件，施工规模和在雨期施工的分项工程的具体情况，充分做好思想和物资准备，将雨期造成的损失减少到最低，保证施工进度要求。比如建筑装饰装修工程中油漆、裱糊、外墙工程应加强防潮措施，白天打开门窗透气、夜晚关闭门窗，用防水防潮乳胶漆等。

对于规模较大、工期较长的大型施工对象，可根据各分部工程的要求分阶段地做好准备工作。

综上所述，施工准备工作贯穿在整个施工的全过程中，既有阶段性又有连续性，应逐步做到齐备与完善。准备工作达到一定程度即可申报开工。

1.3.3　开工条件制度

无论是一个建设项目还是单位工程，都必须严格执行"准备不好不开工"的规定。一个工程的开工条件应满足开工后能连续施工的要求。

开工条件的具体规定为：

1）现场"三通一平"已满足施工的需要。

2）施工图纸已经会审，图中存在的问题及错误已修正。

3）施工组织设计已批准，并已进行技术交底。

4）施工图预算已编制和审定，并已签订施工合同。

5）材料和构件已经通过试验和检验，数量能满足连续施工的要求。

6）暂设工程及辅助设施已建立。

7）施工机具及设备已经进场和组装并通过试运转。

8）施工人员已陆续进场，接受必要的安全、消防及防火教育，参加特殊施工的人员已通过技术培训。

9）施工现场的安全生产管理制度和安全专项措施已完善。

一项工程在满足上述有关开工条件后，经过申报批准，方可正式开工。

1.4　建筑装饰装修工程施工组织设计概论

建筑装饰装修工程施工组织设计是指导施工的重要技术文件，也是对施工活动实施科学管理的有力手段。建筑装饰装修产品具有多样性，每项工程都必须根据自身特点以及各种施工条件等单独编制施工组织设计。施工组织设计经批准后方可施工。

1.4.1　施工组织设计的作用

建筑装饰装修工程施工组织设计是施工前的必要准备工作之一，在一项建设工程中起着重要的规划作用与组织作用，具体表现在：

1）它是施工准备工作的一项重要内容，同时又是指导其他各项准备工作（技术准备、物资准备和施工场地准备）的依据，它是整个施工准备工作的核心。

2）通过编制建筑装饰装修施工组织设计，充分考虑施工中可能遇到的困难与障碍，并事先设法予以解决或排除，从而提高了施工的预见性，减少了盲目性，为实现建设目标提供了技术保证。

3）它为拟建工程所制定的施工方案和施工进度等，是指导现场施工活动的基本依据。

4）它对施工场地所做的规划与布置，为现场的文明施工创造了条件。

5）它是编制施工预算和施工计划的主要依据。

6）它是沟通设计与施工的桥梁，也是施工企业进行经济技术管理的重要组成部分。

1.4.2 施工组织设计的分类与内容

施工组织设计与其他设计文件一样，也是分阶段编制逐步深化的；对于大型项目建筑群的工程，施工组织设计一般可按照编制对象不同分成三种类型进行编制。

1. 施工组织总设计

施工组织总设计是以建设项目为对象，以批准的初步设计（或扩大初步设计）为依据，由工程总承包单位为主体（建设单位、分包单位及设计单位参加）而编制的。它是对建设工程的总体规划与战略布署，是指导施工的全局性文件。它包括的主要内容如下：

1）工程概况。应着重说明工程的规模、造价，工程的特点，建设期限。

2）施工准备工作。应列出准备工作一览表，各项准备工作的负责单位、配合单位及负责人，完成的日期及保证措施。

3）施工部署及主要施工对象的施工方案。

4）施工总进度计划。包括整个建设项目的开竣工日期，总的施工程序安排，分期建设进度，水电与装饰装修工程的穿插配合，主要施工工序的施工期限等。

5）各项资源需用量计划。根据施工进度计划编制的各种资源需用量计划，一般包括劳动力、主要材料、施工机具和构配件需用量计划。

6）全场性施工总平面图。图中应说明场内外仓库、材料及构件堆放场地，主要交通运输道路、供水供电管线、大型临时设施、安全消防设施的布置，施工场地的用地划分等。

2. 单位工程施工组织设计

单位工程施工组织设计是以单个建筑物或构筑物为对象，以施工图为依据，由直接组织施工的施工单位负责编制的，它是施工组织总设计的具体化。根据施工对象的规模大小和技术复杂程度的不同，单位工程施工组织设计在内容的广度及深度上可以有所区别，但一般均包括单位工程的施工方案及施工方法、单位工程的施工平面图、单位工程的施工进度计划表（包括物资资源需要量计划）三部分，一般简称一案、一图、一表。

3. 分部工程施工组织设计

分部工程施工组织设计也叫作业设计，它是单位工程施工组织设计的具体化。对于某些技术复杂或工程规模较大的建筑物或构筑物，在单位工程施工组织设计完成以后，可对某些施工难度大或缺乏经验的分部工程再编制其作业设计；例如大型的幕墙工程，新型的石材饰面工艺安装等。作业设计的内容，重点在于施工方法和机械设备的选择，保证质量与安全的技术措施，施工进度与劳动力组织等。

1.4.3 编制施工组织设计的原则

根据我国建筑装饰装修工程长期以来积累的经验，编制施工组织设计以及在组织施工的过程中，一般应遵循以下基本原则：

1）认真贯彻国家的方针、政策，符合施工合同或招标文件中相关要求。

2）在保证工程质量和生产安全的前提下，尽量缩短建设工期，加快施工速度。

3）坚持科学的施工程序和合理的施工顺序，采用流水施工和网络计划等方法，科学配置资源，坚持连续施工，合理安排冬、雨期施工项目，实现均衡施工，达到合理的经济技术指标。

4）采用国内外先进的施工技术，积极开发、使用新技术和新工艺，推广应用新材料和新设备；根据工程特点和经济条件，创新施工技术和施工工艺，科学地确定施工方案。

5）合理安排施工进度，保持施工的均衡性与连续性。

6）充分利用永久性设施为施工服务，节约大型暂设工程费用。诸如永久性铁路、公路、水电管网和生活福利设施等尽量安排提前修建，并在施工中加以利用。

7）充分利用当地资源，就地取材。

8）采用技术和管理措施，推广建筑节能和绿色施工。

9）贯彻建筑工业化方针，提高建筑装饰装修工业化程度。按照工厂预制与现场预制相结合的方针，尽量扩大预制范围，提高预制装配程度；本着先进机械、简易机械与改良工具相结合的方针，尽量扩大机械化施工范围，提高机械化施工程度。

10）将质量、环境和职业健康安全三个管理体系有效结合，严把安全、质量关。

〈⊘〉1.4.4　施工组织设计的编制依据

参考《建筑施工组织设计规范》GB/T 50502—2022，施工组织设计编制依据如下：

1）与工程建设有关的法律、法规和文件。

2）国家现行有关标准和技术经济指标（技术经济指标主要指各地方的建筑工程概预算定额和相关规定。虽然建筑行业目前使用了清单计价的方法，但各地方制定的概算定额在造价控制、材料和劳动力消耗等方面仍起一定的指导作用）。

3）工程所在地区行政主管部门的批准文件，建设单位对施工的要求。

4）工程施工合同和招标投标文件。

5）工程设计文件。

6）工程施工范围内的现场条件，工程地质及水文地质、气象等自然条件。

7）与工程有关的资源供应情况。

8）施工企业的生产能力、机具设备状况、技术水平等。

〈⊘〉1.4.5　施工组织设计的编制和审批

施工组织设计应由项目负责人主持编制，可根据需要分阶段编制和审批。

施工组织总设计应由总承包单位技术负责人审批；单位工程施工组织设计应由施工单位技术负责人或技术负责人授权的技术人员审批，施工方案应由项目技术负责人审批；重点、难点分部（分项）工程和专项工程施工方案应由施工单位技术部门组织相关专业评审，并报施工单位技术负责人批准。

由专业承包单位施工的分部（分项）工程或专项工程的施工方案，应由专业承包单位技术负责人或技术负责人授权的技术人员审批；有总承包单位时，应由总承包单位项目技术负责人核准备案。

规模较大的分部（分项）和专项工程的施工方案应按单位工程施工组织设计进行编制和审批。

1.5　建筑装饰装修工程项目管理概论

1.5.1　项目

项目是一个组织实现既定的目标，在一定的时间、人力和资源的约束条件下，所展开的满足一系列特定目标，有一定独特性的一次性活动。

项目的参数包括项目范围、质量、成本、时间、资源。

项目具有以下几个特征：

1）项目的一次性。

2）项目的临时性。

3）项目的目标性。

4）项目的整体性。

5）项目的唯一性。

6）项目是要素的系统集成。

因此，在进行建筑装饰装修工程项目组织和项目管理组织设计时，就应该充分考虑一个建设工程的项目特征。

1.5.2　建筑装饰装修工程项目管理

1. 项目管理

项目管理是"管理科学与工程"学科的一个分支，是介于自然科学和社会科学之间的一门边缘学科。

项目管理定义：项目管理是基于被接受的管理原则的一套技术方法，这些技术方法用于计划、评估、控制工作活动，以按时、按预算、依据规范达到理想的最终效果。

项目管理的主要目标：

1）满足项目的要求与期望。

2）满足项目利益相关各方不同的要求与期望。

3）满足项目已经识别的要求和期望。

4）满足项目尚未识别的要求和期望。

2. 建筑装饰装修工程项目管理的定义

建筑装饰装修工程项目管理的定义是自项目开始至项目完成，通过项目策划和项目控制，项目的费用目标、进度目标和质量目标得以实现。项目开始至项目完成指的是项目实施阶段；项目策划指的是目标控制前的一系列筹划和准备工作；费用目标对于业主来说是投资目标，对施工方来说是成本目标。

目标控制是建筑装饰装修工程项目管理的核心任务，按照项目管理学的基本理论，没有明确目标的建设项目就不是项目管理的对象。在一个工程实践中，如果一个建筑装饰装修工程项目没有明确的投资目标、明确的进度目标和明确的质量目标，就没有必要进行管理，也无法进行定量的目标控制。

3. 建筑装饰装修工程项目管理的类型

一个建筑装饰装修工程项目往往由许多参与单位承担不同的建设任务和管理任务，各参与单位的工作性质、工作任务和利益不尽相同，因此形成了代表不同利益方的项目管理。由于业主方是建设工程项目实施过程（生产过程）总集成者——人力资源、物质资源和知识的集成方，也是建设工程项目生产过程组织者，因此对于一个建设工程项目而言，业主方的项目管理往往是该项目的项目管理核心。

1.5.3　建筑装饰装修工程的组织

系统的目标决定了系统的组织，而组织是目标能否实现的决定性因素，这是组织论的一个重要结论。如果把一个建筑装饰装修工程的项目管理视为一个系统，其目标决定了项目管理的组织，而项目管理的组织是项目管理的目标能否实现的决定性因素，由此可见建筑装饰装修工程项目管理组织的重要性。

控制项目目标的主要措施包括组织措施、管理措施、经济措施和技术措施，其中组织措施是最重要的措施。如果对建筑装饰装修工程的项目管理进行诊断，首先应分析其组织方面存在的问题。

组织论是与建筑装饰装修工程项目管理密切相关的一门学科，它主要研究系统的组织结构模式、组织分工和工作流程组织（图 1-2）。

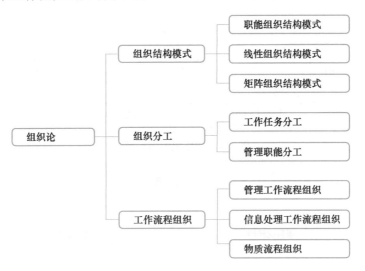

图 1-2　组织论的基本内容

组织结构模式反映了组织系统中各子系统之间或各元素（各工作部门或管理人员）之间的指令关系。组织分工反映了一个组织系统中各子系统或元素的工作任务分工和管理职能分工。这两种模式都是相对静态的组织关系。工作流程组织则可反映一个组织系统中各项工作之间的逻辑关系，是一种动态关系。

常用的建筑装饰装修工程项目管理的组织结构模式包括以下三种形式：

1. 职能组织结构模式

职能组织结构模式是一种传统的组织结构模式。在职能组织结构模式中，每一个职能部门可根据它的管理职能对其直接和非直接的下属工作部门下达工作指令，因此，每个工作部门可能得到其直接和非直接的上级工作部门下达的工作指令，它就会有多个矛盾的指令源（图1-3）。

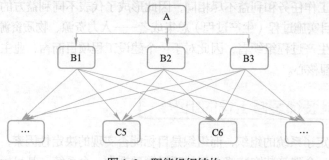

图1-3　职能组织结构

多个矛盾的指令源会影响企业管理机制的运行，也会影响项目管理机制的运行和项目目标的实现。

2. 线性组织结构模式

线性组织结构模式中，每一个工作部门只能对其直接的下属部门下达工作指令，每一个工作部门也只有一个直接的上级部门，即每一个工作部门只有唯一一个指令源，避免了由于矛盾的指令源而影响组织系统运行的现象（图1-4、图1-5）。

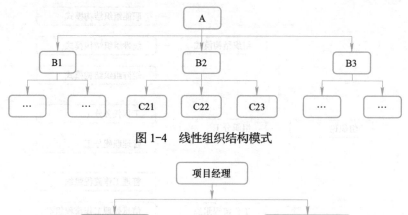

图1-4　线性组织结构模式

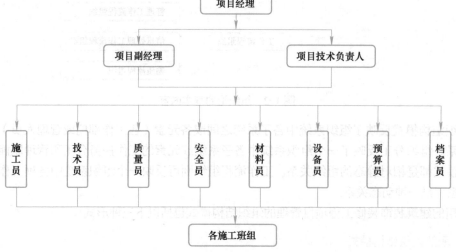

图1-5　某施工企业线性组织结构模式

线性组织结构模式可确保工作指令的唯一性。在一个特大的组织系统中，由于指令路径过长，可能会造成组织系统在一定程度上运行困难。线性组织结构模式常采用于建设项目管理和军事组织系统中。

3. 矩阵组织结构模式

矩阵组织结构模式是一种较新型的组织结构模式，设置纵向和横向两种不同类型的工作部门。例如一个工厂纵向工作部门可设为人、财、物、产、供、销的职能管理部门，横向工作部门可设为生产车间等；一个施工企业纵向工作部门可以是投资控制、进度控制、质量控制、合同管理、信息管理、人事管理、财务管理等部门，横向工作部门可以是各子项目的项目管理部。指令来自纵向和横向两个工作部门，指令源为两个（图 1-6、图 1-7）。

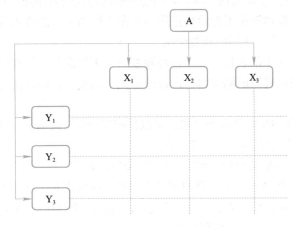

图 1-6 矩阵组织结构模式

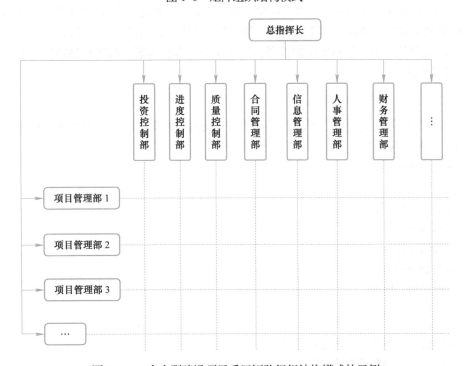

图 1-7 一个大型建设项目采用矩阵组织结构模式的示例

为避免纵向和横向工作部门指令矛盾对工作的影响，可以采用以纵向工作部门指令为主或以横向工作部门指令为主的矩阵组织结构模式，减少该组织系统的最高指挥者（部门）的协调工作量。该组织结构模式比较适用于大型工程项目。

1.5.4 施工企业项目经理的工作性质、任务和职责

1. 施工企业项目经理的工作性质

1）大、中型工程项目施工的项目经理必须由取得建造师注册证书的人员担任；但取得建造师注册证书的人员是否担任工程项目施工的项目经理，由企业自主决定。

2）（国内）建筑施工企业项目经理，是指受企业法定代表人委托，对工程项目施工过程全过程进行项目管理者，是建筑施工企业法定代表人在工程项目上的代表人。项目经理岗位是保证工程项目建设质量、安全、工期的重要岗位。

建造师是一种专业人士的名称，而项目经理是一个工作岗位（管理岗位）的名称。取得建造师执业资格的人员表示其知识和能力符合建造师执业的要求，但其在企业中的工作岗位则由企业视工作需要而定。

3）（国际）建造师的执业范围相当宽，可以在施工企业、政府管理部门、建设单位、工程咨询单位、设计单位、教学和科研单位等执业。

在国际上，施工企业项目经理的地位、作用以及特征如下：

①项目经理是企业任命的一个项目的项目管理班子的负责人（领导人），但他并不一定是（多数不是）一个企业法定代表人在工程项目上的代表人，因为一个企业法定代表人在工程项目上的代表人在法律上赋予其的权限范围太大。

②项目经理的任务仅限于主持项目管理工作，其主要任务是项目目标的控制和组织协调。

③在有些文献中明确界定，项目经理不是一个技术岗位，而是一个管理岗位。

④项目经理是一个组织系统中的管理者，至于他是否有人事、财务和物资采购权等管理权限，则由其上级确定。

2. 施工企业项目经理的任务

项目经理的任务包括项目的行政管理和项目管理两个方面。项目管理方面的任务是三控三管一协调，主要内容如下：

1）施工成本控制。

2）施工进度控制。

3）施工质量控制。

4）工程合同管理。

5）工程信息管理。

6）施工安全管理。

7）工程组织与协调。

3. 施工企业项目经理的职责

1）项目管理目标责任书规定的职责。

2）主持编制项目管理实施规划，对项目目标进行系统管理。

3）对资源进行动态管理。

4）建立各种专业管理体系并组织实施。

5）进行授权范围内的利益分配。

6）收集工程资料，准备结算资料，参与工程竣工验收。

7）接受审计，处理项目经理部解体的善后工作。

8）协助组织进行项目的检查、鉴定和评奖申报工作。

4. 施工企业项目经理的权限

1）参与项目招标、投标及合同签订。

2）参与组建项目经理部。

3）主持项目经理部工作。

4）决定授权范围内的项目资金的投入和使用。

5）制定内部计酬办法。

6）参与选择并使用具有相应资质的分包人。

7）参与选择物资供应单位。

8）在授权范围内协调与项目有关的内、外关系。

9）法定代表人授予的其他权力。

项目经理在施工中处于中心地位，对工程项目施工负有全面管理的责任。项目经理由于主观原因，或由于工作失误有可能承担法律责任（政府主管部门追究）和经济责任（企业追究）。但是如果由于项目经理的违法行为而导致企业损失，企业也可以追究其法律责任。

能 / 力 / 测 / 试

一、名词解释

1．建设项目；2．单位工程；3．建筑装饰装修工程施工组织设计；4．项目；5．项目管理

二、填空题

1．建设项目按用途可分为_____和_____。

2．基本建设程序一般分为_____、_____和_____三大阶段。

3．施工组织设计是沟通_____和_____之间的桥梁。

4．建筑装饰装修工程项目管理的核心任务是_____。

5．费用目标对业主来说是_____，对施工方来说_____。

6．项目管理的目标包括_____、_____和_____。

7．常用的组织结构模式包括_____、_____和_____。

8．建造师是一种_____的名称，而项目经理是一个_____的名称。

9．项目经理的主要任务是_____和_____。

三、判断题

1．具有独立的施工条件，但建成后不能独立发挥生产能力或效益的工程，称为分部工程。

（　　）

2．建筑装饰装修工程中的幕墙和饰涂工程属于单位工程。　　　　　（　　）

3．建筑装饰装修产品的寿命要求和建筑主体结构一样长。　　　　　（　　）

4．建筑装饰装修工程从开工前到开工后整个施工过程都要开展施工准备工作。（　　）

5．项目经理对施工承担全部的责任，实行项目经理负责制。　　　　（　　）

四、简答题

1．简述建设基本程序包括的主要内容。

2．简述建筑装饰装修产品及其施工过程的特点。

3．施工组织设计可分为哪几类？它们包括哪些主要内容？

4．建筑装饰装修工程施工准备工作的一般内容有哪些？

5．简述建筑装饰装修工程项目管理的类型。

6．简述建筑装饰装修施工企业项目经理在项目管理方面的主要任务。

7．简述建筑装饰装修企业项目经理的职责和权限。

单元 2

建筑装饰装修工程招标投标

知识目标

了解工程招标投标的基本概念，熟悉工程招标投标的基本范围、方式，掌握招标投标的程序以及招标投标过程中每个阶段的主要工作及要求，掌握招标及投标相关文件的编制和内容，掌握招标标底的内容及编制要求。

能力目标

能够掌握工程招标投标工作的程序要求，能够根据实际项目进行招标投标文件的编制，熟悉标底的作用，能够对投标文件中技术标和投标报价进行实际分析，能够进行投标决策。

2.1 招标投标的基本概念和性质

2.1.1 招标投标的概念

招标投标是在市场经济条件下进行工程建设、货物买卖、财产出租、中介服务等经济活动的一种竞争形式和交易方式，是引入竞争机制订立合同（契约）的一种法律形式。

招标是指招标人对工程建设、货物买卖、劳务承担等交易业务，事先公布选择采购的条件和要求，招引他人承接，若干或众多投标人作出愿意参加业务承接竞争的意思表示，招标人按照规定的程序和办法择优选定中标人的活动。

建设工程招标是指招标人在发包建设项目之前，公开招标或邀请投标人，使投标人根据招标人的意图和要求提出报价，择日当场开标，以便从中择优选定中标人的一种经济活动。

建设工程投标是建设工程招标的对称概念，指具有合法资格和能力的投标人根据招标条件，经过初步研究和估算，在指定期限内填写标书，提出报价，并等候开标，决定能否中标的经济活动。

从法律意义上讲，建设工程招标一般是建设单位（或业主）就拟建的工程发布通告，用法定方式吸引建设项目的承包单位参加竞争，进而通过法定程序从中选择条件优越者来完成工程建设任务的法律行为。建设工程投标一般是经过特定审查而获得投标资格的建设项目承包单位，按照招标文件的要求，在规定的时间内向招标单位填报投标书，并争取中标的法律行为。

2.1.2 招标投标的性质

我国法学界一般认为，建设工程招标是要约邀请，而投标是要约，中标通知书是承诺。《中华人民共和国民法典》也明确规定，招标公告是要约邀请。也就是说，招标实际上是邀请投标人对其提出要约（即报价），属于要约邀请。投标则是一种要约，它符合要约的所有条件，如具有缔结合同的主观目的；一旦中标，投标人将受投标书的约束；投标书的内容具有足以使合同成立的主要条件等。招标人向中标的投标人发出的中标通知书，则是招标人同意接受中标的投标人的投标条件，即同意接受该投标人的要约的意思表示，应属于承诺。

2.2 工程项目招标范围、方式及流程

2.2.1 建设项目招标的范围

《中华人民共和国招标投标法》指出，凡在中华人民共和国境内进行下列工程建设项目，包括项目的勘察、设计、施工、监理以及与工程建设有关的重要设备、材料等的采购，必须进行招标：

招标原则及方式

1）大型基础设施、公用事业等关系社会公共利益、公共安全的项目。

2）全部或者部分使用国有资金投资或国家融资的项目。

3）使用国际组织或者外国政府贷款、援助资金的项目。

国家发展和改革委员会对上述工程建设项目招标范围和规模标准又作出了具体规定。

1）关系社会公共利益、公众安全的基础设施项目的范围包括：

① 煤炭、石油、天然气、电力、新能源等能源项目。

② 铁路、公路、管道、水运、航空以及其他交通运输业等交通运输项目。

③ 邮政、电信枢纽、通信、信息网络等邮电通讯项目。

④ 防洪、灌溉、排涝、引（供）水、滩涂治理、水土保持、水利枢纽等水利项目。

⑤ 道路、桥梁、地铁和轻轨交通、污水排放及处理、垃圾处理、地下管道、公共停车场等城市设施项目。

⑥ 生态环境保护项目。

⑦ 其他基础设施项目。

2）关系社会公共利益、公众安全的公用事业项目的范围包括：

① 供水、供电、供气、供热等市政工程项目。

② 科技、教育、文化等项目。

③ 体育、旅游等项目。

④ 卫生、社会福利等项目。

⑤ 商品住宅，包括经济适用住房。

⑥ 其他公用事业项目。

3）使用国有资金投资项目的范围包括：

① 使用各级财政预算资金的项目。

② 使用纳入财政管理的各种政府性专项建设基金的项目。

③使用国有企业事业单位自有资金，并且国有资产投资者实际拥有控制权的项目。

4）国家融资项目的范围包括：

①使用国家发行债券所筹资金的项目。

②使用国家对外借款或者担保所筹资金的项目。

③使用国家政策性贷款的项目。

④国家授权投资主体融资的项目。

⑤国家特许的融资项目。

5）使用国际组织或者外国政府资金的项目的范围包括：

①使用世界银行、亚洲开发银行等国际组织贷款资金的项目。

②使用外国政府及其机构贷款资金的项目。

③使用国际组织或者外国政府援助资金的项目。

6）以上第 1）条至第 5）条规定范围内的各类工程建设项目，包括项目的勘察、设计、施工、监理以及与工程建设有关的重要设备、材料等的采购，达到下列标准之一的，必须进行招标：

①施工单项合同估算价在 200 万元人民币以上的。

②重要设备、材料等货物的采购，单项合同估算价在 100 万元人民币以上的。

③勘察、设计、监理等服务的采购，单项合同估算价在 50 万元人民币以上的。

④单项合同估算价低于第①、②、③项规定的标准，但项目总投资额在 3000 万元人民币以上的。

7）建设项目的勘察、设计，采用特定专利或者专有技术的，或者其建筑艺术造型有特殊要求的，经项目主管部门批准，可以不进行招标。

8）依法必须进行招标的项目，全部使用国有资金投资或者国有资金投资占控股或者主导地位的，应当公开招标。

《房屋建筑和市政基础设施工程施工招标投标管理办法》规定，对于涉及国家安全、国家秘密、抢险救灾或者属于利用扶贫资金实行以工代赈、需要使用农民工等特殊情况，不适宜进行招标的项目，按照国家有关规定可以不进行招标。凡按照规定应该招标的工程不进行招标，应该公开招标的工程不公开招标的，招标单位所确定的承包单位一律无效，建设行政主管部门按照《中华人民共和国建筑法》第八条的规定，不予颁发施工许可证；对于违反规定擅自施工的，依据《中华人民共和国建筑法》第六十四条的规定，追究其法律责任。

2.2.2　建设工程招标的方式

工程项目招标的方式在国际上通行的为公开招标、邀请招标和议标，但《中华人民共和国招投标法》未将议标作为法定的招标方式，即法律所规定的强制招标项目不允许采用议标方式，主要因为我国国情与建筑市场的现状条件，不宜采用议标方式，但法律并不排除议标方式。

1. 公开招标

（1）定义　公开招标又称为无限竞争招标，是由招标单位通过报刊、广播、电视等方式发布招标广告，有投标意向的承包商均可参加投标资格审查，审查合格的承包商可购买或领取招标文件，参加投标的招标方式。

（2）公开招标的特点　公开招标方式的优点是：投标的承包商多、竞争范围大，业主有较大的选择余地，有利于降低工程造价，提高工程质量和缩短工期。其缺点是：由于投标的承包商多，招标工作量大，组织工作复杂，需投入较多的人力、物力，招标过程所需时间较长，因而此类招标方式主要适用于投资额度大，工艺、结构复杂的较大型工程建设项目。公开招标的特点一般表现为以下几个方面：

1）公开招标是最具竞争性的招标方式。它参与竞争的投标人数量最多，且只要符合相应的资质条件便不受限制，只要承包商愿意便可参加投标，在实际生活中，常常少则十几家，多则几十家，甚至上百家，因而竞争程度最为激烈。它可以最大限度地为一切有实力的承包商提供一个平等竞争的机会，招标人也有最大容量的选择范围，可在为数众多的投标人之间择优一个报价合理、工期较短、信誉良好的承包商。

2）公开招标是程序最完整、最规范、最典型的招标方式。它形式严密，步骤完整，运作环节环环入扣。公开招标是适用范围最为广阔、最有发展前景的招标方式。在国际上，谈到招标通常都是指公开招标。在某种程度上，公开招标已成为招标的代名词，因为公开招标是工程招标通常适用的方式。在我国，通常也要求招标必须采用公开招标的方式进行。凡属招标范围的工程项目，一般首先必须采用公开招标的方式。

3）公开招标也是所需费用最高、花费时间最长的招标方式。由于竞争激烈，程序复杂，组织招标和参加投标需要做的准备工作和需要处理的实际事务比较多，特别是编制、审查有关招标投标文件的工作量十分浩繁。

综上所述，不难看出，公开招标有利有弊，但优越性十分明显。

2. 邀请招标

（1）定义　邀请招标又称为有限竞争性招标。这种方式不发布广告，业主根据自己的经验和所掌握的各种信息资料，向有承担该项工程施工能力的三个以上（含三个）承包商发出投标邀请书，收到邀请书的单位有权利选择是否参加投标。邀请招标与公开招标一样都必须按规定的招标程序进行，要编制统一的招标文件，投标人都必须按招标文件的规定进行投标。

（2）邀请招标的特点　邀请招标方式的优点是参加竞争的投标商数目可由招标单位控制，目标集中，招标的组织工作较容易，工作量比较小。其缺点是由于参加的投标单位相对较少，竞争性范围较小，使招标单位对投标单位的选择余地较少，如果招标单位在选择被邀请的承包商前所掌握信息资料不足，则会失去发现最适合承担该项目的承包商的机会。

在我国工程招标实践中，过去常把邀请招标和公开招标同等看待。一般没有什么特殊情况的工程建设项目，都要求必须采用公开招标或邀请招标。由于目前我国各地普遍规定公开招标和邀请招标的适用范围相同，所以这两种方式是并重的，在实际操作中由当事人自由选择。应当说，这种状况是充分考虑了我国建筑市场的发展历史和现实情况的。

邀请招标和公开招标是有区别的。主要是：

1）邀请招标在程序上比公开招标简化，如无招标公告及投标人资格审查的环节。

2）邀请招标在竞争程度上不如公开招标强。邀请招标参加人数是经过选择限定的，被邀请的承包商数目在 3～10 个，不能少于 3 个，也不宜多于 10 个。由于参加人数相对较少，易于控制，因此其竞争范围没有公开招标大，竞争程度也明显不如公开招标强。

3）邀请招标在时间和费用上都比公开招标节省。邀请招标可以省去发布招标公告费用、资格审查费用和可能发生的更多的评标费用。

但是，邀请招标也存在明显缺陷。它限制了竞争范围，由于经验和信息资料的局限性，会把许多可能的竞争者排除在外，不能充分展示自由竞争、机会均等的原则。鉴于此，国际上和我国都对邀请招标的适用范围和条件作出有别于公开招标的指导性规定。

2.2.3　建设工程招标投标工作流程

建设工程招标投标程序是指建设工程活动按照一定的时间、空间顺序运作的顺序、步骤和方式。始于发布招标邀请书，终于发出中标通知书，其间大致经历了招标、投标、开标、评标、定标几个主要阶段，如图 2-1 所示。

图 2-1　建设工程招标投标工作流程

2.2.3.1　建设工程招标的一般程序

从招标人的角度看，建设工程招标的一般程序主要经历以下几个环节：设立招标组织或者委托招标代理人；办理招标备案手续，申报招标的有关文件；发布招标公告或者发出投标邀请书；对投标资格进行审查；分发招标文件和有关资料，收取投标保证金；组织投标人踏勘现场，对招标文件进行答疑；成立评标组织，召开开标会议（实行资格后审的还要进行资格审查）；审查投标文件，澄清投标文件中不清楚的问题，组织评标；择优定标，发出中标通知书；将合同草案报送审查，签订合同。

1. 设立招标组织或者委托招标代理人

应当招标的工程建设项目，办理报建登记手续后，凡已满足招标条件的，均可组织招标，办理招标事宜。招标组织者组织招标必须具有相应的组织招标的资质。

根据招标人是否具有招标资质，可以将组织招标分为两种情况：

（1）招标人自己组织招标　由于工程招标是一项经济性、技术性较强的专业民事活动，因此招标人自己组织招标，必须具备一定的条件，设立专门的招标组织，经招标投标管理机构审查合格，确认其具有编制招标文件和组织评标的能力，能够自己组织招标后，发给招标组织资质证书。招标人只有持有招标组织资质证书的，才能自己组织招标、自行办理招标事宜。

（2）招标人委托招标代理人代理组织招标、代为办理招标事宜　招标人取得招标组织资质证书的，任何单位和个人不得强制其委托招标代理人代理组织招标、办理招标事宜。招标人未取得招标组织资质证书的，必须委托具备相应资质的招标代理人代理组织招标、代为办理招标事宜。这是为保证工程招标的质量和效率，适应市场经济条件下代理业的快速发展而采取的管理措施，也是国际上的通行做法。现代工程交易的一个明显趋势，是工程总承包日益受到重视和提倡。在实践中，工程总承包中标的总承包单位作为承包范围内工程的招标人，如已领取招标组织资质证书的，也可以自己组织招标；如不具备自己组织招标条件的，则必须委托具备相应资质的招标代理人组织招标。

2. 办理招标备案手续，申报招标的有关文件

无论是招标人自己组织招标、自行办理招标事宜还是委托招标代理人代理组织招标、代为办理招标事宜的，都应当向有关行政监督部门备案。

招标申请书是招标人向政府主管机构提交的要求开始组织招标、办理招标事宜的一种文书。其主要内容包括：招标工程具备的条件、招标的工程内容和范围、拟采用的招标方式和对投标人的要求、招标人或者招标代理人的资质等。

3. 发布招标公告或者发出投标邀请书

（1）采用公开招标方式　招标人要在报刊、杂志、广播、电视等大众传媒或工程交易中心公告栏上发布招标公告，招请一切愿意参加工程投标的不特定的承包商申请投标资格审查或申请投标。

（2）采用邀请招标方式　招标人要向3个以上具备承担招标项目的能力、资信良好的特定的承包商发出投标邀请书，邀请他们参加投标。

（3）投标邀请书的内容　一般说来，公开招标的招标公告和邀请招标的投标邀请书，应当载明以下几项内容：①招标人的名称、地址及联系人姓名、电话；②工程情况简介，包括项目名称、性质、数量、投资规模、工程实施地点、结构类型、装修标准、质量要求、时间要求等；③承包方式，材料、设备供应方式；④对投标人的资质和业绩情况的要求及应提供的有关证明文件；⑤招标日程安排，包括发放、获取招标文件的办法、时间、地点，投标地点及时间、现场踏勘时间、投标预备会时间、投标截止时间、开标时间、开标地点等；⑥对招标文件收取的费用（押金数额）；⑦其他需要说明的问题。

4. 对投标资格进行审查

公开招标资格预审和资格后审的主要内容是一样的，都需要审查投标人的下列情况：

1）投标人组织与机构，资质等级证书，独立订立合同的权利。

2）近3年来的工程情况。

3）目前正在履行合同情况。

4）履行合同的能力，包括专业，技术资格和能力，资金、财务、设备和其他物质状况，管理能力，经验、信誉和相应的工作人员、劳动力等情况。

5）受奖、罚的情况和其他有关资料，没有处于被责令停业，财产被接管或查封、扣押、冻结、破产状态，在近3年没有与骗取合同有关的犯罪或严重违法行为。投标人应向招标人提交能证明上述条件的法定证明文件和相关资料。

邀请招标方式时，招标人对投标人进行投标资格审查，是通过对投标人按照投标邀请书的要求提交或出示的有关文件和资料进行验证，确认自己的经验和所掌握的有关投标人的情况是否可靠、有无变化。在各地实践中，通过资格审查的投标人名单，一般要报经招标投标管理机构进行投标人投标资格复查。

邀请招标资格审查的主要内容，一般应当包括：

1）投标人组织与机构，营业执照，资质等级证书。

2）近 3 年完成工程的情况。

3）目前正在履行的合同情况。

4）资源方面的情况，包括财务、管理、技术、劳动力、设备等情况。

5）受奖、罚的情况和其他有关资料。

议标的资格审查，则主要是查验投标人是否有相应的资质等级。

经资格审查合格后，由招标人或招标代理人通知合格者，领取招标文件，参加投标。

5. 分发招标文件和有关资料，收取投标保证金

招标人向经审查合格的投标人分发招标文件及有关资料，并向投标人收取投标保证金。公开招标实行资格后审的，直接向所有投标报名者分发招标文件和有关资料，收取投标保证金。

招标文件发出后，招标人不得擅自变更其内容。确需进行必要的澄清、修改或补充的，应当在招标文件要求提交投标文件截止时间至少 15 日前，书面通知所有获得招标文件的投标人。该澄清、修改或补充的内容是招标文件的组成部分，对招标人和投标人都有约束力。

投标保证金是为防止投标人不审慎考虑和进行投标活动而设定的一种担保形式，是投标人向招标人缴纳的一定数额的金钱。投标保证金的直接目的虽是保证投标人对投标活动负责，但其一旦缴纳和被接受，对双方都有约束力。

投标保证金可采用现金、支票、银行汇票，也可以是银行出具的银行保函。我国的投标保证金数额一般不超过投标总价的 2%。投标保证金有效期应当与投标有效期一致。

6. 组织投标人踏勘现场，对招标文件进行答疑

招标文件分发后，招标人要在招标文件规定的时间内，组织投标人踏勘现场，并对招标文件进行答疑。主要目的是让投标人了解工程现场和周围环境情况，获取必要的信息。

投标人对招标文件或者在现场踏勘中如果有疑问或不清楚的问题，可以而且应当用书面的形式要求招标人予以解答。招标人收到投标人提出的疑问或不清楚的问题后，可以通过投标预备会解答或者给予书面形式解释和答复。

7. 成立评标组织，召开开标会议

投标答疑工作结束后，招标人就要为接受投标文件、开标做准备。接受投标工作结束，招标人要按招标文件的规定准时开标、评标。

开标会应当按招标文件中预先确定的地点在招标文件确定的提交投标文件截止时间的同一时间公开进行。参加开标会议的人员，包括招标人或其代表人、招标代理人、投标人法定代表人或其委托代理人、招标投标管理机构的监管人员和招标人自愿邀请的公证机构的人员等。开标会议由招标人或招标代理人组织，由招标人或招标人代表主持，并在招标投标管理机构的监督下进行。

8. 审查投标文件，澄清投标文件中不清楚的问题，组织评标

开标会结束后，招标人要接着组织评标。评标必须在招标投标管理机构的监督下，由招标人依法组建的评标组织进行。评标组织由招标人的代表和有关经济、技术等方面的专家组成。评标组织成员的名单在中标结果确定前应当保密。

评标一般采用评标会的形式进行。参加评标会的人员为招标人或其代表人、招标代理人、评标组织成员、招标投标管理机构的监管人员等。投标人不能参加评标会。评标会由招标人或其委托的代理人召集，由评标组织负责人主持。

评标组织对投标文件审查、评议的主要内容包括：

（1）对投标文件进行符合性鉴定　符合性鉴定包括商务符合性和技术符合性鉴定。投标文件应实质上响应招标文件的要求。所谓实质上响应招标文件的要求，就是指投标文件应该与招标文件的所有条款、条件和规定相符，无显著差异或保留。如果投标文件实质上不响应招标文件的要求，招标人应予以拒绝，并不允许投标人通过修正或撤销其不符合要求的差异或保留，使之成为具有响应性的投标文件。

（2）对投标文件进行技术性评估　技术性评估主要包括对投标人所报的方案或组织设计，关键工序，进度计划，人员和机械设备的配备，技术能力，质量控制措施，临时设施的布置和临时用地情况，施工现场周围环境污染的保护措施等进行评估。

（3）对投标文件进行商务性评估　商务性评估指对确定为实质上响应招标文件要求的投标文件进行投标报价评估，包括对投标报价进行校核，审查全部报价数据是否有计算上或累计上的算术错误，分析报价构成的合理性。发现报价数据上有算术错误，修改的原则是：如果用数字表示的数额与用文字表示的数额不一致时，以文字数额为准；当单价与工程量的乘积与合价之间不一致时，通常以标出的单价为准，除非评标组织认为有明显的小数点错位，此时应以标出的合价为准，并修改单价。按上述原则调整投标书中的投标报价，经投标人确认同意后，对投标人起约束作用。如果投标人不接受修正后的投标报价，则其投标将被拒绝。

（4）对投标文件进行综合评价与比较　评标应当按照招标文件确定的评标标准和方法，按照平等竞争、公正合理的原则，对投标人的报价、工期、质量、主要材料用量、施工方案或组织设计、以往业绩和履行合同的情况、社会信誉、优惠条件等方面进行综合评价和比较，并与标底进行对比分析，通过进一步澄清、答辩和评审，公正合理地择优确定中标候选人。

9. 择优定标，发出中标通知书

评标结束应当产生出定标结果。招标人根据评标组织提出的书面评标报告和推荐的中标候选人确定中标人，也可以授权评标组织直接确定中标人。定标应当择优，经评标能当场定标的，应当场宣布中标人；不能当场定标的，中小型项目应在开标之后 7 日内定标，大型项目应在开标之后 14 日内定标；特殊情况需要延长定标期限的，应经招标投标管理机构同意。招标人应当自定标之日起 15 日内向招标投标管理机构提交招标投标情况的书面报告。

中标人的投标，应符合下列条件之一：能够最大限度地满足招标文件中规定的各项综合评价标准；能够满足招标文件实质性要求，并且经评审的投标价格最低，但投标价格低于成本的除外。

在评标过程中，如发现有下列情形之一不能产生定标结果的，可宣布招标失败：所有投标报价高于或低于招标文件所规定的幅度的；所有投标人的投标文件均实质上不符合招标文件的要求，被评标组织否决的。

如果发生招标失败，招标人应认真审查招标文件及标底，作出合理修改，重新招标。经评标确定中标人后，招标人应当向中标人发出中标通知书，并同时将中标结果通知所有未中标的投标人，退还未中标的投标人的投标保证金。中标通知书对招标人和中标人具有法律效力。中标通知书发出后，招标人改变中标结果的，或者中标人放弃中标项目的，应承担法律责任。

10. 将合同草案报送审查，签订合同

中标人收到中标通知书后，招标人、中标人双方应具体协商谈判签订合同事宜，形成合同草案。招标投标管理机构对合同草案的审查，主要是看其是否按中标的条件和价格拟订。经审查后，招标人与中标人应当自中标通知书发出之日起 30 日内，按照招标文件和中标人的投标文件正式签订书面合同。招标人和中标人不得再订立背离合同实质性内容的其他协议。同时，双方要按照招标文件的约定相互提交履约保证金或者履约保函，招标人还要退还中标人的投标保证金。招标人如拒绝与中标人签订合同除双倍返还投标保证金外，还需赔偿有关损失。

履约保证金或履约保函是为约束招标人和中标人履行各自的合同义务而设立的一种合同担保形式。其有效期通常为 2 年，一般直至履行了义务为止。招标人和中标人订立合同相互提交履约保证金或履约保函时，应注意指明履约保证金或履约保函到期的具体日期。如果合同规定的项目在履约保证金或履约保函到期日未能完成的，则可以对履约保证金或履约保函展期，即延长履约保证金或履约保函的有效期。履约保证金或履约保函的金额，通常为合同标的金额的 5% ～ 10%，也有的规定不超过合同金额的 5%。合同订立后，应将合同副本分送各有关部门备案，以便接受保护和监督。至此，招标工作全部结束。招标工作结束后，应将有关文件资料整理归档，以备查考。

2.2.3.2　建设工程投标的一般程序

从投标人的角度看，建设工程投标的一般程序主要经历以下几个环节：向招标人申报资格审查，提供有关文件资料；购领招标文件和有关资料，缴纳投标保证金；组织投标班子；参加踏勘现场和投标预备会；编制和递送投标文件；出席开标会议，参加评标期间的澄清会谈；接受中标通知书，签订合同，提供履约担保，分送合同副本。

1. 向招标人申报资格审查，提供有关文件资料

投标人在获悉招标公告或投标邀请后，应当按照招标公告或投标邀请书中所提出的资格审查要求，向招标人申报资格审查。资格审查是投标人投标过程中的第一关。

采用不同的招标方式，对潜在投标人资格审查的时间和要求不一样。通常在投标前进行的资格审查，叫作资格预审，只有资格预审合格的承包商才可能参加投标；而在开标后进行的资格审查，被称作资格后审，资格后审往往作为评标的一个内容，与评标结合起来进行。

公开招标一般要按照招标人编制的资格预审文件进行资格审查。

资格预审文件应包括的主要内容有：

1）投标人组织与机构。

2）近 3 年完成工程的情况。

3）目前正在履行的合同情况。

4）过去 2 年经审计过的财务报表。

5）过去 2 年的资金平衡表和负债表。

6）下一年度财务预测报告。

7）施工机械设备情况。

8）各种奖励或处罚资料。

9）与本合同资格预审有关的其他资料。如是联合体投标应填报联合体每一成员的以上资料。

邀请招标一般是通过对投标人按照投标邀请书的要求提交或出示的有关文件和资料进行验证，确认自己的经验和所掌握的有关投标人的情况是否可靠、有无变化。

邀请招标资格审查的主要内容，一般应当包括：

1）投标人组织与机构，营业执照，资质等级证书。

2）近3年完成工程的情况。

3）目前正在履行的合同情况。

4）资源方面的情况，包括财务、管理、技术、劳动力、设备等情况。

5）受奖、罚的情况和其他有关资料。

投标人申报资格审查，应当按招标公告或投标邀请书的要求，向招标人提供有关资料。经招标人审查后，招标人应将符合条件的投标人的资格审查资料，报建设工程招标投标管理机构复查。经复查合格的，就具有了参加投标的资格。

2. 购领招标文件和有关资料，缴纳投标保证金

投标人经资格审查合格后，便可向招标人申购招标文件和有关资料，同时要缴纳投标保证金。

投标保证金是为防止投标人对其投标活动不负责任而设定的一种担保形式，是招标文件中要求投标人向招标人缴纳的一定数额的金钱。可以是现金，也可以是支票、银行汇票，还可以是银行出具的银行保函，一般不超过投标总价的2%。

投标有效期：直到签订合同或提供履约保函为止，通常为3～6个月，投标保证金有效期应当与投标有效期一致。

3. 组织投标班子

投标人在通过资格审查、购领了招标文件和有关资料之后，就要按招标文件确定的投标准备时间着手开展各项投标准备工作。

投标班子一般应包括下列三类人员：

（1）经营管理类人员 这类人员一般是从事工程承包经营管理的行家里手，熟悉工程投标活动的筹划和安排，具有相当的决策水平。

（2）专业技术类人员 这类人员是从事各类专业工程技术的人员，如建筑师、监理工程师、结构工程师、造价工程师等。

（3）商务金融类人员 这类人员是从事有关金融、贸易、财税、保险、会计、采购、合同、索赔等工作的人员。

4. 参加踏勘现场和投标预备会

投标人拿到招标文件后，应进行全面细致的调查研究。若有疑问或不清楚的问题需要招标人予以澄清和解答的，应在收到招标文件后的7日内以书面形式向招标人提出。

投标人在去现场踏勘之前，应先仔细研究招标文件有关概念的含义和各项要求，特别是招标文件中的工作范围、专用条款以及设计图纸和说明等，然后有针对性地拟订出踏勘提纲，确定重点需要澄清和解答的问题，做到心中有数。

投标人进行现场踏勘的内容,主要包括以下几个方面:

1)工程的范围、性质以及与其他工程之间的关系。

2)投标人参与投标的那一部分工程与其他承包商或分包商之间的关系。

3)现场地貌、地质、水文、气候、交通、电力、水源等情况,有无障碍物等。

4)进出现场的方式,现场附近有无食宿条件,料场开采条件,其他加工条件,设备维修条件等。

5)现场附近治安情况。

投标预备会又称答疑会、标前会议,一般在现场踏勘之后的 1 ~ 2 日内举行。答疑会的目的是除向潜在投标人详细介绍工程概况以外,还要介绍招标人对招标、投标、开标、评标、定标的具体要求和做法,使投标人全面了解招标项目的特点、招标人的需要和招标文件的要求,以及对招标文件中的某些内容加以修改或补充说明,对投标人书面提出的问题和会议上即席提出的问题给予解答。会议结束后,招标人应将会议纪要用书面通知的形式发送给每一个投标人。一个成功的标前会,可以增强招标人、招标代理机构和投标人之间的联系,加深投标人对招标文件的理解,减少投标人对招标文件提出的澄清要求,提高招标投标活动的工作效率。

5. 编制和递交投标文件

经过现场踏勘和投标预备会后,投标人可以着手编制投标文件。投标人着手编制和递交投标文件的具体步骤和要求主要是:

(1)结合现场踏勘和投标预备会的结果,进一步分析招标文件 招标文件是编制投标文件的主要依据,因此,必须结合已获取的有关信息认真细致地加以分析研究,特别是要重点研究其中的投标须知、专用条款、设计图纸、工程范围以及工程量表等,要弄清到底有没有特殊要求或有哪些特殊要求。

(2)校核招标文件中的工程量清单 投标人是否校核招标文件中的工程量清单或校核得是否准确,直接影响到投标报价和中标机会。因此,投标人应认真对待。通过认真校核工程量,投标人可以大体确定工程总报价。如发现工程量有重大出入的,特别是漏项的,可以找招标人核对,要求招标人认可,并给予书面确认。这对于总价固定合同来说,尤其重要。

(3)根据工程类型编制施工规划或施工组织设计 施工规划或施工组织设计的内容,一般包括施工程序、方案,施工方法,施工进度计划,施工机械、材料、设备的选定和临时生产、生活设施的安排,劳动力计划,以及施工现场平面和空间的布置。施工规划或施工组织设计的编制依据,主要是设计图纸、技术规范,复核了的工程量,招标文件要求的开工、竣工日期,以及对市场材料、机械设备、劳动力价格的调查。编制施工规划或施工组织设计,要在保证工期和工程质量的前提下,尽可能使成本最低、利润最大。具体要求是根据工程类型编制出最合理的施工程序,选择和确定技术上先进、经济上合理的施工方法,选择最有效的施工设备、施工设施和劳动组织,周密、均衡地安排人力、物力和生产,正确编制施工进度计划,合理布置施工现场的平面和空间。

(4)根据工程价格构成进行工程估价,确定利润方针,计算和确定报价 投标报价是投标的一个核心环节,投标人要根据工程价格构成对工程进行合理估价,确定切实可行的利润方针,正确计算和确定投标报价。投标人不得以低于成本的报价竞标。

(5)形成、制作投标文件 投标文件应完全按照招标文件的各项要求编制。投标文件应当对招标文件提出的实质性要求和条件作出响应,一般不能带任何附加条件,否则将导致投标无效。

（6）递送投标文件　递送投标文件，也称递标，是指投标人在招标文件要求提交投标文件的截止时间前，将所有准备好的投标文件密封送达投标地点。招标人收到投标文件后，应当签收保存，不得开启。投标人在递交投标文件以后，投标截止时间之前，可以对所递交的投标文件进行补充、修改或撤回，并书面通知招标人，但所递交的补充、修改或撤回通知必须按招标文件的规定编制、密封和标志。补充、修改的内容为投标文件的组成部分。

6. 出席开标会议，参加评标期间的澄清会谈

投标人在编制、递交了投标文件后，要积极准备出席开标会议。参加开标会议对投标人来说，既是权利也是义务。投标人参加开标会议，要注意其投标文件是否被正确启封、宣读，对于被错误地认定为无效的投标文件或唱标出现的错误，应当场提出异议。

在评标期间，评标组织要求澄清投标文件中不清楚问题的，投标人应积极予以说明、解释、澄清。有关澄清的要求和答复，最后均应以书面形式进行。所说明、澄清和确认的问题，经招标人和投标人双方签字后，作为投标书的组成部分。在澄清会谈中，投标人不得更改标价、工期等实质性内容，开标后和定标前提出的任何修改声明或附加优惠条件，一律不得作为评标的依据。

7. 接受中标通知书，签订合同，提供履约担保，分送合同副本

经评标，投标人被确定为中标人后，应接受招标人发出的中标通知书。未中标的投标人有权要求招标人退还其投标保证金。中标人收到中标通知书后，应在规定的时间和地点与招标人签订合同。在合同正式签订之前，应先将合同草案报招标投标管理机构审查。经审查后，中标人与招标人在规定的期限内签订合同。结构不太复杂的中小型工程一般应在 7 日以内，结构复杂的大型工程一般应在 14 日以内，按照约定的具体时间和地点，根据《中华人民共和国民法典》等有关规定，依据招标文件、投标文件的要求和中标的条件签订合同。同时，按照招标文件的要求，提交履约保证金或履约保函，招标人同时退还中标人的投标保证金。中标人如拒绝在规定的时间内提交履约担保和签订合同，招标人报请招标投标管理机构批准同意后取消其中标资格，并按规定不退还其投标保证金，并考虑在其余投标人中重新确定中标人，与之签订合同，或重新招标。中标人与招标人正式签订合同后，应按要求将合同副本分送有关主管部门备案。

2.3　工程项目招标

2.3.1　建设工程招标文件的编制与审定

1. 概念

建设工程招标文件，是建设工程招标人单方面阐述自己的招标条件和具体要求的意思表示，是招标人确定、修改和解释有关招标事项的各种书面表达形式的统称。

从合同订立过程来分析，建设工程招标文件在性质上属于一种要约邀请，其目的在于唤起投标人的注意，希望投标人能按照招标人的要求向招标人发出要约。凡不满足招标文件要求的投标书，将被招标人拒绝。

2. 组成

建设工程招标文件是由一系列有关招标方面的说明性文件资料组成的，包括各种旨在阐释招标人意志的书面文字、图表、电报、传真、电传等材料。一般来说，招标文件在形式上的构成，主要包括正式文本、对正式文本的解释和对正式文本的修改三个部分。

（1）招标文件正式文本　其形式结构通常分卷、章、条目。

工程招标文件

第一卷　投标须知、合同条件和合同格式

　第一章　投标须知

　第二章　合同条件

　第三章　合同协议条款

　第四章　合同格式

第二卷　技术规范

　第五章　技术规范

第三卷　投标文件

　第六章　投标书和投标书附录

　第七章　工程量清单与报价表

　第八章　辅助资料表

第四卷　图纸

　第九章　图纸

（2）对招标文件正式文本的解释（澄清）　其形式主要是书面答复、投标预备会记录等。投标人如果认为招标文件有问题需要澄清，应在收到招标文件后以文字、电传、传真或电报等书面形式向招标人提出，招标人将以文字、电传、传真或电报等书面形式或以投标预备会的方式给予解答。解答包括对询问的解释，但不说明询问的来源。解答意见经招标投标管理机构核准，由招标人送给所有获得招标文件的投标人。

（3）对招标文件正式文本的修改　其形式主要是补充通知、修改书等。在投标截止日前，招标人可以自己主动对招标文件进行修改，或为解答投标人要求澄清的问题而对招标文件进行修改。修改意见经招标投标管理机构核准，由招标人以文字、电传、传真或电报等书面形式发给所有获得招标文件的投标人。对招标文件的修改，也是招标文件的组成部分，对投标人起约束作用。投标人收到修改意见后应立即以书面形式（回执）通知招标人，确认已收到修改意见。为了给投标人合理的时间，使他们在编制投标文件时将修改意见考虑进去，招标人可以酌情延长递交投标文件的截止日期。

3. 编审规则

建设工程招标文件由招标人或招标人委托的招标代理人负责编制，由建设工程招标投标管理机构负责审定。未经建设工程招标投标管理机构审定，建设工程招标人或招标代理人不得将招标文件分送给投标人。

从实践来看，编制和审定建设工程招标文件应当遵循以下规则：

1）遵守法律法规、规章和有关方针、政策的规定，符合有关贷款组织的合法要求。保证招标文件的合法性，是编制和审定招标文件必须遵循的一个根本原则。不合法的招标文件是无效的，不受法律保护。

2）真实可靠、完整统一、具体明确、诚实信用。招标文件反映的情况和要求，必须真实可靠，讲求信用，不能欺骗或误导投标人。招标人或招标代理人对招标文件的真实性负责。招标文件的内容应当全面系统、完整统一，各部分之间必须力求一致，避免相互矛盾或冲突。招标文件确定的目标和提出的要求，必须具体明确，不能发生歧义，模棱两可。

3）适当分标。工程分标是指就工程建设项目全过程（总承包）中的勘察、设计、施工等阶段招标，分别编制招标文件，或者就工程建设项目全过程招标或勘察、设计、施工等阶段招标中的单位工程、特殊专业工程，分别编制招标文件。工程分标必须保证工程的完整性、专业性，正确选择分标方案，编制分标工程招标文件，不允许任意肢解工程，一般不能对单位工程再分部、分项招标，编制分部、分项招标文件。属于对单位工程分部、分项单独编制的招标文件，建设工程招标投标管理机构不予审定认可。

4）兼顾招标人和投标人双方利益。招标文件的规定要公平合理，不能不恰当地将招标人的风险转移给投标人。

4. 意义

建设工程招标文件具有十分重要的意义。具体主要体现在以下三个方面：

1）建设工程招标文件是投标的主要依据和信息源。招标文件是提供给投标人的投标依据，是投标人获取招标人意图和工程招标各方面信息的主要途径。投标人只有认真研读招标文件，领会其精神实质，掌握其各项具体要求和界限，才能保证投标文件对招标文件的实质性响应，顺利通过对投标文件的符合性鉴定。

2）建设工程招标文件是合同签订的基础。招标文件是一种要约邀请，其目的在于引出潜在投标人的要约（即投标文件），并据以对要约进行比较、评价（即评标），做出承诺（即定标）。因而，招标文件是工程招标中要约和承诺的基础。在招标投标过程中，无论是招标人还是投标人，都可能对招标文件提出这样那样的修改和补充的意见或建议，但不管怎样修改和补充，其基本的内容和要求通常是不会变的，也是不能变的，所以，招标文件的绝大部分内容，事实上都将会变成合同的内容。招标文件是招标人与中标人签订合同的基础。

3）建设工程招标文件是政府监督的对象。招标文件既是招标投标管理机构的审查对象，同时也是招标投标管理机构对招标投标活动进行监管的一个重要依据。换句话说，政府招标投标管理机构对招标投标活动的监督，在很大程度上就是监督招标投标活动是否符合经审定的招标文件的规定。

2.3.2 建设工程招标文件的内容

建设工程招标文件的内容，是建设工程招标文件内在诸要素的总和，反映招标人的基本目标、具体要求和愿与投标人达成什么样的关系。

一般来说，建设工程招标文件应包括投标须知，合同条件和合同协议条款，合同格式，技术规范，图纸、技术资料及附件，投标文件的参考格式等几方面内容。

1. 投标须知

投标须知正文的内容主要包括对总则、招标文件、投标文件、开标、评标、授予合同等诸方面的说明和要求。

（1）总则　投标须知的总则通常包括以下内容：

1）工程说明。主要说明工程的名称、位置、合同名称等情况。

2）资金来源。主要说明招标项目的资金来源和支付使用的限制条件。

3）资质要求与合格条件。这是指对投标人参加投标进而中标的资格要求，主要说明签订和履行合同的目的，投标人单独或联合投标时至少必须满足的资质条件。

投标人参加投标进而中标必须具备投标须知中所要求的资质等级。由同一专业的单位组成的联合体，按照资质等级较低的单位确定资质等级。投标人必须具有独立法人资格（或为依法设立的其他组织）和相应的资质，非本国注册的投标人应按本国有关主管部门的规定取得相应的资质。为获得能被授予合同的机会，投标人应提供令招标人满意的资格文件，以证明其符合投标合格条件和具有履行合同的能力。

4）投标费用。投标人应承担其编制、递交投标文件所涉及的一切费用。无论投标结果如何，招标人对投标人在投标过程中发生的一切费用不负任何责任。

（2）招标文件　这是投标须知中对招标文件本身的组成、格式、解释、修改等问题所作的说明。在这一部分，要特别提醒投标人仔细阅读、正确理解招标文件。投标人对招标文件所作的任何推论、解释和结论，招标人概不负责。投标人因对招标文件的任何推论、误解以及招标人对有关问题的口头解释所造成的后果，均由投标人自负。如果投标人的投标文件不能符合招标文件的要求，责任由投标人承担。实质上不响应招标文件要求的投标文件将被拒绝。招标人对招标文件的澄清、解释和修改，必须采取书面形式，并送达所有获得招标文件的投标人。

（3）投标文件　这是投标须知中对投标文件各项要求的阐述。主要包括以下几个方面：

1）投标文件的语言。投标文件及投标人与招标人之间与投标有关的来往通知、函件和文件均应使用一种官方指导语言（如中文或英文）。

2）投标文件的组成。投标人的投标文件应由下列文件组成：①投标书；②投标书附录；③投标保证金；④法定代表人资格证明书；⑤授权委托书；⑥具有标价的工程量清单与报价表；⑦辅助资料表；⑧资格审查表（资格预审的不采用）；⑨按本须知规定提交的其他资料。

投标人必须使用招标文件提供的表格格式，但表格可以按同样格式扩展，投标保证金、履约保证金的方式按投标须知有关条款的规定可以选择。

3）投标报价。这是投标须知中对投标价格的构成、采用方式和投标货币等问题的说明。除非合同中另有规定，具有标价的工程量清单中所报的单价和合价，以及报价汇总表中的价格，应包括施工设备、劳务、管理、材料、安装、维护、保险、利润、税金、政策性文件规定及合同包含的所有风险、责任等各项应有费用。投标人不得以低于成本的报价竞标。投标人应按招标人提供的工程量计算工程项目的单价和合价；或者按招标人提供的施工图，计算工程量，并计算工程项目的单价和合价。工程量清单中的每一单项均需计算填写单价和合价，投标人没有填写单价和合价的项目将不予支付，并认为此项费用已包括在工程量清单的其他单价和合价中。

投标价格可设置两种方式以供选择：

① 价格固定（备选条款A）。投标人所填写的单价和合价在合同实施期间不因市场变化因素而变动，投标人在计算报价时可考虑一定的风险系数。

② 价格调整（备选条款B）。投标人所填写的单价和合价在合同实施期间可因市场变化因素而变动。如果采用价格固定，则删除价格调整；反之，采用价格调整，则删除价格固定。

投标文件报价中的单价和合价全部采用工程所在国货币或混合使用一种货币或国际贸易货币表示。

4）投标有效期。投标文件在投标须知规定的投标截止日期之后的前附表所列的日历日内有效。在原定投标有效期满之前，如果出现特殊情况，经招标投标管理机构核准，招标人可以书面形式向投标人提出延长投标有效期的要求。投标人须以书面形式予以答复，投标人可以拒绝这种要求而不丧失投标保证金。同意延长投标有效期的投标人不允许修改他的投标文件，但需要相应地延长投标保证金的有效期，在延长期内投标须知关于投标保证金的退还与不退还的规定仍然适用。

5）投标保证金。投标保证金是为防止投标人不审慎考虑和进行投标活动而设定的一种担保形式，是投标人向招标人缴纳的一定数额的金钱，从而约束投标人的投标行为，保护招标人的利益，维护招标投标活动的正常秩序，特设立投标保证金制度，这也是国际上的一种习惯做法；投标保证金的收取和缴纳办法，应在招标文件中说明，并按招标文件的要求进行。

投标保证金是投标文件的一个组成部分。根据投标人的选择，投标保证金可以是现金、支票、银行汇票，也可以是在中国注册的银行出具的银行保函。银行保函的格式应符合招标文件的格式，银行保函的有效期应超出投标有效期 28 日。对于未能按要求提交投标保证金的投标，招标人将视为不响应投标而予以拒绝。未中标的投标人的投标保证金将尽快退还（无息），最迟不超过规定的投标有效期期满后的 14 日。中标人的投标保证金，按要求提交履约保证金并签署合同协议后，予以退还（无息）。投标人有下列情形之一的，投标保证金不予退还：①投标人在投标有效期内撤回其投标文件的；②中标人未能在规定期限内提交履约保证金或签署合同协议的。

投标保证金的直接目的虽是保证投标人对投标活动负责，但其一旦缴纳和接受，对双方都有约束力。

对投标人而言，缴纳投标保证金后，如果投标人按规定的时间要求递交投标文件，在投标有效期内未撤回投标文件，经开标、评标获得中标后与招标人订立合同的，就不会丧失投标保证金。投标人未中标的，在定标发出中标通知书后，招标人原额退还其投标保证金；投标人中标的，在依据中标通知书签订合同时，招标人原额退还其投标保证金。如果投标人未按规定的时间要求递交投标文件，在投标有效期内撤回投标文件，经开标、评标获得中标后不与招标人订立合同的，就会丧失投标保证金。而且，丧失投标保证金并不能免除投标人因此而应承担的赔偿和其他责任，招标人有权就此向投标人或投标保函出具者索赔或要求其承担其他相应的责任。

就招标人而言，收取投标保证金后，如果不按规定的时间要求接受投标文件，在投标有效期内拒绝投标文件，中标人确定后不与中标人订立合同的，则要双倍返还投标保证金。而且，双倍返还投标保证金并不能免除招标人因此而应承担的赔偿和其他责任，投标人有权就此向招标人索赔或要求其承担其他相应的责任。如果招标人收取投标保证金后，按规定的时间要求接受投标文件，在投标有效期内未拒绝投标文件，中标人确定后与中标人订立合同的，仅需原额退还投标保证金。

投标保证金的额度，根据工程投资大小由业主在招标文件中确定。在国际上，投标保证金的数额较高，一般设定在占投资总额的 1% ~ 5%。而我国的投标保证金数额，则普遍较低。一般不超过投标总价的 2%。投标保证金有效期应当与投标有效期一致。

6）投标预备会的目的是澄清、解答投标人提出的问题和组织投标人踏勘现场，了解情况。

投标人可能被邀请对施工现场和周围环境进行踏勘，以获取须投标人自己负责的有编制投标文件和签署合同所需的所有资料。踏勘现场所发生的费用由投标人自己承担。投标人提出的与投标有关的任何问题须在投标预备会召开 7 日前，以书面形式送达招标人。会议记录包括所有问题和答复的副本，将迅速提供给所有获得招标文件的投标人。因投标预备会而产生的对招标文件内容的修改，由招标人以补充通知等书面形式发出。

7）投标文件的份数和签署。投标人按投标须知的规定，编制一份投标文件"正本"和投标须知要求份数的"副本"，并明确标明"投标文件正本"和"投标文件副本"。投标文件正本和副本如有不一致之处，以正本为准。投标文件正本与副本均应使用不能擦去的墨水打印或书写，由投标人的法定代表人亲自签署（或加盖法定代表人印鉴），并加盖法人单位公章。全套投标文件应无涂改和行间插字，除非这些删改是根据招标人的指示进行的，或者是投标人造成的必须修改的错误。修改处应由投标文件签字人签字证明并加盖印鉴。

8）投标文件的密封与标志。投标人应将投标文件的正本和每份副本密封在内层包封，再密封在一个外层包封中，并在内包封上正确标明"投标文件正本"和"投标文件副本"。内层和外层包封都应写明招标人名称和地址、合同名称、工程名称、招标编号，并注明开标时间以前不得开封。在内层包封上还应写明投标人的名称与地址、邮政编码，以便投标出现逾期送达时能原封退回。如果内外层包封没有按上述规定密封并加写标志，招标人将不承担投标文件错放或提前开封的责任，由此造成的提前开封的投标文件将被拒绝，并退还给投标人。

9）投标截止期。投标人应在投标须知规定的日期内将投标文件递交给招标人。招标人可以按投标须知规定的方式，酌情延长递交投标文件的截止日期。在上述情况下，招标人与投标人以前在投标截止期方面的全部权利、责任和义务，将适用于延长后的投标截止期。招标人在投标截止期以后收到的投标文件，将原封退给投标人。

10）投标文件的修改与撤回。投标人可以在递交投标文件以后，在规定的投标截止时间之前，采用书面形式向招标人递交补充、修改或撤回其投标文件的通知。在投标截止日期以后，不能更改投标文件。投标人的补充、修改或撤回通知，应按投标须知规定编制、密封、加写标志和递交，并在内层包封标明"补充""修改"或"撤回"字样。根据投标须知的规定，在投标截止时间与招标文件中规定的投标有效期终止日之间的这段时间内，投标人不能撤回投标文件，否则其投标保证金将不予退还。

（4）开标　在所有投标人的法定代表人或授权代表在场的情况下，招标人将于投标须知规定的时间和地点举行开标会议，参加开标的投标人的代表应签名报到，以证明其出席开标会议。开标会议在招标投标管理机构监督下，由招标人组织并主持。开标时，对在招标文件要求提交投标文件的截止时间前收到的所有投标文件，都当众予以拆封、宣读。但对按规定提交合格撤回通知的投标文件，不予开封。投标人的法定代表人或其授权代表未参加开标会议的，视为自动放弃投标。未按招标文件的规定标志、密封的投标文件，或者在投标截止时间以后送达的投标文件将被作为无效的投标文件。招标人当众宣布对所有投标文件的核查检视结果，并宣读有效投标的投标人名称、投标报价、修改内容、工期、质量、主要材料数量、投标保证金以及招标人认为适当的其他内容。

（5）评标

1）评标内容的保密。公开开标后，直到宣布授予中标人合同为止，凡属于审查、澄清、评价和比较投标的有关资料，和有关授予合同的信息，以及评标组织成员的名单都不应向投标人或与该过程无关的其他人泄露。招标人采取必要的措施，保证评标在严格保密的情况下进行。在投标文件的审查、澄清、评价和比较以及授予合同的过程中，投标人对招标人和评标组织其他成员施加影响的任何行为，都将导致取消投标资格。

2）投标文件的澄清。为了有助于投标文件的审查、评价和比较，评标组织在保密其成员名单的情况下，可以个别要求投标人澄清其投标文件。有关澄清的要求与答复，应以书面形式进行，但不允许更改投标报价或投标的其他实质性内容。但是按照投标须知规定校核时发现的算术错误不在此列。

3）投标文件的符合性鉴定。在详细评标之前，评标组织将首先审定每份投标文件是否在实质上响应了招标文件的要求。

评标组织在对投标文件进行符合性鉴定过程中，遇到投标文件有下列情形之一的，应确认并宣布其无效：①未按招标文件的要求标志、密封的；②无投标人公章和投标人的法定代表人或其委托代理人的印鉴或签字的；③投标文件标明的投标人在名称和法律地位上与通过资格审查时的不一致，且这种不一致明显不利于招标人或为招标文件所不允许的；④未按招标文件规定的格式、要求填写，内容不全或字迹潦草、模糊，辨认不清的；⑤投标人在一份投标文件中对同一招标项目报有两个或多个报价，且未书面声明以哪个报价为准的；⑥逾期送达的；⑦提交合格的撤回通知的。

有上述情形，如果涉及投标文件实质性内容的，应当留待评标时由评标组织评审、确认投标文件是否有效。如果投标当事人有异议的，也应留待评标时由评标组织评审确认。

4）错误的修正。评标组织将对确定为实质上响应招标文件要求的投标文件进行校核，看其是否有计算上或累计上的算术错误。

修正错误的原则如下：①如果用数字表示的数额与用文字表示的数额不一致时，以文字数额为准；②当单价与工程量的乘积与合价之间不一致时，通常以标出的单价为准，除非评标组织认为有明显的小数点错位，此时应以标出的合价为准，并修改单价。

按上述修改错误的方法，调整投标书中的投标报价。经投标人确认同意后，调整后的报价对投标人起约束作用。如果投标人不接受修正后的投标报价其投标将被拒绝，其投标保证金亦将不予退还。

5）投标文件的评价与比较。评标组织将仅对按照投标须知确定为实质上响应招标文件要求的投标文件进行评价与比较。评标方法为综合评议法（或单项评议法、两阶段评议法）。投标价格采用价格调整的，在评标时不应考虑执行合同期间价格变化和允许调整的规定。

（6）授予合同

1）合同授予标准。招标人将把合同授予其投标文件在实质上响应招标文件要求和按投标须知规定评选出的投标人，确定为中标的投标人必须具有实施合同的能力和资源。

2）中标通知书。确定出中标人后，在投标有效期截止前，招标人将在招标投标管理机构认同下，以书面形式通知中标的投标人其投标被接受。在中标通知书中给出招标人对中标人按合同实施、完成和维护工程的中标标价，以及工期、质量和有关合同签订的日期、地点。中标通知书将成为合同的组成部分。在中标人按投标须知的规定提供了履约担保后，招标人将及时将未中标的结果通知其他投标人。

3）合同的签署。中标人按中标通知书中规定的时间和地点，由法定代表人或其授权代表前往与招标人代表进行合同签订。

4）履约担保。中标人应按规定向招标人提交履约担保。履约担保可由在中国注册的银行出具银行保函，银行保函为合同价格的 5%；也可由具有独立法人资格的经济实体出具履约担保书，履约担保书为合同价格的 10%（投标人可任选一种）。投标人应使用招标文件中提供的履约担保格式。如果中标人不按投标须知的规定执行，招标人将有充分的理由废除授标，并不退还其投标保证金。

2. 合同条件和合同协议条款

定义：招标文件中的合同条件和合同协议条款，是招标人单方面提出的关于招标人、投标人、监理工程师等各方权利义务关系的设想和意愿，是对合同签订、履行过程中遇到的工程进度、质量、检验、支付、索赔、争议、仲裁等问题的示范性、定式性阐释。

通用合同条款：

一是通用条件（或称标准条款），是运用于各类建设工程项目的具有普遍适应性的标准化的条件，其中凡双方未明确提出或者声明修改、补充或取消的条款，就是双方都要遵行的。

二是专用条件（或称协议条款），是针对某一特定工程项目对通用条件的修改、补充或取消。

合同通用条件和合同协议条款（专用条件）是招标文件的重要组成部分。招标人在招标文件中应说明本招标工程采用的合同条件和对合同条件的修改、补充或不予采用的意见。投标人对招标文件中的说明是否同意，对合同条件的修改、补充或不予采用的意见，也要在投标文件中一一列明。中标后，双方同意的合同条件和协商一致的合同条款，是双方统一意愿的体现，成为合同文件的组成部分。

《工程建设监理合同（示范文本）》（GF—2012—0202）由合同标准条件（即合同通用条件）和合同专用条件两部分组成。标准条款（合同通用条件）共 80 条，分 8 个方面，对定义及解释，监理人的义务，委托人的义务，合同生效、变更、暂停、解除与终止，违约责任，支付，争议的解决，以及其他有关问题作了规定。专用条件（协议条款），是按合同标准条件顺序设定的，招标人可以根据各个工程监理招标的具体情况在招标文件中提出修改、补充或不予采用的意见。

3. 合同格式

合同格式是招标人在招标文件中拟定好的具体格式，在定标后由招标人与中标人达成一致协议后签署。投标人投标时不填写。

招标文件中的合同格式，主要有合同协议书格式、银行履约保函格式、履约担保书格式、预付款银行保函格式等。

4. 技术规范

招标文件中的技术规范，反映招标人对工程项目的技术要求。通常分为工程现场条件和本工程采用的技术规范两大部分。

1）工程现场条件。主要包括现场环境、地形、地貌、地质、水文、地震烈度、气温、雨雪量、风向、风力等自然条件，和工程范围、建设用地面积、建筑物占地面积、场地拆迁及平整情况、施工用水、用电、工地内外交通、环保、安全防护设施及有关勘探资料等施工条件。

2）本工程采用的技术规范。对工程的技术规范，国家有关部门有一系列规定。招标文件要结合工程的具体环境和要求，写明已选定的适用于本工程的技术规范，列出编制规范的部门和名称。技术规范体现了设计要求，应注意对工程每一部位的材料和工艺提出明确要求，对计量要求作出明确规定。

5. 图纸、技术资料及附件

招标文件中的图纸，不仅是投标人拟定施工方案、确定施工方法、提出替代方案、计算投标报价必不可少的资料，也是工程合同的组成部分。

一般来说，图纸的详细程度取决于设计的深度和发包承包方式。招标文件中的图纸越详细，越能使投标人比较准确地计算报价。图纸中所提供的地质钻孔柱状图、探坑展示图及水文气象资料等，均为投标人的参考资料。招标人应对这些资料的正确性负责，而投标人根据这些资料作出的分析与判断，招标人则不负责任。

6. 投标文件

招标人在招标文件中，要对投标文件提出明确的要求，并拟定一套投标文件的参考格式，供投标人投标时填写。投标文件的参考格式，主要有投标书及投标书附录、工程量清单与报价表、辅助资料表等。其中，工程量清单与报价表格式，在采用综合单价和工料单价时有所不同，并同时要注意对综合单价投标报价或工料单价投标报价进行说明。

采用综合单价投标报价的说明一般如下：

1）工程量清单应与投标须知、合同条件、合同协议条款、技术规范和图纸一起使用。

2）工程量清单所列的工程量系招标人估算的和临时的，作为投标报价的共同基础。付款以实际完成的工程量为依据。由承包人计量、监理工程师核准实际完成的工作量。

3）工程量清单中所填入的单价和合价，应包括人工费、材料费、机械费、其他直接费、间接费、有关文件规定的调价、利润、税金和现行取费中的有关费用、材料的差价，以及用固定价格的工程所测算的风险金等全部费用。

4）工程量清单中的每一单项均需填写单价和合价，对没有填写单价或合价的项目的费用，应视为已包括在工程量清单的其他单价或合价之中。

5）工程量清单不再重复或概括工程及材料的一般说明，在编制和填写工程量清单的每一项的单价和合价时应参考投标须知和合同文件的有关条款。

6）所有报价应以人民币计价。

采用工料单价投标报价的说明，也和上述采用综合单价投标报价的说明一样有 6 点（排列顺序相同），除其中第 3 点外，其他各点都一样。采用工料单价投标报价说明中的第 3 点说明是：工程量清单中所填入的单价和合价，应按照现行预算定额的工、料、机消耗标准及预算价格确定，作为直接费的基础。其他直接费、间接费、利润、有关文件规定的调价、材料差价、设备价、现场因素费用、施工技术措施费，以及采用固定价格的工程所测算的风险金、税金等，按现行的计算方法计取，计入其他相应报价表中。

辅助资料表，主要包括项目经理简历表，主要施工人员表，主要施工机械设备表，项目拟分包情况表，劳动力计划表，施工方案或施工组织设计，计划开工、竣工日期和施工进度表，临时设施布置及临时用地表等。

2.3.3 建设工程招标标底的编制

工程招标标底是工程招标投标中的一个重要文件。它是拟招标工程的预期价格，是评标定标的重要依据，对评标的过程和结果具有重要影响。

招标标底

1. 工程招标标底的概念与特点

工程招标标底，是指建设工程招标人对招标工程项目在方案、质量、期限、价金、方法、措施等方面的综合性理想控制（即自预期控制）指标或预期要求。

工程招标的种类很多，从理论上分析，每一类招标都可以有标底。因为任何一个招标项目，招标人都有一定的招标意图，而招标人要做到对工程项目的质量、期限、价金、措施等心中有数，对招标的实质性交易条件有一个最起码的交易的"底牌"，即标底。如果没有标底，招标人对招标项目的预期和认同就常常会带有一定的盲目性，也不利于控制工程投资或费用总额，不利于保证质量。

施工招标的标底，从其形成和发展的沿革来看，曾出现过下列几种类型：按发包工程总造价包干的标底；按发包工程的工程量单位造价包干的标底；按发包工程扩初设计总概算包干的标底；按发包工程施工图预算包干、包部分材料的标底；包工程施工图预算加系数包干的标底；按发包工程每平方米造价包干的标底。

2. 工程招标标底文件的组成

工程招标标底文件，是对一系列反映招标人对招标工程交易预期控制要求的文字说明、数据、指标、图表的统称，是有关标底的定性要求和定量要求的各种书面表达形式。其核心内容是一系列数据指标。由于工程交易最终主要是用价格或酬金来体现的，所以实践中，建设工程招标标底文件主要是指有关标底价格的文件。一般来说，建设工程招标标底文件，主要由标底报审表和标底正文两部分组成。

建设工程招标标底文件

第一章　标底报审表

第二章　标底正文

  第一节　总则

  第二节　标底的要求及其编制说明

  第三节　标底价格计算用表

  第四节　施工方案及现场条件

（1）标底报审表　标底报审表是招标文件和标底正文内容的综合摘要。通常包括以下主要内容：招标工程综合说明，包括招标工程的名称、报建建筑面积、结构类型、建筑物层数、设计概算或修正概算总金额、施工质量要求、定额工期、计划工期、计划开工竣工时间等，必要时要附上招标工程（单项工程、单位工程等）一览表。标底价格；包括招标工程的总造价、单方造价，钢材、木材、水泥等主要材料的总用量及其单方用量；招标工程总造价中各项费用的说明，包括对包干系数、不可预见费用、工程特殊技术措施费等的说明，以及对增加或减少项目的审定和说明。

（2）标底正文　标底正文是详细反映招标人对工程价格、工期等的预期控制和具体要求的部分，一般包括以下内容：总则，主要是要说明标底编制单位的名称、持有的标底编制资质等级证书，标底编制的人员及其执业资格证书，标底具备条件，编制标底的原则和方法，标底的审定机构，对标底的封存、保密要求等内容；标底的要求及其编制说明，主要说明招标人在方案、质量期限、价金、方法、措施等诸方面的综合性预期控制指标或要求，并要阐释其依据、包括和不包括的内容、各有关费用的计算方式等。

在标底要求中，要注意明确各单项工程、单位工程、室外工程的名称、建筑面积、方案要点、质量、工期、单方造价（或技术经济指标）以及总造价，明确钢材、木材、水泥等的总用量及单方用量，甲方供应的设备、构件与特殊材料的用量，明确分部、分项直接费、其他直接费、工资及主材的调价、企业经营费、利税取费等。

在标底编制说明中，要特别注意对标底价格的计算说明。对标底价格的计算说明，一般需要阐明以下几个问题：第一是关于工程量清单的使用和内容。主要是要说明工程量清单必须与投标须知、合同条件、合同协议条款、技术规范和图纸一起使用，工程量清单中不再重复或概括工程及材料的一般说明，在编制和填写工程量清单的每一项的单价和合价时，参考投标须知和合同文件的有关条款。第二是关于工程量的计算。主要是要说明工程量清单所列的工程量，是招标人估算的和临时的，只作为编制标底价格及投标报价的共同基础，付款则以实际完成的工程量为依据。第三是关于标底价格的计价方式和采用的货币。主要是要说明，采用工料单价的，工程量清单中所填入的单价与合价，应按照现行预算定额的工、料、机消耗标准及预算价格确定，作为直接费的基础。其他直接费、间接费、利润、有关文件规定的调价、材料差价、设备价、现场因素费用、施工技术措施费、赶工措施费以及采用固定价格的工程所测算的风险金、税金等的费用，计入其他相应标底价格计算表中；采用综合单价的，工程量清单中所填入的单价和合价，应包括人工费、材料费、机械费、其他直接费、间接费、有关文件规定的调价、利润、税金以及现行取费中的有关费用、材料差价以及采用固定价格的工程所测算的风险金等的全部费用。标底价格中所有标价以人民币（或其他适当的货币）计价。

（3）标底价格计算用表　采用工料单价的标底价格计算用表和采用综合单价的标底价格计算用表有所不同。采用工料单价的标底价格计算用表，主要有标底价格汇总表，工程量清单汇总及取费表，工程量清单表，材料清单及材料差价，设备清单及价格，现场因素、施工技术措施及赶工措施费用表等。采用综合单价的标底价格计算用表，主要有标底价格汇总表，工程量清单表，设备清单及价格，现场因素、施工技术措施及赶工措施费用表，材料清单及材料差价，人工工日及人工费，机械台班及机械费等。

（4）施工方案及现场条件　施工方案及现场条件主要说明施工方法给定条件、工程建设地点现场条件、临时设施布置及临时用地表等。

1）关于施工方法给定条件。编制标底价格所依据的方案应先进、可行、经济、合理，并能指导施工。各分部分项工程与工程造价有关的施工方法和布置，提交包括临时设施和施工道路的施工总布置图及其他必需的图表、文字说明书等资料，要求量化、图文并茂。至少应包括各分部分项工程的完整的施工方法，保证质量措施；各分部分项施工进度计划；施工机械的进场计划，工程材料的进场计划；施工现场平面布置图及施工道路平面图；冬、雨期施工措施；地下管线及其他地上地下设施的加固措施；保证安全生产、文明施工，减少扰民降低环境污染和噪声的措施。

2）关于工程建设地点现场条件。现场自然条件包括现场环境、地形、地貌、地质、水文、地震烈度及气温、雨雪量、风向、风力等。现场施工条件包括建设用地面积、建筑物占用面积、场地拆迁及平整情况、施工用水、电及有关勘探资料等。

3）关于临时设施布置及临时用地表。对临时设施布置，招标人应提交一份施工现场临时设施布置图表并附文字说明，说明临时设施、加工车间、现场办公、设备及仓储、供电、供水、卫生、生活等设施的情况和布置。对临时用地，招标人要列表注明全部临时设施用地的面积、详细用途和需用的时间表。

3．工程招标标底的作用

工程招标标底的编制、审定和公布，是工程招标投标程序中的重要环节，在建设工程招标投标工作中具有十分重要的地位和作用。各地在有关建设工程招标投标的立法中，一般都设专章规定标底问题，就充分反映了标底问题不容忽视。在建设工程招标投标中，标底的作用主要体现在：

（1）标底是控制、核实预期投资的重要手段　在工程建设实践中，突破预期工程投资是一个带有一定普遍性的问题。招标人事先编制一个标底，就可以减少在选择承包商时的盲目性，有效地控制工程投资或费用总额，也有利于在预期投资的范围内，促使承包商保证工程质量。

（2）标底是衡量投标报价的主要尺度之一　在工程招标投标中，评标定标的依据是多方面的，标底就是其中一个重要的依据。没有标底，招标人对工程中标的要求和对投标文件的评价，就心中无数。有了标底，并以标底作为评标时的一个依据，将各个投标文件与标底相比较，招标人对工程交易就有了准确把握，能够选出较为理想的承包商。如果按照预算定额编制的标底，则标底反映社会平均成本。标底在评标定标中的作用，主要反映在评标定标规则中，以标底为依据，投标报价在最佳范围内的在评分时可得满分，超过最佳浮动范围的可导致扣分，超过有效范围的则导致投标书无效。

由于标底对衡量标价、确定中标人具有重要作用，因此投标人总是设法采取一些手段获取。标底泄露是导致建筑市场混乱的常见因素。标底在开标前必须保密，但在实践中标底泄密现象时有发生。对泄露标底，影响招标投标工作正常进行的招标人或招标代理人，由招标投标监管部门给予行政处罚。对用非法手段获取标底信息而中标的投标人，取消中标资格，并责令其赔偿招标人的经济损失。

4．工程招标标底的编制依据和原则

工程招标标底的编制依据和原则，实际上就是编制标底时总的指导思想和考虑因素，是正确编制标底的基本前提。

（1）工程招标标底的编制依据　工程招标标底受多方面因素影响，如项目划分、设计标准、材料价差、施工方案、定额、取费标准、工程量计算准确程度等。综合考虑可能影响标底的各种因素，编制标底时应遵循的依据主要有：

1）国家公布的统一工程项目划分、统一计量单位、统一计算规则。

2）招标文件，包括招标交底纪要，含施工方案交底。

3）招标人提供的由有相应资质的单位设计的施工图及相关说明。

4）勘察设计及设计单位编制的概算等技术经济资料。

5）工程定额和国家、行业、地方规定的技术标准规范。

6）要素市场价格和地区预算材料价格。

7）经政府批准的取费标准和其他特殊要求。

应当指出的是，上述各种标底编制依据，在实践中要求遵循的程度并不都是一样的。有的不允许有出入，如对招标文件、设计图纸及有关资料等，各地一般都规定编制标底时必须作为依据。深圳还规定，标底和投标报价应按照招标书提供的工程实物量清单以综合单价形式编制。有的则允许有出入，如对技术、经济标准定额和规范等，各地一般规定编制标底时应作为参照。

（2）工程招标标底的编制原则　　工程招标标底的编制原则，与编制的依据密切相关。从有关建设工程招标标底编制的规定和实践来看，建设工程招标标底的编制原则主要有：

1）标底价格应尽量与市场的实际变化相吻合。标底价格作为建设单位的预期控制价格，应反映和体现市场的实际变化，尽量与市场的实际变化相吻合，要有利于开展竞争和保证工程质量，让承包商有利可图。标底中的市场价格可参考有关建设工程价格信息服务机构向社会发布的价格行情。

2）按工程项目类别计价。为了保证不同所有制的投标人享有同等待遇，开展平等竞争，标底的计价方法不能按所有制而应统一按工程类别计价。工程类别通常是以单位工程为基础，用建筑面积、檐口高度、跨度、层数、容积等控制指标来划分的。

3）一个招标项目只编制一个标底。在工程招标中，一个招标项目只准编制一个标底。对群体建设工程、工业基建工程、大型装饰工程，可分别按招标项目编制标底。

4）编审分离和回避。承接标底编制业务的单位及其标底编制人员，不得参与标底审定工作；负责审定标底的单位及其人员，也不得参与标底编制业务。受委托编制标底的单位，不得同时承接投标人的投标文件编制业务。

5. 工程标底的审定

工程标底的审定原则和标底的编制原则是一致的，标底的编制原则也就是标底的审定原则。这里需要特别强调的是编审分离原则。实践中，编制标底和审定标底必须严格分开，不准以编代审、编审合一。

工程标底的送审时间通常在投标文件递交截止日至开标之日，以避免标底在审查过程中泄露。

审定标底是政府主管部门一项重要的行政职能。招标投标管理机构审定标底时，主要审查以下内容：

① 工程范围是否符合招标文件规定的发包承包范围。

② 工程量计算是否符合计算规则，有无错算、漏算和重复计算。

③ 使用定额、选用单价是否准确，有无错选、错算和换算的错误。

④ 各项费用、费率使用及计算基础是否准确，有无使用错误，多算、漏算和计算错误。

⑤ 标底总价计算程序是否准确，有无计算错误。

⑥ 标底总价是否突破概算或批准的投资计划数。

⑦ 主要设备、材料和特种材料数量是否准确，有无多算或少算。

2.3.4　工程投标文件评审及定标

1. 工程投标文件评审概述

工程投标文件评审及定标是一项原则性很强的工作，需要招标人严格按照法规政策组建评标组织，并依法进行评标、定标。所采用的评标定标方法必须是招标文件所规定的，而且也必须经过政府主管部门的严格审定，做到公正性、平等性、科学性、合理性、择优性、可操作性。

具体要求为：评标定标办法符合有关法律法规和政策，体现公开、公正、平等竞争和择优的原则；评标定标组织的组成人员要符合条件和要求；评标定标方法应适当，浮标因素设置应合理，分值分配应恰当，打分标准科学合理，打分规则清楚；评标定标的程序和日程安排应当妥当等。

（1）工程投标文件评审及定标的程序　工程投标文件评审及定标的程序一般如下：

1）组建评标组织进行评标。

2）进行初步评审。从未被宣布为无效或作废的投标文件中筛选出若干具备评标资格的投标人，并评审下列内容：

① 对投标文件进行符合性评审。

② 技术性评审。

③ 商务性评审。

3）进行终审。终审是指对投标文件进行综合评价与比较分析，对初审筛选出的若干具备评标资格的投标人进行进一步澄清、答辩，择优确定出中标候选人。应当说明的是，终审并不是每一项评标都必须有的，如未采用单项评议法的，一般就可不进行终审。

4）编制评标报告及授予合同推荐意见。

5）决标。

（2）评标原则　国家发展和改革委员会 2013 年 3 月 11 日修订的《评标委员会和评标方法暂行规定》指出：评标活动应遵循公平、公正、科学、择优的原则。评标活动依法进行，任何单位和个人不得非法干预或者影响评标过程和结果。实际操作中应做到平等竞争、机会均等，在评标定标过程中，对任何投标者均应采用招标文件中规定的评标定标办法，统一用一个标准衡量，保证投标人能平等地参加竞争。对投标人来说，评标定标办法都是客观的，不存在带有倾向性的、对某一方有利或不利的条款，中标的机会均等。

（3）评标组织的形式及评标形式

1）评标组织的形式。评标组织由招标人的代表和有关经济、技术等方面的专家组成。其具体形式为评标委员会，实践中也有称为评标小组的。

《中华人民共和国招标投标法》明确规定：评标委员会由招标人负责组建，评标委员会成员名单一般应于开标前确定。评标委员会成员名单在中标结果确定前应当保密。《评标委员会和评标方法暂行规定》规定：依法必须进行施工招标的工程，其评标委员会由招标人的代表和有关技术、经济等方面的专家组成，成员人数为 5 人以上单数，其中招标人、招标代理机构以外的技术、经济等方面专家不得少于成员总数的三分之二。评标委员会的专家成员，应当由招标人从建设行政主管部门及其他有关政府部门确定的专家名册或者工程招标代理机构的专家库内相关专业的专家名单中确定。确定专家成员一般应当采取随机抽取的方式。与投标人有利害关系的人不得进入相关工程的评标委员会。

2）评标的形式。评标一般采用评标会的形式进行。参加评标会的人员为招标人或其代表人、招标代理人、评标组织成员、招标投标管理机构的监管人员等。投标人不能参加评标会。评标会由招标人或其委托的代理人召集，由评标组织负责人主持。

评标会的程序主要包括：

① 开标会结束后，投标人退出会场，参加评标会的人员进入会场，由评标组织负责人宣布评标会开始。

② 评标组织成员审阅各个投标文件，主要检查确认投标文件是否实质上响应招标文件的要

求；投标文件正副本之间的内容是否一致；投标文件是否有重大漏项、缺项；是否提出了招标人不能接受的保留条件等。

③ 评标组织成员根据评标定标办法的规定，只对未被宣布无效的投标文件进行评议，并对评标结果签字确认。

④ 如有必要，评标期间评标组织可以要求投标人对投标文件中不清楚的问题作出必要的澄清或者说明，但是，澄清或者说明不得超出投标文件的范围或改变投标文件的实质性内容。所澄清和确认的问题，应当采取书面形式，经招标人和投标人双方签字后，作为投标文件的组成部分，列入评标依据范围。在澄清会谈中，不允许招标人和投标人变更或寻求变更价格、工期、质量等级等实质性内容。开标后，投标人对价格、工期、质量等级等实质性内容提出的任何修正声明或者附加优惠条件，一律不得作为评标组织评标的依据。

⑤ 评标组织负责人对评标结果进行校核，按照优劣或得分高低排出投标人顺序，并形成评标报告，经招标投标管理机构审查，确认无误后，即可据评标报告确定出中标人。至此，评标工作结束。

（4）评标期限的有关规定　涉及评标的有关时间问题包括投标有效期、与中标人签订合同的期限、定标的期限、退还投标保证金的期限等。

1）投标有效期。投标有效期是针对投标保证金或投标保函的有效期间所作的规定，投标有效期从提交投标文件截止日起计算，一般到发出中标通知书或签订承包合同为止。招标文件应当载明投标有效期。

《评标委员会和评标方法暂行规定》第四十条规定，评标和定标应当在投标有效期内完成。不能在投标有效期内完成评标和定标的，招标人应当通知所有投标人延长投标有效期。拒绝延长投标有效期的投标人有权收回投标保证金。同意延长投标有效期的投标人应当相应延长其投标担保的有效期，但不得修改投标文件的实质性内容。因延长投标有效期造成投标人损失的，招标人应当给予补偿，但因不可抗力需延长投标有效期的除外；第四十九条规定，中标人确定后，招标人应当向中标人发出中标通知书，同时通知未中标人，并与中标人在投标有效期内以及中标通知书发出之日起30日之内签订合同；第五十二条规定，招标人与中标人签订合同后5日内，应当向中标人和未中标的投标人退还投标保证金。

2）定标期限。评标结束应当产生定标结果。招标人根据评标委员会提出的书面评标报告和推荐的中标候选人确定中标人，也可以授权评标委员会直接确定中标人。定标应当择优，经评标能当场定标的，应当场宣布中标人；不能当场定标的，中小型项目应在开标之后7日内定标，大型项目应在开标之后14日内定标；特殊情况需要延长定标期限的，应经招标投标管理机构同意。招标人应当自定标之日起15日内向招标投标管理机构提交招标投标情况的书面报告。

3）签订合同的期限。中标人确定后，招标人应当向中标人发出中标通知书，同时通知未中标人，并与中标人在30日之内签订合同。

中标通知书对招标人和中标人具有法律约束力，其作用相当于签订合同过程中的承诺。中标通知书发出后，招标人改变中标结果或者中标人放弃中标的，应当承担法律责任。

4）退还投标保证金的期限。投标有效期截止，招标人应当向未中标的投标人退还投标保证金或投标保函，对中标者可以将投标保证金或投标保函转为履约保证金或履约保函。

2. 工程投标文件评审内容

（1）初步评审　初步评审主要是检验投标文件的符合性和核对投标报价，确保投标文件响应招标文件的要求，剔除法律法规所提出的废标。

有关废标的法律规定，投标文件有下述情形之一的，属重大投标偏差，或被认为没有对招标文件作出实质性响应，根据《评标委员会和评标方法暂行规定》，作废标处理：

1）关于投标人的报价明显低于其他投标报价等的规定，《评标委员会和评标方法暂行规定》规定，在评标过程中，评标委员会发现投标人的报价明显低于其他投标报价或者在设有标底时明显低于标底，使得其投标报价可能低于其个别成本的，应当要求该投标人作出书面说明并提供相关证明材料。投标人不能合理说明或者不能提供相关证明材料的，由评标委员会认定该投标人以低于成本报价竞标，其投标应作废标处理。

2）投标人资格条件不符合国家有关规定和招标文件要求的，或者拒不按照要求对投标文件进行澄清、说明或者补正的，评标委员会可以否决其投标。

3）评标委员会应当审查每一投标文件是否对招标文件提出的所有实质性要求和条件作出响应。未能在实质上响应的投标，应作废标处理。

评标委员会应当根据招标文件，审查并逐项列出投标文件的全部投标偏差。投标文件存在重大偏差，按废标处理，下列情况属于重大偏差：

① 没有按照招标文件要求提供投标担保或者所提供的投标担保有瑕疵。

② 投标文件没有投标人授权代表签字和加盖公章。

③ 投标文件载明的招标项目完成期限超过招标文件规定的期限。

④ 明显不符合技术规格、技术标准的要求。

⑤ 投标文件载明的货物包装方式、检验标准和方法等不符合招标文件的要求。

⑥ 投标文件附有招标人不能接受的条件。

⑦ 不符合招标文件中规定的其他实质性要求。

招标文件对重大偏差另有规定的，从其规定。

（2）评审内容　初步评审的具体内容主要包括下列 4 项：

1）投标书的有效性。审查投标人是否与资格预审名单一致；递交的投标保函的金额和有效期是否符合招标文件的规定；如果以标底衡量有效标时，投标报价是否在规定的标底上下百分比幅度范围内。

2）投标书的完整性。投标书是否包括了招标文件规定应递交的全部文件。例如，除报价单外，是否按要求提交了工作进度计划表、施工方案、合同付款计划表、主要施工设备清单等招标文件中要求的所有材料。如果缺少一项内容，则无法进行客观公正的评价。因此，该投标书只能按废标处理。

3）投标书与招标文件的一致性。如果招标文件指明是反应标，则投标书必须严格地对招标文件的每一空白格作出回答，不得有任何修改或附带条件。如果投标人对任何栏目的规定有说明要求时，只能在原标书完全应答的基础上，以投标致函的方式另行提出自己的建议。对原标书私自作任何修改或用括号注明条件，都将与业主的招标要求不相一致或违背，也按废标对待。

4）标价计算的正确性。由于只是初步评审，不详细研究各项目报价金额是否合理、准确，而仅审核是否有计算统计错误。若出现的错误在规定的允许范围内，则可由评标委员会予以改正，并请投标人签字确认。若投标人拒绝改正，不仅按废标处理，而且按投标人违约对待。当错误值超过允许范围时，按废标对待。修改报价统计错误的原则如下：

① 如果数字表示的金额与文字表示的金额有出入时，以文字表示的金额为准。

② 如果单价和数量的乘积与总价不一致，要以单价为准。若属于明显的小数点错误，则以标书的总价为准。

③ 副本与正本不一致，以正本为准。

经过审查，只有合格的标书才有资格进入下一轮的详评。对合格的标书再按报价由低到高重新排列名次。因为排除了一些废标和对报价错误进行了某些修正，这个名次可能和开标时的名次排列不一致。一般情况下，评标委员会将把新名单中的前几名作为初步备选的潜在中标人，并在详评阶段将他们作为重点评价的对象。

（3）详细评审　详细评审的内容一般包括以下 6 个方面（如果未进行资格预审，则在评标时同时进行资格审查）：

1）价格分析不仅要对各标书的报价数额进行比较，还要对主要工作内容和主要工程量的单价进行分析，并对价格组成各部分比例的合理性进行评价。分析投标价的目的在于鉴定各投标价的合理性。

2）报价构成分析。用标底价与标书中各单项合计价、各分项工程的单价以及总价进行比照分析，对差异比较大的地方找出其产生的原因，从而评定报价是否合理。

3）分析投标报价时难以明确计量的工程量，以及计日工报价的机械台班费和人工费单价的合理性。

4）分析不平衡报价的变化幅度。虽然允许投标人为了解决前期施工中资金流通的困难采用不平衡报价法投标，但不允许有严重的不平衡报价，否则会大大地提高前期工程的付款要求。

5）资金流量的比较和分析。审查其所列数据的依据，进一步复核投标人的财务实力和资信可靠程度；审查其支付计划中预付款和滞留金的安排与招标文件是否一致；分析投标人资金流量和其施工进度之间的相互关系；分析招标人资金流量的合理性。

6）分析投标人提出的财务或付款方面的建议和优惠条件。如延期付款、垫资承包等，并估计接受其建议的利弊，特别是接受财务方面建议后可能导致的风险。

（4）技术评审　技术评审主要对投标人的实施方案进行评定，包括以下内容：

1）施工总体布置。着重评审布置的合理性。对分阶段实施还应评审各阶段之间的衔接方式是否合适，以及如何避免与其他承包商发生作业干扰。

2）施工进度计划。首先要看进度计划是否满足招标要求，进而再评价其是否科学和严谨，以及是否切实可行。业主有阶段工期要求的工程项目对里程碑工期的实现也要进行评价。评审时要依据施工方案中计划配置的施工设备、生产能力、材料供应、劳务安排、自然条件、工程量大小等诸因素，将重点放在审查作业循环和施工组织是否满足施工高峰月的强度要求，从而确定其总进度计划是否建立在可靠的基础上。

3）施工方法和技术措施。主要评审各单项工程所采取的方法、程序技术与组织措施，包括所配备的施工设备性能是否合适、数量是否充分；采用的施工方法是否既能保证工程质量，又能加快进度并减少干扰；安全保证措施是否可靠等。

4）材料和设备。规定由承包商提供或采购的材料和设备，是否在质量和性能方面满足设计要求和招标文件中的标准。必要时可要求投标人进一步报送主要材料和设备的样本，技术说明书或型号、规格、地址等资料。评审人员可以从这些材料中审查和判断其技术性能是否可靠和达到设计要求。

5）技术建议和替代方案。对投标书中提出的技术建议和可供选择的替代方案，评标委员会应进行认真细致的研究，评定该方案是否会影响工程的技术性能和质量。在分析建议或替代方案的可行性和技术经济价值后，考虑是否可以全部采纳或部分采纳。

（5）管理和技术能力的评价　管理和技术能力的评价重点放在承包商实施工程的具体组织机构和施工鼓励的保障措施方面。即对主要施工方法、施工设备以及施工进度进行评审，对所列施工设备清单进行审核，审查投标人拟投入到本工程的施工设备数是否符合施工进度要求，以及施工方法是否先进、合理，是否满足招标文件的要求，目前缺少的设备是采用购置还是租赁的方法来解决等。此外，还要对承包商拥有的施工机具在其他工程项目上的使用情况进行分析，预测能转移到本工程上的时间和数量，是否与进度计划的需求量相一致；重点审查投标人所提出的质量保证体系的方案、措施等是否能满足本工程的要求。

（6）对拟派该项目主要管理人员和技术人员的评价　要拥有一定数量有资质、有丰富工作经验的管理人员和技术人员。至于投标人的经历和财力，在资格预审时已通过，一般不作为评比条件。

（7）商务法律评审　这部分是对招标文件的响应性检查。主要包括以下内容：

1）投标书与招标文件是否有重大实质性偏离。投标人是否愿意承担合同条款规定的全部义务。

2）合同文件某些条款修改建议的采用价值。

3）审查商务优惠条件的实用价值。

在评标过程中，如果发现投标人在投标文件中存在没有阐述清楚的地方，一般可召开澄清会议，由评标委员会提出问题，要求投标人提交书面正式答复。澄清问题的书面文件不允许对原投标书作出实质上的修改，也不允许变更。因为《中华人民共和国招标投标法》第二十九条规定，投标人在招标文件要求提交投标文件的截止日前，可以补充、修改或者撤回已提交的投标文件，并书面通知招标人。

（8）评标报告的撰写和提交　根据《中华人民共和国招标投标法》和《评标委员会和评标方法暂行规定》的要求，委员会完成评标后，应向招标人提出书面评标报告，并推荐合格的中标候选人，候选人数量应限定在 1 ~ 3 人，招标人也可以授权评委会直接确定中标人。评标报告应当如实记载以下内容：

1）基本情况和数据表。

2）评标委员会成员名单。

3）开标记录。

4）符合要求的投标人一览表。

5）废标情况说明。

6）评标标准、评标方法或者评标因素一览表。

7）经评审的价格或者评分比较一览表。

8）经评审的投标人排序。

9）推荐的中标候选人名单与签订合同前要处理的事宜。

10）澄清、说明、补正事项纪要。

评标报告由评标委员会全体成员签字。对评标结论持有异议的评标委员会委员可以书面方式阐述其不同意见和理由。评标委员会成员拒绝在评标报告上签字且不陈述其不同意见和理由的，视为同意评标结论。评标委员会应当对此作出书面说明并记录在案。

3. 工程施工评标办法及评标因素

（1）评标方法 《评标委员会和评标方法暂行规定》第二十九条规定：评标方法包括经评审的最低投标价法、综合评估法或者法律、行政法规允许的其他评标方法。经评审的最低投标价法一般适用于具有通用技术、性能标准或者招标人对其技术、性能没有特殊要求的招标项目。根据经评审的最低投标价法，能够满足招标文件的实质性要求，并且经评审的最低投标价的投标，应当推荐为中标候选人。不宜采用经评审的最低投标价法的招标项目，一般应当采取综合评估法进行评审。根据综合评估法，最大限度地满足招标文件中规定的各项综合评价标准的投标，应当推荐为中标候选人。

衡量投标文件是否最大限度地满足招标文件中规定的各项评价标准，可以采取折算为货币的方法、打分的方法或者其他方法。需量化的因素及其权重应当在招标文件中明确规定。

（2）评标因素选择及权重确定的原则 影响标书质量的因素很多，评标体系的设计也多种多样，一般需要考虑的原则是看评标因素在评标因素体系中的地位和重要程度。显然，在所有评标因素中，重要的因素所占的分值应高些，不重要或不太重要的评标因素占的分数应低些。

不同性质的工程，不同的招标意图将设定不同的评分因素和评分标准，表2-1为现实中常用的评标因素及其分值界限。

表 2-1　评标因素及其分值界限

序号	评标因素	分值界限	说明
1	投标报价	30～70	
2	主要材料	0～10	
3	施工方案	5～20	
4	质量	5～25	
5	工期	0～10	
6	项目经理	5～10	
7	业绩	5～10	
8	信誉	5～10	

4. 工程投标的定标规则

（1）中标人的投标应具备的条件 《中华人民共和国招标投标法》规定，中标人的投标应当符合能够最大限度满足招标文件中规定的各项综合评价标准或是能够满足招标文件的实质性要求，并且经评审的投标价格最低（投标价格低于成本的除外）才能中标。在确定中标人之前，招标人不得与投标人就投标价格、投标方案等实质性内容进行谈判。

评标委员会完成评标后，应当向招标人提出书面评标报告，阐明评标委员会对各投标文件的评审意见，并按照招标文件中规定的评标方法，推荐不超过3名有排序的合格中标候选人。招标人根据评标委员会提出的书面评标报告和推荐的中标候选人确定中标人。招标人也可以授权评标委员会直接确定中标人。

（2）招标失败的处理 在评标过程中，如发现有下列情形之一不能产生定标结果的，可宣布招标失败：

1）所有投标报价高于或低于招标文件所规定的幅度。

2）所有投标人的投标文件均实质上不符合招标文件的要求，被评标组织否决。

如果发生招标失败，招标人应认真审查招标文件及标底，作出合理修改，重新招标。在重新招标时，原采用公开招标方式的，仍可继续采用公开招标方式，也可改用邀请招标方式；原采用邀请招标方式的，仍可继续采用邀请招标方式，也可改用议标方式；原采用议标方式的，应继续采用议标方式。

2.4　工程项目投标

2.4.1　工程投标文件概述

1. 工程投标文件的基本内容

工程投标文件，是工程投标人单方面阐述自己响应招标文件要求，旨在向招标人提出愿意订立合同的意思表示，是投标人确定、修改和解释有关投标事项的各种书面表达形式的统称。

投标人在投标文件中必须明确向招标人表示愿以招标文件的内容订立合同；必须对招标文件提出的实质性要求和条件作出响应，不得以低于成本的报价竞标；必须由有资格的投标人编制；必须按照规定的时间、地点递交给招标人，否则该投标文件将被招标人拒绝。

投标文件一般由下列内容组成：

1）投标函。

2）投标函附录。

3）投标保证金。

4）法定代表人资格证明书。

5）授权委托书。

6）具有标价的工程量清单与报价表。

7）辅助资料表。

8）资格审查表（资格预审的不采用）。

9）对招标文件中的合同协议条款内容的确认和响应。

10）施工组织设计。

11）招标文件规定提交的其他资料。

投标人必须使用招标文件提供的投标文件表格格式，但表格可以按同样格式扩展。招标文件中拟定的供投标人投标时填写的一套投标文件，主要有投标函及其附录、工程量清单与报价表、辅助资料表等。

2. 编制工程投标文件的步骤

投标人在领取招标文件以后，就要进行投标文件的编制工作。

编制投标文件的一般步骤是：

1）熟悉招标文件、图纸、资料，对图纸、资料有不清楚、不理解的地方，可以用书面或口头方式向招标人询问、澄清。

2）参加招标人施工现场情况介绍和答疑会。

3）调查当地材料供应和价格情况。

4）了解交通运输条件和有关事项。

5）编制施工组织设计，复查、计算图纸工程量。

6）编制或套用投标单价。

7）计算取费标准或确定采用取费标准。

8）计算投标造价。

9）核对调整投标造价。

10）确定投标报价。

3. 编制工程投标文件的注意事项

1）投标人编制投标文件时必须使用招标文件提供的投标文件表格格式，但表格可以按同样格式扩展。投标保证金、履约保证金的方式，按招标文件有关条款的规定可以选择。投标人根据招标文件的要求和条件填写投标文件的空格时，凡要求填写的空格都必须填写，不得空着不填；否则，即被视为放弃意见。实质性的项目或数字如工期、质量等级、价格等未填写的，将被作为无效或作废的投标文件处理。将投标文件按规定的日期送交招标人，等待开标、决标。

2）应当编制的投标文件"正本"仅一份，"副本"则按招标文件投标须知要求的份数提供，同时要明确标明"投标文件正本"和"投标文件副本"字样。投标文件正本和副本如有不一致之处，以正本为准。

3）投标文件正本与副本均应使用不能擦去的墨水打印或书写，各种投标文件的填写都要字迹清晰、端正，补充设计图纸要整洁、美观。

4）所有投标文件均由投标人的法定代表人签署、加盖印鉴，并加盖法人单位公章。

5）填报投标文件应反复校核，保证分项和汇总计算均无错误。全套投标文件均应无涂改和行间插字，除非这些删改是根据招标人的要求进行的，或者是投标人造成的必须修改的错误。修改处应由投标文件签字人签字证明并加盖印鉴。

6）如招标文件规定投标保证金为合同总价的某百分比时，开投标保函不要太早，以防泄漏己方报价。但有的投标商提前开出并故意加大保函金额，以麻痹竞争对手的情况也是存在的。

7）投标人应将投标文件的正本和每份副本分别密封在内层包封，再密封在一个外层包封中，并在内包封上正确标明"投标文件正本"和"投标文件副本"。内层和外层包封都应写明招标人名称和地址、合同名称、工程名称、招标编号，并注明开标时间以前不得开封。在内层包封上还应写明投标人的名称与地址、邮政编码，以便投标出现逾期送达时能原封退回。如果内外层包封没有按上述规定密封并加写标志，招标人将不承担投标文件错放或提前开封的责任，由此造成的提前开封的投标文件将被拒绝，并退还给投标人。

投标文件有下列情形之一的，在开标时将被作为无效或作废的投标文件，不能参加评标：投标文件未按规定标志、密封的；未经法定代表人签署或未加盖投标人公章或未加盖法定代表人印鉴的；未按规定的格式填写，内容不全或字迹模糊辨认不清的；投标截止时间以后送达的投标文件。

投标人在编制投标文件时应特别注意，以免被判为无效标而前功尽弃。

2.4.2 施工组织设计

1. 施工组织设计的基本概念

施工组织设计是指导拟建工程施工全过程各项活动的技术、经济和组织的综合性文件。

施工组织设计要根据国家的有关技术政策和规定、业主的要求、设计图纸和组织施工的基本原则,从拟建工程施工全局出发,结合工程的具体条件,合理地组织安排,采用科学的管理方法,不断地改进施工技术,有效地使用人力、物力,安排好时间和空间,以期达到耗工少、工期短、质量高和造价低的最优效果。

在投标过程中,必须编制施工组织设计,这项工作对于投标报价影响很大。此时编制的施工组织设计的深度和范围都比不上接到施工任务后由项目部编制的施工组织设计,因此,是初步的施工组织设计。如果中标,再编制详细而全面的施工组织设计。初步的施工组织设计一般包括进度计划和施工方案等。招标人将根据施工组织设计的内容评价投标人是否采取了充分和合理的措施,保证按期完成工程施工任务。另外,施工组织设计对投标人自己也是十分重要的,因为进度安排是否合理,施工方案选择是否恰当,与工程成本和报价有密切关系。

编制一个好的施工组织设计可以大大降低报价,提高竞争力。编制的原则是在保证工期和工程质量的前提下,尽可能使工程成本最低,投标价格合理。

2. 施工组织设计的编制程序

施工组织设计是施工企业控制和指导施工的文件,必须结合工程实体,内容要科学合理。在编制前应会同各有关部门及人员,共同讨论和研究施工的主要技术措施和组织措施。施工组织设计的编制程序如图 2-2 所示。

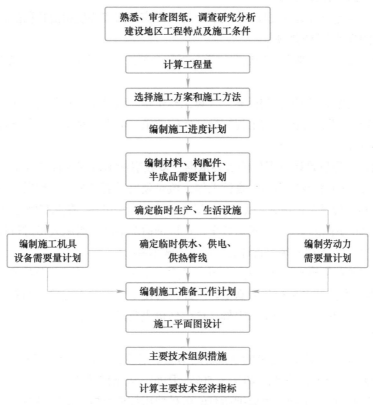

图 2-2 施工组织设计的编制程序

3. 施工组织设计的主要内容

施工组织设计的主要内容有工程概况、施工方案、施工进度计划、施工平面图和各项保证措施等。

投标文件中施工组织设计一般应包括综合说明；施工现场平面布置；项目管理班子主要管理人员；劳动力计划；施工进度计划；施工进度和施工工期保证措施；主要施工机械设备；基础施工方案和方法；基础质量保证措施；基础排水和防沉降措施；地下管线、地上设施、周围建筑物保护措施；主体结构主要施工方法、方案和措施；主体结构质量保证措施；采用新技术新工艺专利技术；各种管道、线路等非主体结构质量保证措施；各工序的协调措施；冬、雨期施工措施；施工安全保证措施；现场文明施工措施；施工现场保护措施；施工现场维护措施；工程交验后服务措施等内容。

2.4.3 工程项目投标报价

2.4.3.1 工程施工投标报价的编制标准

工程报价是投标的关键性工作，也是整个投标工作的核心。它不仅是能否中标的关键，而且对中标后的盈利多少，在很大程度上起着决定性的作用。

（1）工程投标报价的编制原则

1）必须贯彻执行国家的有关政策和方针，符合国家的法律法规和公共利益。

2）认真贯彻等价有偿的原则。

3）工程投标报价的编制必须建立在科学分析和合理计算的基础之上，要较准确地反映工程价格。

（2）影响投标报价计算的主要因素　计算工程价格，编制工程报价是一项很严肃的工作。采用哪一种计算方法进行计价应视工程招标文件的要求。但不论采用哪一种方法都必须抓住编制报价的主要因素。

1）工程量。工程量是计算报价的重要依据。多数招标单位在招标文件中均附有工程实物量。因此，必须进行全面或者重点地复核工作，核对项目是否齐全、工程做法及用料是否与图纸相符，重点核对工程量是否正确，以求工程量数字的准确和可靠，在此基础上再进行套价计算。另一种情况就是标书中根本没给工程量数字，在这种情况下就要组织人员进行详细的工程量计算工作，即使时间很紧迫也必须进行计算，以免影响编制报价。

2）单价。工程单价是计算标价的又一个重要依据，同时又是构成标价的第二个重要因素。单价的正确与否，直接关系到标价的高低。因此，必须十分重视工程单价的制定或套用。制定的根据：一是国家或地方规定的预算定额、单位估价表及设备价格等；二是人工、材料、机械使用费的市场价格。

3）其他各类费用的计算。这是构成报价的第三个主要因素。这个因素占总报价的比重是很大的，少者占20%～30%，多者占40%～50%。因此，应重视其计算。

为了简化计算，提高工效，可以把所有的各种费用都折算成一定的系数计入报价中去。计算出直接费后再乘以这个系数就可以得出总报价了。

工程报价计算出来以后，可用多种方法进行复核和综合分析。然后，认真详细地分析风险、利润、报价让步的最大限度，而后参照各种信息资料以及预测的竞争对手情况，最终确定实际报价。

2.4.3.2　工程投标报价的构成

（1）工程报价的构成　投标报价的费用构成主要有直接费、间接费、利润、税金等，如图 2-3 所示。

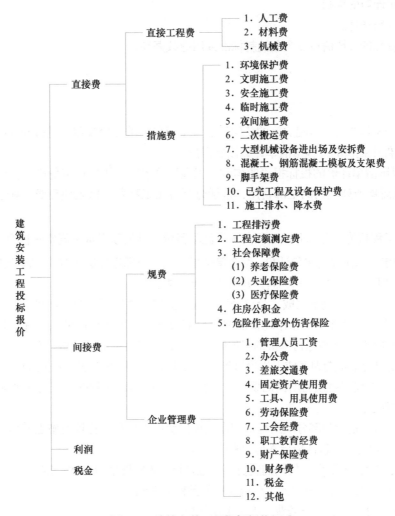

图 2-3　建筑安装工程投标报价组成

直接费由直接工程费和措施费组成。直接工程费是指在工程施工中耗费的构成工程实体上的各项费用，包括人工费、材料费和机械费。措施费是指为完成工程项目施工，发生于该工程施工前和施工过程中非工程实体项目的费用。

间接费由规费和企业管理费组成。规费是指政府有关权力部门规定必须缴纳的费用。企业管理费是指施工企业组织施工生产和经营管理所需费用。

利润和税金是指按照国家有关部门的规定，工程施工企业在承担施工任务时应计取的利润，以及按规定应计入工程造价内的营业税、城市建设维护税和教育费附加。

（2）工程投标报价计算的依据

1）招标文件，包括工程范围、质量、工期要求等。

2）施工图设计图纸和说明书、工程量清单。

3）施工组织设计。

4）现行的国家、地方的概算指标或定额和预算定额、取费标准、税金等。

5）材料预算价格、材差计算的有关规定。

6）工程量计算的规则。

7）施工现场条件。

8）各种资源的市场信息及企业消耗标准或历史数据等。

2.4.3.3 工程施工投标报价的编制

1. 工程量清单计价模式下的报价编制

根据自 2013 年 7 月 1 日起实施的《建设工程工程量清单计价规范》进行投标报价。依据招标人在招标文件中提供的工程量清单计算投标报价。

（1）工程量清单计价的投标报价的构成　工程量清单计价的投标报价应包括按招标文件规定完成工程量清单所列项目的全部费用，包括分部分项工程费、措施项目费、其他项目费、规费和税金。

$$工程报价 = 分部分项工程费 + 措施项目费 + 其他项目费 + 规费 + 税金$$

工程量清单应采用综合单价计价。综合单价指完成一个规定计量单位的工程所需的人工费、材料费、机械使用费、管理费和利润，并考虑风险因素。

1）分部分项工程费是指完成"分部分项工程量清单"项目所需的工程费用。投标人根据企业自身的技术水平、管理水平和市场情况填报分部分项工程量清单计价表中每个分项的综合单价，每个分项的工程数量与综合单价的乘积即为合价，再将合价汇总就是分部分项工程费。

2）措施项目费用是指为完成工程项目施工，发生于该工程施工前和施工过程中技术、生活、安全等方面的非工程实体项目所需的费用。其金额应根据拟建工程的施工方案或施工组织设计及其综合单价确定。

3）其他项目费是指分部分项工程费和措施项目费以外的在工程项目施工过程中可能发生的其他费用。其他项目清单包括招标人部分和投标人部分。

①招标人部分：预留金、材料购置费等。这是招标人按照估算金额确定的。

预留金指招标人为可能发生的工程量变更而预留的金额。

②投标人部分：总承包服务费、零星工作项目费等。

总承包服务费是指为配合协调招标人进行的工程分包和材料采购所需的费用。其应根据招标人提出的要求所发生的费用确定。零星工作项目费是指完成招标人提出的，不能以实物量计量的零星工作项目所需的费用。其金额应根据"零星工作项目计价表"确定。

4）规费和税金。

（2）工程量清单计价格式填写规定

1）工程量清单计价格式应由投标人填写。

2）封面应按规定内容填写、签字、盖章。

3）投标总价应按工程项目总价表合计金额填写。

4）工程项目总价表。

①表中单项工程名称应按单项工程费汇总表的工程名称填写。

②表中金额应按单项工程费汇总表的合计金额填写。

5）单项工程费汇总表。

① 表中单位工程名称应按单位工程费汇总表的工程名称填写。

② 表中金额应按单位工程费汇总表的合计金额填写。

6）单位工程费汇总表中的金额应分别按照分部分项工程量清单计价表、措施项目清单计价表和其他项目清单计价表的合计金额和按有关规定计算的规费、税金填写。

7）分部分项工程量清单计价表中的序号、项目编码、项目名称、计量单位、工程数量必须按分部分项工程量清单中的相应内容填写。

8）措施项目清单计价表。

① 表中的序号、项目名称必须按措施项目清单中的相应内容填写。

② 投标人可根据施工组织设计采取的措施增加项目。

9）其他项目清单计价表。

① 表中的序号、项目名称必须按其他项目清单中的相应内容填写。

② 招标人部分的金额必须按招标人提出的数额填写。

10）零星工作项目计价表。表中的人工、材料、机械名称、计量单位和相应数量应按零星工作项目表中相应的内容填写，工程竣工后零星工作费应按实际完成的工程量所需费用结算。

11）分部分项工程量清单综合单价分析表和措施项目费分析表，应由招标人根据需要提出要求后填写。

12）主要材料价格表。

① 招标人提供的主要材料价格表应包括详细的材料编码、材料名称、规格型号和计量单位等。

② 所填写的单价必须与工程量清单计价中采用的相应材料的单价一致。

2. 定额计价方式下投标报价的编制

一般是采用预算定额来编制，即按照定额规定的分部分项工程子目逐项计算工程量，套用预算定额基价或当时当地的市场价格确定直接费，然后再套用费用定额计取各项费用，最后汇总形成初步的标价。工程报价表一般包括：

（1）报价汇总表

工程名称：　　　　　　　　　　　　　　　　　　　　　　　　　第　页共　页

序号	单项工程名称	金额/元
	合计	

投标单位：（盖章）

法定代表人：（签字、盖章）

（2）单项工程费汇总表

工程名称：　　　　　　　　　　　　　　　　　　　　　　　　　第　页共　页

序号	单位工程名称	金额/元
	合计	

投标单位：（盖章）

法定代表人：（签字、盖章）

（3）设备报价表

序号	设备名称及规格	单位	出厂价/元	运杂费/元	合价/元	备注
合计						

（4）建筑安装工程费用表

1）以直接费为计算基础。

序号	费用项目	计算方法	备注
1	直接工程费	按预算表	
2	措施费	按规定标准计算	
3	小计	1+2	
4	间接费	3×相应费率	
5	利润	（3+4）×相应利润率	
6	合计	3+4+5	
7	含税造价	6×（1+相应税率）	

2）以人工费和机械费为计算基础。

序号	费用项目	计算方法	备注
1	直接工程费	按预算表	
2	其中人工费和机械费	按预算表	
3	措施费	按规定标准计算	
4	其中人工费和机械费	按规定标准计算	
5	小计	1+3	
6	人工费和机械费小计	2+4	
7	间接费	6×相应费率	
8	利润	6×相应利润率	
9	合计	5+7+8	
10	含税造价	9×（1+相应税率）	

3）以人工费为计算基础。

序号	费用项目	计算方法	备注
1	直接工程费	按预算表	
2	直接工程费中人工费	按预算表	
3	措施费	按规定标准计算	
4	措施费中人工费	按规定标准计算	
5	小计	1+3	
6	人工费小计	2+4	
7	间接费	6×相应费率	
8	利润	6×相应利润率	
9	合计	5+7+8	
10	含税造价	9×（1+相应税率）	

2.4.4　报价的策略与技巧

投标报价与策略

报价决策是投标人召集算标人员和本公司有关领导或高级咨询人员共同研究，就标价计算结果，标价宏观审核、动态分析及盈亏分析进行讨论，作出有关投标报价的最后决定。

为了在竞争中取胜，决策者应当对报价计算的准确度，期望利润是否合适，报价风险及本公司的承受能力，当地的报价水平，以及对竞争对手优势的分析评估等进行综合考虑，才能决定最后的报价金额。常见的投标报价策略为：

（1）不平衡报价　不平衡报价，指在总价基本确定的前提下，调整内部各个子项的报价，以期既不影响总报价，又在中标后投标人可尽早收回垫支于工程中的资金和获取较好的经济效益。但要注意避免畸高畸低现象，以免失去中标机会。通常采用的不平衡报价有下列几种情况：

1）对能早期结账收回工程款的项目（如土方、基础等）的单价可报以较高价，以利于资金周转；对后期项目（如装饰、电气设备安装等）单价可适当降低。

2）估计今后工程量可能增加的项目，其单价可提高；而工程量可能减少的项目，其单价可降低。

但上述两点要统筹考虑。对于工程量数量有错误的早期工程，如不可能完成工程量表中的数量，则不能盲目抬高单价，需要具体分析后再确定。

3）图纸内容不明确或有错误，估计修改后工程量要增加的，其单价可提高；而工程内容不明确的，其单价可降低。

4）没有工程量只填报单价的项目（如疏浚工程中的开挖淤泥工作等），其单价宜高。这样，既不影响总的投标报价，又可多获利。

5）对于暂定项目，其实施的可能性大的项目，价格可定高价；估计该工程不一定实施的可定低价。

（2）零星用工（计日工）一般可稍高于工程单价表中的工资单价　这样做是因为零星用工不属于承包有效合同总价的范围，发生时实报实销，也可多获利。

（3）多方案报价法　多方案报价法是利用工程说明书或合同条款不够明确之处，以争取修改工程说明书和合同的一种报价方法。当工程说明书或合同条款有些不够明确之处时，往往使投标人承担较大风险。为了减少风险就必须扩大工程单价，增加"不可预见费"，但这样做又会因报价过高而增加被淘汰的可能性；多方案报价法就是为对付这种两难局面而出现的。

其具体做法是在标书上报两种单价，一是按原工程说明书合同条款报一个价，二是加以注解，"如工程说明书或合同条款可做某些改变时"，则可降低多少的费用，使报价成为最低，以吸引业主修改说明书和合同条款。

还有一种方法是对工程中一部分没有把握的工作，注明按成本加若干酬金结算的办法。但是，如有规定，政府工程合同的方案是不容许改动的，这个方法就不能使用。

（4）增加建议方案　有时招标文件中规定，可以提一个建议方案，即是可以修改原设计方案，提出投标者的方案。

投标人这时应抓住机会，组织一批有经验的设计和施工工程师，对原招标文件的设计和施工方案仔细研究，提出更合理的方案以吸引业主，促成自己的方案中标。这种新的建议方案可以降低总造价或提前竣工或使工程运用更合理，但要注意的是对原招标方案一定也要报价，以供业主比较。

增加建议方案时，不要将方案写得太具体，保留方案的技术关键，防止业主将此方案交给其他承包商，同时要强调的是，建议方案一定要比较成熟，或过去有实践经验，因为投标时间不长，如果仅为中标而匆忙提出一些没有把握的方案，可能引起后患。

（5）无利润报价　缺乏竞争优势的承包商，在不得已的情况下，只好在算标中根本不考虑利润去夺标。这种办法一般是处于以下条件时采用：

1）有可能在得标后，将大部分工程分包给报价较低的一些分包商。

2）对于分期建设的项目，先以低价获得首期工程，而后赢得机会创造第二期工程中的竞争优势，并在以后的实施中赚得利润。

3）较长时间内，承包商没有在建的工程项目，如果再不得标，就难以维持生存。因此，虽然本工程无利可图，只要能有一定的管理费维持公司的日常运转，就可设法度过暂时困难，以图将来东山再起。

投标报价的技巧是有经验的承包商在多次投标和施工中摸索总结出对付各种情况的经验，并不断丰富完善。国际上知名的大牌工程公司，都有自己的投标策略和编标技巧，属于其商业机密，一般不会见诸公开刊物。承包商只有通过自己的实践，积累总结，才能不断提高自己的编标报价水平。

2.5　工程开标、评标与定标及合同签订

2.5.1　开标与评标

2.5.1.1　开标

开标由招标人主持，邀请所有的投标人和评标委员会的全体人员参加。招标投标管理机构负责监督，大中型项目也可以请公证机构进行公证。为了体现平等竞争的原则，使开标做到公平、公正、公开，邀请所有投标人或其代表出席开标，可以使投标人得以了解开标是否依法进行，使投标人了解其他投标人的投标情况，做到知己知彼，衡量一下自己中标的可能性。这对投标人和招标人起到一定的监督作用。同时投标人可以收集资料，了解竞争对手，为以后的投标工作提供资料，增加企业管理储备。

1. 开标的时间和地点

开标时间应当为招标文件规定的投标截止时间，地点由招标文件规定，建设工程招标的开标地点通常为工程所在的建设工程交易中心（有形的建筑市场）。

2. 开标的一般程序

（1）投标人签到　签到记录是投标人出席开标会议的证明。

（2）招标人主持开标会议　主持人介绍参加开标会议的单位、人员及工程项目的有关情况；宣布开标人员名单、招标文件规定的评标定标的办法和标底。开标主持人检查各投标单位法定代表人或其他指定代表人的证件、委托书，确认无误。

（3）开标

1）检验各标书的密封情况。由投标人或其推选的代表检查各标书的密封情况，也可以由公证人员检查并公证。

2）唱标。经检验确认各标书密封无异常情况后，按投递标书的先后顺序或逆顺序，当众拆封投标文件，宣读投标人名称、投标价格和标书的其他主要内容。投标截止时间前收到的所有投标文件应当众予以拆封和宣读。

3）开标过程记录。开标过程应当做好记录，并存档备案。投标人也应做好记录，以收集竞争对手的信息资料。

4）宣布无效的投标文件。开标时，发现有下列情况之一的投标文件时，其为无效投标文件，不得进入评标。如果发现无效标书，必须经有关人员当场确认，当场宣布，所有被宣布为废标的投标文件，招标机构应退回投标人。

① 投标文件未按照招标文件的要求予以密封或逾期送达的。

② 投标函未加盖投标人的公章及法定代表人印章或委托代理人印章的，或者法定代表人的委托代理人没有合法有效的委托书（原件）。

③ 投标文件的关键内容字迹模糊、无法辨认的。

④ 投标人递交两份或多份内容不同的投标文件，或在一份投标文件中对同一招标项目有两个或者多个报价，而未声明哪个有效（招标文件规定提交备选方案的除外）。

⑤ 投标人未按照招标文件的要求提供投标保证金或没有参加开标会议的。

⑥ 组成联合体投标，但投标文件未附联合体各方共同投标协议的。

⑦ 投标人名称或组织机构与资格预审时不一致的（无资格预审的除外）。

5）开标记录记载事项。开标记录一般应记载下列事项，由主持人和专家签字确认（表2-2）。

① 有案号的记录其案号，如21005（2021年第5号文件）。

② 招标项目的名称及数量摘要。

③ 投标人的名称。

④ 投标报价。

⑤ 开标日期。

⑥ 其他必要的事项。

表 2-2　招标工程开标汇总

建设项目名称：				建筑面积/m²：			
投标单位	报价/万元			工期			法定代表人签名
	总计	土建	安装	施工日历天	开工日期	竣工日期	

开标日期：　　年　月　日

招标单位：　　　　　　　　　开标主持人：　　　　　　　　记录：

评标小组代表：

2.5.1.2 评标

评标是指依据招标文件和法律法规的规定和要求，对投标文件所进行的审查、评审和比较。评标是审查确定中标人的必经程序，是保证招标成功的重要环节。根据评标内容的简繁，标段的多少等，可在开标后立即进行，也可以在随后进行，对各投标人进行综合评价，为择优确定中标人提供依据。

1. 组建评标委员会

评标工作由招标人依法组建的评标委员会负责。

1）评标委员会的组成。评标委员会由招标人代表和有关技术、经济等方面的专家组成。成员数为5人以上的单数，其中招标人或招标代理机构以外的技术、经济等方面的专家不得少于成员总数的三分之二。

2）组成评标委员会的专家成员，由招标人从建设行政主管部门的专家名册或各省市的招标局的专家库内的相关专家名单中随机抽取确定。技术特别复杂、专业性要求特别高或者国家有特殊要求的招标项目，上述方式确定的专家成员难以胜任的，可以由招标人直接确定。

3）与投标人有利害关系的专家不得进入相关工程的评标委员会。

4）评标委员会的名单一般在开标前确定，定标前应当保密。

2. 评标的原则

（1）公平原则　评标委员会应当根据招标文件规定的评标标准和评标办法进行评标，对投标文件进行系统地评审和比较。没有在招标文件中规定的评标标准和办法，不得作为评标的依据。招标文件规定的评标标准和办法应当合理，不得含有倾向或者排斥潜在投标人的内容，不得妨碍或限制投标人之间的竞争。对所有投标人应一视同仁，保证投标人在平等的基础上公平竞争。

（2）公正原则　公正就是指评标成员具有公正之心，评价要客观、公正、全面，不倾向或排斥某一投标人。这就要求评标人不为私利，坚持实事求是，不唯上是从。要做到评标客观公正，必须做到以下几点：

1）要培养良好的职业道德，不为私利而违心地处理问题。

2）要坚持实事求是的原则，不唯上级或某些方面的意见是从。

3）要提高综合分析的能力，不断提高自己的专业技能，熟练运用招标文件和投标文件中有关条款的能力，以便以招标文件和投标文件为依据，客观公正地综合评价标书。

4）评标过程应当保密。有关标书的审查、澄清、评比和比较的有关资料、授予合同的信息等均不得向无关人员泄露。对于投标人的任何施加影响的行为，都应给予取消其投标资格的处罚。

（3）评标活动应当遵循科学、合理的原则　这一原则中的"科学"是指评标工作要依据科学的方案，要运用科学的手段，要采取科学的方法。对于每一个项目的评价要有可靠的依据，一切用数据说话，做出科学合理的综合评价。

1）科学的计划。就一个招标工程项目的评标而言，科学的方案主要是指评标细则，包括评标机构的组织计划、评标工作的程序、评标标准和方法。在实施评标工作前，尽可能地把各种问题都列出来，并拟定解决办法，使评标工作中的每一项活动都纳入计划管理的轨道。集思广益，制定出切实可行、行之有效的评标细则，指导评标工作顺利进行。

2）科学的手段。必须用先进的科学仪器，才能快捷、准确地做好评标工作。

3）科学的方法。评标工作的科学方法体现在评标标准的设立以及评价指标的设置；体现在综合评价时，要以数据说话。

（4）评标活动应当遵循竞争和择优的原则　择优就是用科学的方法、科学的手段，从众多投标文件中选择最优的方案。评标时，评标委员会应全面分析、审查、澄清、评价和比较投标文件，防止重价格轻技术、重技术轻价格的现象，对商务标和技术标不可偏废。

3. 评标的准备工作

（1）认真研究招标文件　通过认真研究，熟悉招标文件中的以下内容：

1）招标的目的。

2）招标项目的范围和性质。

3）招标文件中规定的主要技术要求、标准和商务条款。

4）招标文件规定的评标标准、评标方法和评标过程中考虑的相关因素。

（2）招标人向评标委员会提供评标所需的重要信息和数据

（3）编制评标需用的表格　需要编制的表格有标价比较表或综合评估比较表。

（4）初步评审　初步评审又称为投标文件的复合性鉴定。通过初评，将投标文件分为响应性投标和非响应性投标两大类。响应性投标是指投标文件的内容与招标文件所规定的要求、条件、合同协议条款和规范相符，无显著差别或保留，并且按照招标文件的规定提交了投标担保的投标；非响应性投标是指投标文件的内容与招标文件的规定有重大偏差，或者是未按招标文件的规定提交担保的投标。通过初步评审，响应性投标可以进入详细评标，而非响应性投标则淘汰出局。初步评审的主要内容如下：

1）投标文件排序。评标委员会应当按照投标报价的高低或者招标文件规定的其他方法对投标文件进行排序。

2）废标。下列情况作废标处理：

① 投标人以他人的名义投标、串通投标、以行贿手段谋取中标或者以其他弄虚作假方式的投标。

② 投标人以低于成本报价竞标的。投标人的报价明显低于其他投标报价或标底，使其报价有可能低于成本，应当要求该投标人作出书面说明并提供相关证明的材料。投标人未能提供相关证明的材料或不能作出合理解释的，按废标处理。

③ 投标人资格条件不符合国家规定或招标文件要求的。

④ 拒不按照要求对投标文件进行澄清、说明或补正的。

⑤ 未在实质上响应招标文件的投标。非响应性投标将被拒绝，并且不允许修改或补充。

评标委员会应当审查每一投标文件是否对招标文件提出的所有实质性要求作出了响应。

4. 评标的依据、标准和方法

简单地讲，评标是对投标文件的评审和比较。根据什么样的标准和方法进行评审，是一个关键问题，也是评标的原则性问题。在招标文件中，招标人列明了评标的标准和方法，目的就是让各潜在投标人知道这些标准和方法，以便考虑如何进行投标，才能获得成功。那么，这些事先列明的标准和方法在评标时能否真正得到采用，是衡量评标是否公正、公平的标尺。

为了保证评标的公正和公平，评标必须按照招标文件规定的评标标准和方法。这一点也是世界各国的通常做法。所以，作为评标委员在评标时，必须弄清评标的依据和标准，熟悉并掌握评标的方法。

（1）评标的依据　评标委员会成员评标的依据主要有下列几项：

1）招标文件。

2）开标前会议纪要。

3）评标定标办法及细则。

4）标底。

5）投标文件。

6）其他有关资料。

（2）评标的标准　一般包括价格标准和价格标准以外的其他有关标准（又称"非价格标准"）。

价格标准比较直观具体，都是以货币额表示的报价。非价格标准内容多而复杂，在评标时应尽可能使非价格标准客观和定量化，并用货币额表示，或规定相对的权重，使定性化的标准尽量定量化。这样才能使评标具有可比性。

（3）评标的方法

1）经评审的最低投标价法。经评审的最低投标价法是指能够满足招标文件的实质性要求，并且经评审的投标价最低，按照投标价格最低确定中标人。该方法适用于工程技术要求不高无特殊要求，承包人采用通用技术施工即可达到性能要求标准的工程项目。

一般评审程序如下：

① 投标文件作出实质性响应，满足招标文件规定的技术要求和标准。

② 根据招标文件中规定的评标价格调整方法，对所有投标人的投标报价以及投标文件的商务部分做必要的价格调查。

③ 不再对投标文件的技术标部分进行价格折算，仅以商务标的价格折算的调整值作为比较基础。

④ 经评审确定的最低报价的投标人，应当推荐为中标候选人。

2）综合评分法。综合评分法是指将评审内容分类后分别赋予不同权重，评标委员依据评分标准对各类内容各项进行相应地打分，最后计算总分以最高得分的投标文件为最优。由于需要评分的涉及面广，每一项目都要经过评委打分，这样可以全面地衡量投标人实施招标工程的综合能力。

3）评标价法。评标价法是指仅以货币价格作为评审比较的标准，以投标报价为基数，将可以用一定的方法折算为价格的评审要素加减到投标报价上去，而形成评审价格（或称评标价），以评标价最低的标书为最优。具体步骤如下：

① 首先按招标文件中的评审内容对各投标文件进行审查，淘汰不满足要求的标书。

② 按预定的方法将某些要素折算为评审价格。内容一般可包括以下几个方面：

Ⅰ. 对实施过程中必然发生的，而标书又属于明显漏项部分，给予相应的补项增加到报价上去。

Ⅱ. 工期的提前给项目带来的超前收益，以月为单位按预定的比例数乘以报价后，在投标报价内扣减该值。

Ⅲ. 技术建议可能带来的实际经济效益，也按预定的比例折算后在投标报价内减去该值。

Ⅳ．投标文件内所提出的优惠可能给项目法人带来好处，以开标日为准，按一定的换算方法贴现折算后作为评审价格因素之一。

Ⅴ．对于其他可折算为价格的要素，按对项目法人有利或不利的原则，增加或减少到投标报价上去。

4）接近标底法。接近标底法，即投标报价与评标标底价格相比较，以最接近评标标底的报价为最高分。标价得分与其他指标的得分合计最高分者中标。如果出现并列最高分时，则由评委无记名在并列最高分者之间投票表决，得票多者为中标单位。这种方法比较简单，但要以标底详尽、正确为前提。下面以某地区规定为例说明该方法的操作过程。

①评价指标和单项分值。评价指标及单项分值一般设置如下：

Ⅰ．报价 50 分。

Ⅱ．施工组织设计 30 分。

Ⅲ．投标人综合业绩 20 分。

以上各单项分值，均以满分为限。

②投标报价打分。投标报价与评标标底价相等者得分。在有效浮动范围内，高于评标标底者按每高于一定范围扣若干分，扣完为止；低于评标标底者，按每低于一定范围扣若干分，扣完为止。为了体现公正合理的原则，扣分方法还可以细化。如在合理标价范围内，合理标价范围一般为标底的 ±5%，报价比标底每增减 1% 扣 2 分；超过合理标价范围的，不论上、下浮动，每增加或减少 1% 都扣分。

例如，某工程标底价为 400 万元，现有 A，B，C 三个投标人，投标价分别为 370 万元、420 万元、430 万元。根据上述规定对投标报价打分如下：

Ⅰ．确定合理标价范围为 380 万元～ 420 万元。

Ⅱ．分别确定各方案分值：

A 标：370 万元比标底价低 7.5%，超出 5% 合理标价范围，在合理标价范围 5% 内扣 2×5=10 分，在 5% ～ 7.5% 内扣 3×2.5=7.5 分，合计扣分 17.5 分，报价得分为 50−17.5=32.5 分。

B 标：420 万元比标底价高 5%，在 5% 合理标价范围内，扣分为 2×5=10 分，报价得分为 50−10=40 分。

C 标：430 万元比标底价高 7.5%，合计扣分为 2×5+3×2.5=17.5 分，报价得分为 32.5 分。

③施工组织设计。施工组织设计包括下列内容，最高得分为 30 分。

Ⅰ．全面性。施工组织设计内容要全面，包括施工方法、采用的施工设备、劳动力计划安排，确定工程质量、工期、安全和文明施工的措施，施工总进度计划，施工平面布置，采用经专家鉴定的新技术、新工艺，施工管理和专业技术人员配备。

Ⅱ．可行性。各项主要内容的措施、计划，流水段的划分，流水步距、节拍，各项交叉作业等是否切合实际，合理可行。

Ⅲ．针对性。创优的质量保证体系是否健全有效，创优的硬性措施是否切实可行；工程的赶工措施和施工方法是否有效；闹市区内的工程的安全、文明施工和防止扰民的措施是否可靠。

④投标单位综合业绩。投标单位综合业绩最高得分 20 分。具体评分规定如下：

Ⅰ．投标人在投标的上两年度内获国家、省建设行政主管部门颁发的荣誉证书，最高得分 15 分。证书范围仅限工程质量、文明工地及新技术推广示范工程荣誉证书三种。

A．工程质量获国家级"鲁班奖"得 5 分，获省级奖得 3 分。

B．文明工地获"省文明工地样板"得 5 分，获"省文明工地"得 3 分。

C．新技术推广示范工程获"国家级示范工程"得 5 分，获"省级示范工程"得 3 分。

以上三种证书每一种均按获得的最高荣誉证书计分，计分时不重复、不累计。

Ⅱ．投标人拟承担招标工程的项目经理，上两年度内承担过的工程（已竣工）情况核评，最高得 5 分。核评项目如下：

A．承担过与招标工程类似的工程。

B．工程履约情况。

C．工程质量优良水平及有关工程的获奖情况。

D．出现质量安全事故的应减分。

以上证明材料应当真实、有效，遇有弄虚作假者，将被拒绝参加评标。开标时，投标人携带原件备查。在使用此方法时应注意，若某标书的总分不低，但某项得分低于该项预定及格分时，也应充分考虑授标给该投标人后，实施过程中可能的风险。

5）低标价法。低标价法是在通过严格的资格预审和其他评标内容的要求都合格的条件下，评标只按投标报价来定标的一种方法。世行贷款项目多采用这种评标方法。低标价法主要有以下两种方式：

① 将所有投标人的报价依次排列，从中取出 3 ～ 4 个最低报价，然后对这 3 ～ 4 个最低报价的投标人进行其他方面的综合比较，择优定标。实质上就是低中取优。

② "A+B 值"评标法，即以低于标底一定百分数以内的报价的算术平均值为 A，以标底或计标小组确定的更合理的标价为 B，然后以 A+B 的平均值为评标标准价，选出低于或高于这个标准价的某个百分数的报价的投标者进行综合分析，择优定标。

6）费率、费用评标法。费率、费用评标法适用于施工图未出齐或者仅有扩大初步设计图纸，工程量难以确定又急于开工的工程或技术复杂的工程。投标单位的费率、费用报价，作为投标报价部分得分，经过对投标标书的技术部分评标计分后，两部分得分合计最高者为中标单位。

此法中费率是指国家费用定额规定费率的利润、现场经费和间接费。费用是指国家费用定额规定的"有关费用"及由于施工方案不同产生造价差异较大、定额项目无法确定、受市场价格影响变化较大的项目费用等。

费率、费用标底应当经招标投标管理机构审定，并在招标文件中明确费率、费用的计算原则和范围。

（4）评标程序

1）评标准备与初步评审。

① 评标委员会成员应当编制供评标使用的相应表格，认真研究招标文件，了解和熟悉招标项目的范围和性质，招标文件中规定的主要技术要求、标准和实际的商务条款，评标方法等。

② 招标人或者其委托的招标代理机构应当向评标委员会提供评标所需的重要信息和数据。招标人设有标底的，标底应当保密，并在评标时作为参考。

③ 评标委员会应当根据招标文件规定的评标标准和方法，对投标文件进行系统的评审和比较，招标文件中没有规定的标准和方法不得作为评标的依据。招标文件中规定的评标标准和评标方法应当合理，不得含有倾向或者排斥潜在投标人的内容，不得妨碍或者限制投标人之间的竞争。

④ 评标委员会应当按照投标报价的高低或者招标文件规定的其他方法对投标文件排序。以多种货币报价的，应当按照中国银行在开标日公布的汇率中间价换算成人民币。招标文件应当

对汇率标准和汇率风险作出规定。未作规定的，汇率风险由招标人承担。

⑤ 评标委员会可以以书面方式要求投标人对投标文件中含义不明确、对同类问题表述不一致或者有明显文字和计算错误的内容作必要的澄清、说明或者补正。澄清、说明或者补正应以书面方式进行，并不得超出投标文件的范围或者改变投标文件的实质性内容，投标文件内的大写金额和小写金额不一致的，以大写金额为准；总价金额与单价金额不一致的，以单价金额为准，但单价金额小数点有明显错误的除外；对不同文字文本投标文件的解释发生异议的，以主导语言文本为准。

⑥ 投标人资格条件不符合国家有关规定和招标文件要求的，或者拒不按照要求对投标文件进行澄清、说明或者补正的，评标委员会可以否决其投标。

⑦ 评标委员会应当审查每个投标文件是否对招标文件提出的所有实质性要求和条件作出响应。未能对实质性要求和条件响应的投标，应作为废标处理。

⑧ 评标委员会应当根据招标文件，审查并逐项列出投标文件的全部投标偏差。投标偏差分为重大偏差和细微偏差。

下列几种情况属于重大偏差：

Ⅰ．没有按照招标文件要求提供投标担保或者所提供的投标担保有瑕疵。

Ⅱ．投标文件没有投标人授权代表签字和加盖公章。

Ⅲ．投标文件载明的招标项目完成期限超过招标文件规定的期限。

Ⅳ．明显不符合技术规范、技术标准的要求。

Ⅴ．投标文件载明的货物包装方式、检验标准和方法等不符合招标文件的要求。

Ⅵ．投标文件附有招标人不能接受的条件。

Ⅶ．不符合招标文件中规定的其他实质性要求。

投标文件有上述情形之一的，为未能对招标文件作出实质性响应，作废标处理。招标文件对重大偏差另有规定的，从其规定。

细微偏差是指投标文件在实质上响应招标文件要求，但在个别地方存在漏项或者提供了不完整的技术信息和数据等情况，并且补正这些遗漏或者不完整不会对其他投标人造成不公平的结果。细微偏差不影响投标文件的有效性。评标委员会应当书面要求存在细微偏差的投标人在评标结束前予以补正。拒不补正的，评标委员会在详细评审时可以对细微偏差做不利于该投标人的量化，量化标准应当在招标文件中规定。

2）投标的否决。评标委员会根据规定否决不合格投标或者界定为废标后，因有效投标不足二个使得投标明显缺乏竞争的，评标委员会可以否决全部投标。投标人少于三个或者所有投标被否决的，招标人应当依法重新招标。

（5）评标报告　评标委员会完成评标后，应当向招标人提出书面评标报告。

1）评标报告的内容。评标报告应如实记载以下内容：基本情况和数据表、评标委员会成员名单、开标记录、符合要求的投标一览表、废标情况说明、评标标准、评标方法或者评标因素一览表、经评审的价格或者评分比较一览表、经评审的投标人排序、推荐的中标候选人名单与签订合同前要处理的事宜，以及澄清、说明、补正事项纪要。

2）中标候选人人数。评标委员会推荐的中标候选人应当限定在 1～3 人，并标明排列顺序。

3）评标报告由评标委员会全体成员签字。评标委员会应当对下列情况作出书面说明并记录在案：

① 对评标结论有异议的评标委员会成员，可以以书面方式阐述其不同意见和理由。

② 评标委员会成员拒绝在评标报告上签字且不陈述其不同意见和理由的，视为同意评标结论。

向招标人提交书面评标报告后，评标委员会随即解散。评标中使用的文件、表格以及其他资料应及时归还招投标人。

2.5.2 定标

定标也称中标，是指招标人根据评标委员会的评标报告，在推荐的中标候选人（一般为 1 ~ 3 人）中，最后确定中标人，在某些情况下，招标人也可以直接授权评标委员会直接确定中标人。

2.5.2.1 评标定标的期限

评标定标期限也称投标有效期，是指从投标截止之日起到公布定标之日为止的一段时间。有效期的长短根据工程的大小、繁简而定。按照国际惯例，一般为 90 ~ 120 日。

我国在施工招标管理办法中规定投标有效期为 30 日，特殊情况可适当延长。投标有效期应当在招标文件中载明。投标有效期是要保证评标委员会和招标人有足够的时间对全部投标进行比较和评价，如世界银行贷款项目需考虑报世界银行审查和报送上级部门批准的时间。

投标有效期一般不应该延长，但在某些特殊情况下，招标人要求延长投标有效期是可以的，但必须经招标投标管理机构批准和征得全体投标人的同意。投标人有权拒绝延长有效期，招标人不能因此而没收其投标保证金。同意延长投标有效期的投标人不得要求在此期间修改其投标文件，而且招标人必须同时相应延长投标保证金的有效期，对于投标保证金的各有关规定在延长期内同样有效。

2.5.2.2 定标的条件

1. 最佳综合评价的投标人为中标人

综合评价，就是指按照价格标准和非价格标准对投标文件进行总体评估和比较。采用这种综合评标法时，一般将价格以外的有关因素折算成货币或给予相应的加分权重以确定最低评标价或最佳的投标。某投标被评为最低评标或最佳投标，即可认定为该投标获得最佳综合评价。

所以，投标价最低的不一定中标。采用这种评标方法时，应尽量避免在招标文件中只笼统地列出价格以外的其他有关标准。如对如何折成货币或给予相应的加权计算没有规定下来，而在评标时才制定出具体的评标计算的因素及其量化计算方法，这样做会使评标带有明显有利于某一投标人的倾向性，违背了公平、公正的原则。

2. 最低投标价者为中标人

最低投标价中标，即投标价最低的中标，但前提条件是该投标符合招标文件的实质性要求。如果投标文件不符合招标文件的要求而被招标人拒绝，则投标价再低，也不在考虑范围内。

采用最低投标价选择中标人时，必须注意，投标价不得低于工程成本。这里指的成本，是招标人和投标人自己的个别成本，而不是社会平均成本。由于投标人技术和管理等方面的原因，其个别成本有可能会低于社会平均成本。投标人以低于社会平均成本，但不低于其个别成本的投标价格，应该受到保护和鼓励。如果投标人的标价低于招标人的标底或个别成本，则意味着投标人取得合同后，可能为了获利节省开支想方设法偷工减料，以次充好，粗制滥造，给招标人造成不可挽回的损失。如果投标人以排斥其他竞争对手为目的，而以低于个别成本的价格投标，则构成低价倾销的不正当竞争行为，违反《中华人民共和国价格法》和《中华人民共和国反不正当竞争法》的有关规定。因此，投标人投标价格低于个别成本的，不得中标。最低价为中标人常用于采购简单商品、半成品、设备，如电梯、锅炉、预制构件等。

2.5.2.3　定标的过程

1. 确定中标人

评标委员会按评标办法进行评审后，提出评标报告，从而推荐中标候选人，通常为三个，并标明排列顺序。招标人应当接受评标委员会推荐的候选人，从中选择中标人，评标委员会提出书面评标报告，招标人一般应当在 15 个工作日内确定中标人，最迟应在投标均有效的结束日后的 30 个工作日前确定。中标人确定后，由招标人向中标人发出中标通知书，并公布所有未中标人。要求中标人在规定期限内，中标书发出 30 日内签订合同。招标人应在 5 个工作日内，向未中标人退还保证金。另外招标人在 15 日内向招标投标机构提交书面报告备案，至此招标即告成功。中标通知书见表 2-3。

表 2-3　中标通知书

中标单位：	
中标工程内容：	
中标条件：	承包范围及承包方式： 中标总造价： 总工期及开竣工时间： 总工期：　　　日历天　　开工：　　　　　竣工：
	工程质量标准： 主要材料用量及单价： 钢材：　　　元 /t 水泥：　　　元 /t 木材：　　　元 /m
签订合同期限：　　年　　月　　日	
决标单位（印）　　　法定代表人（签名）　　　　　　　　年　　月　　日	

2. 投标人提出异议

招标人全部或部分使用非中标单位投标文件中的技术成果和技术方案时，须征得其书面同意，并给予一定的经济补偿。如果投标人在中标结果确定后对中标结果有异议，甚至认为自己的权益受到了招标人的侵害，有权向招标人提出异议，如果异议不被接受，还可以向有关行政监督部门提出申诉，或者直接向法院提起诉讼。

3. 招投标结果的备案制度

招投标结果的备案制度，指的是依法必须进行招标的项目。招标人应当自确定中标人之日起 15 日内，向有关行政监督部门提交招标投标情况的书面报告。书面报告至少包含以下内容：

1）招标范围。

2）招标方式和发布招标公告。

3）招标文件中的投标人须知、技术条款、评标标准和方法、合同主要条款等内容。

4）评标委员会的组成和评标报告。

5）中标结果。

2.5.3 发出中标通知书及合同签订

1. 中标通知书

（1）中标通知书的性质　中标人确定后，招标人应迅速将中标结果通知中标人及所有未中标的投标人。我国招投标法规定为7日内发出中标通知书，中标通知书就是向中标的投标人发出的告知其中标的书面通知文件。

（2）中标通知书的法律效力　中标通知书是作为招标投标法规定的承诺行为，即中标通知书发出时生效，对于中标人和招标人都产生约束力。即使中标通知书及时发出，也可能在传递过程中并非因招标人的过错而出现延误、丢失或错投，致使中标人未能在有效期内收到该通知，招标人则丧失了对中标人的约束权，按照"发信主义"的要求招标人的上述权利可以得到保护。《中华人民共和国招标投标法》规定，中标通知书发出后，招标人改变中标结果的，或者中标人放弃中标项目的，都应当依法承担法律责任。据《中华人民共和国民法典》规定，承诺生效时合同成立。因此，中标通知书发出时即就发生承诺生效，投标人改变中标结果、变更中标人，实质上是种单方撕毁合同的行为；投标人放弃中标项目的，则是一种违约行为，所以应当承担违约责任。

2. 合同签订

投标人中标后必须在招标人发出中标通知书后30日内按照招标文件及投标文件与招标人签订合同，并且招标人须在签订合同5个工作日内退清投标人缴纳的所有保证金。

《中华人民共和国民法典》中规定中标人确定后，招标人应当向中标人发出中标通知书，并同时将中标结果通知所有未中标的投标人。中标通知书对招标人和中标人具有法律效力。中标通知书发出后，招标人改变中标结果的，或者中标人放弃中标项目的，应当依法承担法律责任。

（1）中标人拒绝签订合同　中标人不履行与招标人订立的合同的，履约保证金不予退还，给招标人造成的损失超过履约保证金数额的，还应当对超过部分予以赔偿；没有提交履约保证金的，应当对招标人的损失承担赔偿责任。

根据《中华人民共和国民法典》规定，中标人拒绝签订合同属于缔约过失责任，是指在订立合同的过程中，一方因违背其依据诚实信用原则所应尽的义务而导致另一方信赖利益的损失时所应承担的民事责任。

缔约过失责任的构成应具备以下几个要件：

1）缔约过失责任发生在合同订立阶段，如果在合同有效成立后造成对方损失的，则产生违约责任。

2）缔约过失责任是缔约一方当事人违反先合同义务所应承担的责任。违反先合同义务是指在订立合同的过程中，缔约当事人依据诚实信用原则所应承担的义务。

3）因一方违反诚实信用原则造成另一方信赖利益的损失。

4）缔约一方违反先合同义务的缔约过失行为与另一方信赖利益的损失之间存在因果关系。

5）缔约过失方主观上存在过错。该过错包括故意与过失。

（2）中标无效　中标无效指的是招标人确定的中标失去了法律效力，即获得中标的投标人丧失了与招标人签订合同的资格，招标人不再有与之签订合同的义务。在已签订了合同的情况下所签订合同无效。

1）导致中标无效的情况。《中华人民共和国招标投标法》规定中标无效有以下六种情况：

① 招标代理机构违反规定，泄露保密的情况和资料，或者与招标人、投标人串通损害国家利益、社会公共利益或者他人合法权益的行为影响中标结果的，中标无效。

② 招标人向他方透露已获得招标文件的潜在投标人的名称、数量或者可能影响公平竞争的有关招标投标的其他情况，或者泄露标底的行为影响中标结果的，中标无效。

③ 投标人相互串通围标，投标人与招标人串通投标，投标人以向招标人或者评标委员会行贿的手段取得中标的，中标无效。

《工程建设项目施工招标投标办法》规定，下列行为均属于投标人串通投标：

a. 投标人之间相互约定抬高或压低投标报价。

b. 投标人之间相互约定，在招标项目中分别以高、中、低价位投标。

c. 投标人之间先进行内部竞价，内定中标人，然后再参加投标。

d. 投标人之间其他串通投标报价的行为。

下列行为均属招标人与投标人串通投标：

a. 招标人在开标前开启投标文件，将招标情况告知其他投标人，或者协助投标人撤换投标文件，更改报价。

b. 招标人向投标人泄露标底。

c. 招标人与投标人商定，投标时压低或抬高标价，中标后再给投标人或招标人额外补助。

d. 招标人预先内定中标人。

e. 其他串通投标行为。

④ 投标人以他人名义投标或者以其他方式弄虚作假，骗取中标的，中标无效。以他人名义投标，指投标人挂靠其他施工单位，或从其他单位通过转让或租借的方式获取资格资质证书，或者由其他单位及法定代表人在自己编制的投标文件上加盖印章和签字等行为。

⑤ 依法必须进行招标的项目，招标人违反规定，与投标人就投标价格、投标方案等实质性内容进行谈判的行为影响中标结果的，中标无效。

⑥ 招标人在评标委员会依法推荐的中标候选人以外确定中标人的。依法必须进行招标项目在所有投标被推荐候选人以外确定中标人的，中标无效。

以上六种情况，导致中标无效的情况可分为两类：

一类为违法行为直接导致中标无效，如③、④、⑥的规定；另一类为只有在违法行为影响了中标结果时，中标才无效，如①、②、⑤的规定。

2）中标无效的法律后果。中标无效的法律后果主要分为两种，即尚未签订合同时中标无效的法律后果和签订合同时中标无效的法律后果。

① 尚未签订合同时中标无效的法律后果。在招标人尚未与中标人签订书面合同的情况下，招标人发出的中标通知书失去了法律约束力，招标人没有与中标人签订书面合同的义务，中标人失去了与招标人签订合同的权利。其中中标无效的法律后果有以下两种：

a. 招标人依照法律规定的中标条件从其他投标人中重新确定中标人。

b. 没有符合规定条件的中标人，招标人应依法重新进行招标。

② 签订合同时中标无效的法律后果。招标人与投标人之间已经签订书面合同，所签订合同无效。根据《中华人民共和国民法典》的规定，合同无效产生以下后果：

a．恢复原状。根据《中华人民共和国民法典》的规定，无效的合同自始没有法律约束力。因该合同取得的财产，应当予以返还，不能返还或者没有必要返还的，应当折价补偿。

b．赔偿损失。有过错的一方应当赔偿对方因此所受的损失。如果招标人、投标人双方都有过错的，应当各自承担相应责任。另外，根据《中华人民共和国民法典》的规定，招标人知道招标代理机构从事违法行为而不作反对表示的，招标人应当与招标代理机构一起对第三人负连带责任。

c．重新确定中标人或重新进行招标。

能／力／测／试

一、单选题

1．招标投标应遵循的原则中，（　　）是指每个潜在投标人都享有参与平等竞争的机会和权利，不得设置任何条件歧视排斥或偏袒保护潜在投标人。

  A．公开原则   B．公平原则

  C．公正原则   D．诚实信用原则

2．公开招标与邀请招标相比较，属于邀请招标优点的是（　　）。

  A．招标花费较省   B．不容易串标

  C．信息公开   D．竞争充分

3．下列答案中哪个关于投标预备会的解释是正确的（　　）。

  A．投标预备会是招标人为潜在投标人踏勘现场而召开的准备会

  B．投标预备会是招标人为澄清、解答潜在投标人在踏勘现场提出的问题召开的会议

  C．投标预备会是招标人为澄清、解答潜在投标人阅读招标文件后提出的问题召开的会议

  D．投标预备会是招标人为澄清、解答潜在投标人在阅读招标文件和踏勘现场后提出的疑问，按照招标文件规定的时间而召开的会议

4．某五星级酒店的施工装修进行国际公开竞争性招标，下列招标程序均必备且前后顺序正确的是（　　）。

  A．①发售招标文件，②踏勘现场，③评标，④签订合同

  B．①招标网发布公告，②编制招标文件，③开标，④确定中标人

  C．①编制招标文件，②发售招标文件，③踏勘现场，④评标

  D．①选聘专家审查招标文件，②投标人编制递交投标文件，③开标，④签订合同

5．招标人和（　　）是处理异议和质疑的主体。

  A．投标人   B．招标代理机构

  C．中标人   D．评标人

6．建设项目施工招标文件的编制主体是（　　）。

  A．招标人或其委托的招标代理机构

  B．招标人或评标委员会

  C．招标人或其委托的工程造价咨询机构

　　D．评标委员会或招标代理机构

7．下列关于招标文件的表述，错误的是（　　）。

　　A．招标文件是由招标人发布的

　　B．招标文件的编制及其内容必须符合有关法律法规的规定

　　C．招标文件中提出的各项要求，对发承包双方不具有约束力

　　D．招标文件既是投标单位编制投标文件的依据，也是招标人与将来中标人签订工程承
　　　　包合同的基础

8．自招标文件开始发出之日起至投标人提交投标文件截止之日止，最短不得少于（　　）。

　　A．5 日　　　　　　B．10 日　　　　　　C．15 日　　　　　　D．20 日

9．招标人编制招标控制价和投标人编制投标价的重要依据是（　　）。

　　A．招标公告　　　　　　　　　　B．评标方法

　　C．技术标准和要求　　　　　　　D．工程量清单

10．下列关于招标文件修改的表述，正确的是（　　）。

　　A．招标人可以书面形式修改招标文件，并通知所有已购买招标文件的投标人

　　B．招标人可以书面形式修改招标文件，并通知所有潜在投标人

　　C．招标人可以口头形式修改招标文件，并通知所有已购买招标文件的投标人

　　D．招标人可以口头形式修改招标文件，并通知所有潜在投标人

11．下列不属于招标公告内容的是（　　）。

　　A．招标条件　　　　　　　　　　B．投标人资格要求

　　C．投标担保金额　　　　　　　　D．招标文件的获取

12．资格后审是指在（　　）对投标人进行的资格审查。

　　A．投标前　　　　　　　　　　　B．开标后

　　C．投标人递交投标文件后　　　　D．确定投标人后

13．投标有效期是指（　　）。

　　A．在该期间内投标有效

　　B．从获取招标文件起至递交投标文件止的那段时间

　　C．从投标截止日起至公布中标者日止的那段时间

　　D．在该期间内招标有效

14．根据《招标投标法》规定，招标人和中标人应当在中标通知书发出之日起（　　）内，按照招标文件和中标人的投标文件订立书面合同。

　　A．20 日　　　　　　B．30 日　　　　　　C．10 日　　　　　　D．15 日

15．招标人对已发出的招标文件进行必要的澄清或者修改的，应当在招标文件要求提交投标文件截止时间至少（　　）前，以书面形式通知所有招标文件收受人。

　　A．20 日　　　　　　B．10 日　　　　　　C．15 日　　　　　　D．7 日

16．下列关于建设工程招投标的说法，正确的是（　　）。

　　A．在投标有效期内，投标人可以补充、修改或者撤回其投标文件

　　B．投标人在招标文件要求提交投标文件的截止时间前，可以补充、修改或者撤回投标
　　　　文件

C. 投标人可以挂靠或借用其他企业的资质证书参加投标

D. 投标人之间可以先进行内部竞价，内定中标人，然后再参加投标

二、多选题

1. 下列条件中，属于项目招标必须具备的基本条件有（　　　　）。

   A. 招标人应当具备自行招标的条件

   B. 项目所需的资金或者资金来源已经落实

   C. 招标代理合同已经签订

   D. 完成法律、法规、规章规定的审批、核准或备案手续

   E. 投标资格审查已经完成

2. 政府投资公共建筑工程组织实施性方案设计招标的条件有（　　　　）。

   A. 规划设计条件已经批准　　　　　　　B. 可行性研究报告已经批准

   C. 施工许可证已经取得　　　　　　　　D. 建设用地许可证已经取得

   E. 施工监理招标已经完成

3. 投标人提出异议或质疑应注意（　　　　）。

   A. 投标人的异议和质疑要在一定的时间内提出

   B. 异议和质疑应由投标人或其他利害关系人提出

   C. 异议和质疑应该向招标人或招标代理机构提出

   D. 异议和质疑的对象可以是招标人、招标代理机构，或是其他投标人和利害关系人

   E. 异议和质疑应采用口头形式

4. 在投标人须知的内容中，总则部分主要包括（　　　　）。

   A. 投标报价编制的要求　　　　　　　　B. 评标委员会的组建方法

   C. 项目概况　　　　　　　　　　　　　D. 资金来源和落实情况

   E. 对投标人资格要求的规定

5. 按照《标准施工招标资格预审文件》的规定，资格预审公告应当包括（　　　　）。

   A. 发布公告的媒介　　　　　　　　　　B. 资格预审的方法

   C. 招标条件　　　　　　　　　　　　　D. 申请人的资格要求

   E. 投标文件的递交

6. 符合（　　　　）情形之一的标书，应作为废标处理。

   A. 逾期送达的

   B. 按招标文件要求提交投标保证金的

   C. 无单位盖章并无法定代表人签字或盖章的

   D. 投标人名称与资格预审时不一致的

   E. 联合体投标附有联合体各方共同投标协议的

单元3

建筑装饰装修工程合同管理

知识目标

了解建筑装饰装修工程合同的定义及分类、合同的形式及内容，熟悉工程常见合同的内容、效力及订立的要求以及合同管理的基本内容和方法。

能力目标

能够掌握装饰装修工程合同订立的程序和要求，能够根据实际项目进行合同内容的起草和编制，熟悉装饰装修合同管理的要求和方法，能够解决工程合同履行过程中出现的问题和纠纷，掌握索赔管理的程序和要求。

3.1 工程合同概述

3.1.1 建设工程合同的概念、形式、内容

1. 建设工程合同的概念

合同又称"契约"，《中华人民共和国民法典》（以下简称《民法典》）第四百六十四条规定："合同是民事主体之间设立、变更、终止民事法律关系的协议"。

合同是双方或多方为实现某个目的进行合作而签订的协议，它是一种契约，旨在明确各方的责任、权利及经济利益关系。

依法订立的合同，对当事人具有法律约束力，并受法律保护。

建设工程合同是指承包人进行工程建设，发包人支付价款的合同。建设工程合同包括工程勘察、设计、施工合同。建设工程实行监理的，发包人也应与监理人订立委托监理合同。

建设工程合同是一种诺成合同，合同订立生效后双方应当严格履行。同时建设工程合同也是一种双务、有偿合同，当事人双方在合同中都有各自的权利和义务，在享有权利的同时必须履行义务。建设工程合同的双方当事人分别称为承包人和发包人。承包人是指在建设工程合同中负责工程的勘察、设计、施工任务的一方当事人，承包人最主要的义务是进行工程建设，即

进行工程的勘察、设计、施工等工作。发包人是指在建设工程合同中委托承包人进行工程的勘察、设计、施工任务的建设单位（或业主、项目法人），发包人最主要的义务是向承包人支付相应的价款。

由于建设工程合同涉及的工程量通常较大，履行周期长，当事人的权利、义务关系复杂，因此，建设工程合同应当采用书面形式。

2. 合同法律关系的构成

合同法律关系包括合同法律关系主体、合同法律关系客体、合同法律关系内容三个要素。缺少任何一个要素则不能构成合同法律关系，改变任何一个要素，就不再是原来意义的合同法律关系。

1）合同法律关系主体：合同法律关系的主体是指参加合同法律关系，依法享有相应权利、承担相应义务的当事人，可以是自然人、法人或其他组织。

2）合同法律关系客体：是指合同法律关系主体的权利和义务共同指向的对象，一般可分为物（建筑物、建筑材料、设备等）、行为（勘察设计、施工安装等）和智力成果（专利权、商标权）。

3）合同法律关系内容：合同法律关系的内容是指合同法律关系主体依法享有的权利与承担的义务。

3. 合同的形式

合同形式指合同当事人双方在对合同的内容条款进行协商后作出的共同意思表达的具体方式，也是协议内容借以表现的形式。合同的形式有书面形式、口头形式和其他形式。

（1）书面形式　指合同书、信件和数据电文（包括电报、电传、传真、电子数据交换和电子邮件）等可以有形地表现所载内容的形式。法律、行政法规规定采用书面形式的，应当采用书面形式。建设工程合同应当采用书面形式。

（2）口头形式　指当事人以口头对话的方式达成的协议。一般用于数额较小或现款的交易。集市的现货交易、商店里的零售等一般都采用口头形式。

（3）其他形式

1）公证形式：当事人约定或者依照法律规定，以国家公证机关对合同内容加以审查公证的方式。公证机关一般以合同的书面形式为基础，对合同内容的真实性和合法性进行审查确认后，在合同书上加盖公证印鉴，以资证明。经过公证的合同具有最可靠的证据力，当事人除有相反的证据外，不能推翻。

我国法律对合同的公证采取自愿原则。合同是否须经公证，一般由当事人自行约定。当事人要求必须公证的合同就须公证，不经公证不生效。但对一些重要的合同种类，法律也可以规定必须进行公证。当事人和法律都可以赋予合同的公证形式以证据效力或者成立生效的效力。

依据有关合同申请房地产登记的，一方当事人属于下列情形之一的，应当向登记机构提交合同公证文书：

①外国自然人。

②华侨，包括居住在境外持有中国护照无国内身份证明者。

③港、澳、台居民。

④在外国和港、澳、台地区登记注册的法人或者其他组织。

因房地产赠与、继承、遗赠申请房地产登记的，有关当事人应当向登记机构提交有关事实或者合同的公证文书。房地产权利人是自然人且委托他人申请转让、抵押登记的，应当向登记机构提交有关的公证文书。当事人约定合同经公证生效的，应当向登记机构提交有关合同的公证文书。

2）批准形式：是指法律规定某些类别的合同须采取经国家主管机关审查批准的一种合同形式。这类合同，除应由当事人达成意思表示一致而成立外，还应将合同书及有关文件提交国家有关主管机关审查批准才能生效。这类合同的生效，除应具备一般合同的生效要件外，在合同形式上还须同时具备书面形式和批准形式这两个特殊要件。

法律不要求合同批准形式的，当事人不能约定或要求国家进行批准。须经批准而未经批准的合同，自始就无法律效力。

如《中华人民共和国技术引进合同管理条例》第四条规定，签订技术引进合同应在双方签字后报中华人民共和国对外经济贸易部或对外经济贸易部授权的机关批准，经批准以后合同生效。

3）登记形式：登记形式是指当事人约定或依照法律规定，采取将合同提交国家登记主管机关登记的方式订立合同的一种合同形式。登记形式一般常用于不动产的买卖合同。某些特殊的动产，如船舶等，在法律上视为不动产，其转让也采取登记形式。合同的登记形式可由当事人自行约定，也可以由法律加以规定。

4. 合同的内容

根据《中华人民共和国民法典》第四百七十条规定，合同的内容由当事人约定，一般包含以下几个方面：

（1）当事人的名称或者姓名和住所　合同当事人包括自然人、法人、其他组织。明确合同主体，对了解合同当事人的基本情况、合同的履行和确定诉讼管辖具有重要意义。

（2）标的　标的是合同当事人双方权利和义务共同指向的对象。标的的表现形式为物、劳务、行为、智力成果、工程项目等。标的是一切合同的首要条款。

（3）数量　是衡量合同标的多少的尺度，以数字和计量单位表示。施工合同中的数量主要体现的是工程量的大小。

（4）质量　标的质量是指质量标准、功能技术要求、服务条件等，表明了标的的内在品质和外观形态。对于强制性的标准，当事人必须执行，合同约定的质量不得低于该强制性标准。建设工程中的质量标准大多是强制性的质量标准。

（5）价款或者报酬　是当事人一方向交付标的的另一方支付的货币。合同条款中应明确数额、支付时间及支付方式。

（6）履行期限、地点和方式　履行期限是合同当事人完成合同所规定的各自义务的时间界限。履行地点指当事人交付标的和支付价款或酬金的地点。履行方式是指合同当事人履行义务的具体方法，包括标的的交付方式和价款或酬金的结算方式。

（7）违约责任　即合同当事人任何一方，不履行或者不适当履行合同规定的义务而应当承担的法律责任。

（8）解决争议的方法　解决争议的方法主要有四种方式：协商、调解、仲裁、诉讼。仲裁与诉讼成为平行的两种解决争议的最终方式，合同的当事人不能同时选择仲裁和诉讼作为争议解决的方式。

如果当事人希望通过仲裁作为解决争议的方法，则必须在合同中约定仲裁条款，因为仲裁是以自愿为原则的。

3.1.2 建设工程合同的特征及效力

1. 建设工程合同的特征

（1）合同主体的严格性　建设工程的主体一般只能是法人，发包人、承包人必须具备一定的资格，才能成为建设工程合同的合法当事人，否则，建设工程合同可能因主体不合格而导致无效。发包人对需要建设的工程，应经过计划管理部门审批，落实投资计划，并且应当具备相应的协调能力。承包人是有资格从事工程建设的企业，而且应当具备相应的勘察、设计、施工等资质，没有资格证书的，一律不得擅自从事工程勘察、设计业务；资质等级低的，不能越级承包工程。

（2）形式和程序的严格性　一般合同当事人就合同条款达成一致，合同即告成立，不必一律采用书面形式。建设工程合同，履行期限长，工作环节多，涉及面广，应当采取书面形式，双方权利、义务应通过书面合同形式予以确定。此外由于工程建设对于国家经济发展、公民工作生活有重大影响，国家对建设工程的投资和程序有严格的管理程序，建设工程合同的订立和履行也必须遵守国家关于基本建设程序的规定。

（3）合同标的的特殊性　建设工程合同的标的是各类建筑产品，建设产品是不动产，与地基相连，不能移动，这就决定了每项工程的合同的标的物都是特殊的，相互间不同并且不可替代。另外，建筑产品的类别庞杂，其外观、结构、使用目的、使用人都各不相同，这就要求每一个建筑产品都需单独设计和施工。

（4）合同履行的长期性　建设工程由于结构复杂、体积大、建筑材料类型多、工作量大，使得合同履行期限较长。而且，建设工程合同的订立和履行一般都需要较长的准备期，在合同的履行过程中，还可能因为不可抗力、工程变更、材料供应不及时等原因而导致合同期限顺延。所有这些情况，决定了建设工程合同的履行期限具有长期性。

2. 合同的效力

（1）合同效力的定义　合同的效力即为合同的法律效力，指已经成立的合同在当事人之间产生的法律约束力。合同效力是法律赋予依法成立的合同所产生的约束力。合同的效力可分为四大类，即有效合同，无效合同，效力待定合同，可变更、可撤销合同。

（2）合同生效的要件　合同生效的必要条件有如下几项：

1）当事人具有相应的民事权利能力和民事行为能力。

2）意思表示真实。当事人的意思表示必须真实。

3）不违反法律或者社会公共利益。

4）必须具备法律所要求的形式。

（3）合同生效的时间

1）合同成立生效。依法成立的合同，自成立时合同生效。

2）批准登记生效。合同自批准、登记时生效。

3）约定生效。当事人对合同的效力可以约定附加条件。

（4）效力待定合同 效力待定的合同是指合同虽然已经成立，但因其不完全符合法律有关生效要件的规定，因此其发生效力与否尚未确定，一般须经有权人表示承认或追认才能生效。主要包括以下几种情形：

1）无行为能力人订立的和限制行为能力人依法不能独立订立的合同，必须经其法定代理人的承认才能生效。

2）无权代理人以本人名义订立的合同，必须经过本人追认，才能对本人产生法律约束力。

3）法定代表人、负责人超越权限订立的合同。

4）无处分权人处分他人财产权利而订立的合同。未经权利人追认，合同无效。

（5）无效合同 无效合同是指合同无效，是指当事人违反了法律规定的条件而订立的合同。

1）无效合同的确认。有下列情形之一的，合同无效：

① 一方以欺诈、胁迫的手段订立合同，损害国家利益。

② 恶意串通，损害国家、集体或者第三人利益。

③ 以合法形式掩盖非法目的。

④ 损害社会公众利益。

⑤ 违反法律、行政法规的强制性规定。

2）无效合同的处理。具体规定有：

① 无效合同自合同签订时就没有法律约束力。

② 合同无效分为整个合同无效和部分无效，如果合同部分无效的，不影响其他部分的法律效力。

③ 合同无效，不影响合同中独立存在的有关解决争议条款的效力。

④ 合同无效，因该合同取得的财产，应当予以返还；不能或没有必要返还的，应当折价补偿。有过错的一方应当赔偿对方因此所受到的损失，双方都有过错的，应当各自承担相应的责任。

⑤ 当事人恶意串通，损害国家、集体或者第三人利益的，因此取得的财产收归国家所有或者返还集体、第三人。

（6）可变更、可撤销合同

1）可变更、可撤销合同的定义。指当事人订立的合同欠缺生效条件时，一方当事人可以依照自己的意思，请求人民法院或仲裁机构作出裁判，从而使合同的内容变更或者使合同的效力归于消灭的合同。有下列情形之一的合同，当事人一方有权请求人民法院或仲裁机构变更或撤销：

① 因重大误解订立的合同。指一方因自己的过错而对合同的内容等发生误解，订立的合同。

② 在订立合同时显失公平的合同。显失公平的合同是指一方在订立合同时因情况紧迫或缺乏经验而订立的明显对自己重大不利的合同。

③ 一方以欺诈、胁迫手段而订立的合同。故意将不真实的情况当作真实的情况加以表示，以使他人产生误解，进而作出意思表示。

④ 乘人之危，是对方在违背真实意思的情况下订立的合同。行为人利用对方当事人的急迫需要或危难处境迫使其作出违背本意，接受于己非常不利条件的意思表示。

2）可变更与可撤销权的行使。

① 撤销权的行使的方式。撤销权的行使，不一定必须通过诉讼的方式。如果撤销权人主动向对方作出撤销的意思表示，而对方未表示异议，则可以直接发生撤销合同的后果；如果对撤销问题，双方发生争议，则必须提起诉讼或仲裁，要求人民法院或仲裁机关予以裁决。

② 撤销权与变更权的选择。撤销权的行使，旨在使合同自始至终不发生效力；而变更权的行使并不是撤销合同，只是变更合同的部分条款。

如果当事人既要求变更也要求撤销，从鼓励交易的需要出发，法院也应该首先考虑当事人变更的要求。只有在难以变更合同，或者变更的条款对当事人双方有失公平的情况下，才应撤销合同。

③ 撤销权的消灭。具有撤销权的当事人自知道或者应当知道撤销事由之日起一年内没有行使撤销权或具有撤销权的当事人知道撤销事由后明确表示或者以自己的行为放弃撤销权的，撤销权消灭。

3.2 装饰装修工程施工合同

3.2.1 装饰装修工程施工合同概念及订立原则

1. 概念

装饰装修工程施工合同即装饰装修建筑安装工程承包合同，是发包人与承包人之间为完成商定的建设工程项目的装饰装修工作，明确双方权利和义务的协议。依据施工合同，承包人应完成一定的建筑装饰装修工程任务，发包人应提供必要的施工条件并支付工程价款。

施工合同是建设工程合同的一种，它与其他建设工程合同一样，是一种双务合同，在订立时也应遵守自愿、公平、诚实信用等原则。

2. 订立装饰装修工程合同的基本原则

（1）平等原则　平等原则是指当事人之间在合同的订立、履行和承担违约责任等方面都处于平等的法律地位，彼此的权利、义务对等。

（2）自愿原则　自愿原则是指是否订立合同、与谁订立合同、订立合同的内容以及变更或不变更合同，都要由当事人依法自愿决定。

（3）公平原则　公平原则是指当事人在设立权利义务、承担民事责任方面，要公正、公允、合情、合理。

（4）诚实信用原则　诚实信用原则是指当事人在订立、履行合同的整个过程中，应当抱着真诚的善意，相互协作，密切配合，言行一致，正确、适当地行使合同规定的权利，全面履行合同规定的义务，不弄虚作假，不做损害对方和国家、集体、第三人以及社会公共利益的事情。

（5）合法原则　合法原则主要是指在合同法律关系中，合同主体、合同的订立形式、订立合同的程序、合同的内容、履行合同的方式、对变更或者解除合同权利的行使等都必须符合我国的法律法规。

3.2.2　建设工程施工合同示范文本

1. 建设工程施工合同示范文本概述

我国建设主管部门通过制定《建设工程施工合同（示范文本）》（GF—2017—0201）来规范承发包双方的合同行为。尽管示范文本从法律性质上并不具备强制性，但由于其通用条款较为公平合理地设定了合同双方的权利义务，因此得到了较为广泛地应用。

现行的《建设工程施工合同（示范文本）》（GF—2017—0201），是在《建设工程施工合同（示范文本）》（GF—2013—0201）基础上进行修订的版本，是一种建设施工合同。该示范文本由"合同协议书"、"通用合同条款"和"专用合同条款"三部分组成。"通用合同条款"是依据有关建设工程施工的法律法规制定而成，它基本上可以适用于各类建设工程，因而有相对的固定性。而建设工程施工涉及面广，每一个具体工程都会发生一些特殊情况，针对这些情况必须专门拟定一些专用条款，"专用合同条款"就是结合具体工程情况的有针对性的条款，它体现了施工合同的灵活性。这种固定性和灵活性相结合的特点，适应了建设工程施工合同的需要。

2. 《建设工程施工合同（示范文本）》的组成

《建设工程施工合同（示范文本）》由"合同协议书""通用合同条款""专用合同条款"三部分组成，并附有 11 个附件：附件 1 是"承包人承揽工程项目一览表"，附件 2 是"发包人供应材料设备一览表"，附件 3 是"工程质量保修书"，其余不再一一介绍。

（1）"合同协议书"内容　"合同协议书"是《建设工程施工合同（示范文本）》中总纲性的文件。虽然其文字量并不大，但它规定了合同当事人双方最主要的权利义务，规定了组成合同的文件及合同当事人对履行合同义务的承诺，并由合同当事人在这份文件上签字盖章，具有很高的法律效力，具有最优先的解释权。

"合同协议书"包括以下 10 个方面内容：

1）工程概况：工程名称、地点、内容（群体工程应附承包人承揽工程项目一览表）、工程立项批准文号、资金来源等。

2）合同工期：开工日期、竣工日期、合同工期总日历天数。

3）质量标准：工程质量必须达到国家标准规定的合格标准，双方也可以约定达到国家规定的优良标准。

4）签约合同价与合同价格形式：用大小写分别表示。

5）项目经理：承包人项目经理。

6）合同文件构成。

7）承诺。承包人向发包人承诺按照合同约定进行施工、竣工并在质量保修期内承担工程质量保修责任。

8）词语含义：本协议书中有关词语含义与通用条款中分别赋予它们的定义相同。

9）签订时间。

10）其他内容：合同签订地点、双方约定生效的时间、补充协议和合同份数。

（2）"通用合同条款"内容　"通用合同条款"是根据《中华人民共和国民法典》、《中华人民共和国建筑法》等法律、法规对承发包双方的权利义务作出的规定，除双方协商一致对其中的某些条款作了修改、补充或取消，双方都必须履行。它是将建设工程施工合同中共性的一些内容抽象出来编写的一份完整的合同文件。"通用合同条款"具有很强的通用性，基本适用于各类建设工程。"通用合同条款"共计20条，具体条款分别为：

1）一般约定。

2）发包人。

3）承包人。

4）监理人。

5）工程质量。

6）安全文明施工与环境保护。

7）工期和进度。

8）材料与设备。

9）试验与检验。

10）变更。

11）价格调整。

12）合同价格。

13）计量与支付。

14）验收和工程试车。

15）竣工结算。

16）缺陷责任与保修。

17）违约。

18）不可抗力。

19）保险。

20）索赔和争议解决。

条款安排既考虑了现行法律法规对工程建设的有关要求，也考虑了建设工程施工管理的特殊需要。

（3）"专用合同条款"内容　考虑到建设工程的内容各不相同，工期、造价也随之变动，承包、发包人各自的能力、施工现场的环境和条件也各不相同，"通用合同条款"不能完全适用于各个具体工程，因此配之以"专用合同条款"对其作必要的修改和补充，使"通用合同条款"和"专用合同条款"成为双方统一意愿的体现。"专用合同条款"与"通用合同条款"条款编号一致，互相对应，由发包人和承包人协商将工程的具体要求予以明确或对"通用合同条款"进行补充并填写在合同文本中。"专用合同条款"的解释优于"通用合同条款"。

（4）附件　《建设工程施工合同（示范文本）》附件包括："承包人承揽工程项目一览表"、"发包人供应材料设备一览表"、"工程质量保修书"等。

附件是对施工合同当事人的权利义务的进一步明确，并且使得施工合同当事人的有关工作一目了然，便于执行和管理。其中附件1适用于群体工程，附件2适用于由发包人供应主要材料和设备的情形。

3. 合同文件的构成及解释顺序

《建设工程施工合同（示范文本）》第六条规定了施工合同文件的构成及解释顺序。构成建设工程施工合同的文件包括：

1）施工合同协议书。

2）中标通知书。

3）投标函及其附录。

4）专用合同条款及其附件。

5）通用合同条款。

6）技术标准和要求。

7）图纸。

8）已标价工程量清单或预算书。

9）其他合同文件。

双方有关工程的洽商、变更等书面协议或文件视为施工合同的组成部分。

上述合同文件应能够互相解释、互相说明。当合同文件中出现不一致时，上面的顺序就是合同的优先解释顺序。当合同文件出现含糊不清或者当事人有不同理解时，按照合同争议的解决方式处理。

‹ˆ› 3.2.3　装饰装修工程合同的类型

装饰装修工程合同可以按不同的方法分类。按合同标的性质可划分为装饰装修工程设计合同、装饰装修工程监理合同、装饰装修工程物资供应合同、装饰装修工程设备加工订购合同、装饰装修工程施工合同等；按合同所包括的工程范围和承包关系可分为总包合同和分包合同；按承包合同的计价方式又可分为总价合同、单价合同和成本加酬金合同三大类。

不同的合同计价方式具有不同的特点，现从五个方面进行比较，见表 3-1。

表 3-1　三种合同计价方式比较

比较项目	单价合同	总价合同	成本加酬金合同
应用范围	工程量暂不确定的工程	广泛	紧急工程、保密工程等
业主的风险	较大	较小	很大
承包商的风险	较小	大	无
业主的投资控制工作	工作量较大	容易	难度大
设计深度要求	初步设计或施工图设计	施工图设计	各阶段设计

1. 单价合同

（1）单价合同的含义　单价合同是指根据计划工程内容和估算工程量，在合同中明确每项工程内容的单位价格（如每米、每平方米、每立方米或者每吨的价格），实际支付时则根据实际完成的工程量乘以合同单价计算应付的工程款。

（2）单价合同的分类　单价合同又分为固定单价合同和变更单价合同。

（3）单价合同的特点和应用

1）单价合同的特点。

① 单价优先：单价合同中，初步的合同总价与各项单价乘以实际完成工程量之和发生矛盾时，则以后者为准。即实际支付时根据实际完成的工程量乘以合同单价计算应付的工程款。

② 允许调整工程总价：单价合同允许随工程量变化而调整工程总价，因此业主和承包商都不存在工程量方面的风险，对合同双方都比较公平。

③业主需核实工程量：采用单价合同，业主需要安排专门力量来核实已经完成的工程量，需要在施工过程中花费不少精力，协调工作量大。

④投资控制难度较大：用于计算应付工程款的实际工程量可能超过预测的工程量，即实际投资容易超过计划投资，对投资控制不利。

例如，某单价合同的投标报价单中，投标人报价见表3-2。

表3-2　某单价合同的投标报价单

序号	工程分项	单位	数量	单价/元	合价/元
1					
2					
3	φ8 钢筋	t	45	6000	270000
…					
总报价					

2）单价合同的应用，当发包工程的内容和工程量一时尚不能明确、具体地予以规定时，则可以采用单价合同。

在工程实践中，采用单价合同有时也会根据估算的工程量计算一个初步的合同价款，作为投标报价和签订合同之用。

2. 总价合同

（1）总价合同的含义　总价合同也称为总价包干合同，即根据施工招标时的要求和条件，当施工内容和有关条件不发生变化时，业主付给承包商的价款总额是一个规定的金额，即明确的总价。如果由于承包人的失误导致投标价计算错误，合同总价格也不予调整。

总价合同又分为固定总价合同和变动总价合同两种。

（2）固定总价合同　固定总价合同的价格计算是以图纸及规定、规范为基础，工程任务和内容明确，业主的要求和条件清楚，合同总价一次包死，固定不变，即不再因为环境的变化和工程量的增减而变化。

1）工程量小、工期短，估计在施工过程中环境因素变化小，工程条件稳定并且合理；

2）工程设计详细，图纸完整、清楚，工程任务和范围明确；

3）工程结构和技术简单，风险小；

4）投标期相对宽裕，承包商可以有充足的时间详细考察现场，复核工程量，分析招标文件，拟定施工计划；

5）合同条件中双方的权利和义务十分清楚，合同条件完备。

（3）变动总价合同　变动总价合同又称可调总价合同，合同价格是以图纸及规定、规范为基础，按照时价进行计算，得到包括全部工程任务和内容的暂定合同价格。它是一种相对固定的价格，在合同执行过程中，由于通货膨胀等原因而使所使用的工、料成本增加时，可以按照合同约定对合同总价进行相应的调整。

根据《建设工程施工合同（示范文本）》，合同双方可约定，在以下条件下可对合同价款进行调整：

1）法律法规和国家有关政策变化影响合同价款。

2）工程造价管理部门公布的价格调整。

3）一周内非承包人原因停水、停电、停气造成的停工累计超过8小时。

4）双方约定的其他因素。

对建设周期一年半以上的工程项目，则应考虑下列因素引起的价格变化问题：

1）劳务工资以及材料费用的上涨。

2）其他影响工程造价的因素，如运输费、燃料费、电力等价格的变化。

3）外汇汇率的不稳定。

4）国家或者省、市立法的改变引起的工程费用的上涨。

（4）总价合同的特点　总价合同的特点是：

1）发包单位可以在报价竞争状态下确定项目的总造价，可以较早确定或者预测工程成本。

2）业主的风险较小，承包人将承担较多的风险。

3）评标时易于迅速确定最低报价的投标人。

4）在施工进度上能极大地调动承包人的积极性。

5）发包单位能更容易、更有把握地对项目进行控制。

6）必须完整而明确地规定承包人的工作。

7）必须将设计和施工方面的变化控制在最低限度内。

3. 成本加酬金合同

（1）成本加酬金合同的含义　成本加酬金合同也称为成本补偿合同，这是与固定总价合同正好相反的合同，工程施工的最终合同价格将按照工程的实际成本再加上一定的酬金进行计算。在签订合同时，工程实际成本往往不能确定，只能确定酬金的取值比例或者计算原则。

（2）成本加酬金合同的特点和适用条件

1）成本加酬金合同的优点。

① 可以通过分段施工缩短工期，而不必等待所有施工图完成才开始招标和施工。

② 可以减少承包商的对立情绪，承包商对工程变更和不可预见条件的反应会比较积极和快捷。

③ 可以利用承包商的施工技术专家，帮助改进或弥补设计中的不足。

④ 业主可以根据自身力量和需求，较深入地介入和控制工程施工和管理。

⑤ 也可以通过确定最大保证价格约束工程成本不超过某一限值，从而转移一部分风险。

对承包商来说，这种合同比固定总价合同的风险低，利润比较有保证，因而比较有积极性。

2）成本加酬金合同的缺点。

① 合同的不确定性大，由于设计未完成，无法准确确定合同的工程内容、工程量以及合同的终止时间，有时难以对工程计划进行合理安排。

② 承包商不承担任何价格变化或工程量变化的风险，这些风险主要由业主承担，对业主的投资控制很不利。

③ 承包商缺乏控制成本的积极性，常常不仅不愿意控制成本，甚至还会期望提高成本以提高自己的经济效益，容易被那些不道德或不称职的承包商滥用，从而损害工程的整体效益。

3）成本加酬金合同的适用条件。

① 工程特别复杂，工程技术、结构方案不能预先确定，或者尽管可以确定工程技术的结构方案，但是不可能进行竞争性的招标活动并以总价合同或单价合同的形式确定承包商，如研究开发性质的工程项目。

② 时间特别紧迫，如抢险、救灾工程，来不及进行详细地计划和商谈。

3.3 装饰装修工程合同管理

3.3.1 工程承包合同管理的概念

工程承包合同管理指工程承包合同双方当事人在合同实施过程中自觉地、认真严格地遵守所签订的合同的各项规定和要求，按照各自的权力、履行各自的义务、维护各自的权利，发扬协作精神，处理好"伙伴关系"，做好各项管理工作，使项目目标得到完整地体现。

虽然工程承包合同是业主和承包商双方的一个协议，包括若干合同文件，但合同管理的深层含义，应该引申到合同协议签订之前，从下面三个方面来理解合同管理，才能做好合同管理工作：

1. 做好合同签订前的各项准备工作

虽然合同尚未签订，但合同签订前各方的准备工作，对做好合同管理至关重要。

业主一方的准备工作包括合同文件草案的准备、各项招标工作的准备，做好评标工作，特别是要做好合同签订前的谈判和合同文稿的最终定稿。

合同中既要体现出在商务上和技术上的要求，有严谨明确的项目实施程序，又要明确合同双方的义务和权利。对风险的管理要按照合理分担的精神体现到合同条件中去。

承包商一方在合同签订前的准备工作主要是制定投标战略，做好市场调研，在买到招标文件之后，要认真细心地分析研究招标文件，以便比较好地理解业主方的招标要求。在此基础上，一方面可以对招标文件中不完善以至错误之处向业主方提出建议，另一方面也必须做好风险分析，对招标文件中不合理的规定提出自己的建议，并力争在合同谈判中对这些规定进行适当的修改。

2. 加强合同实施阶段的合同管理

在项目施工中，注重强化合同管理意识，认真研究、理解、运用合同条款，收集和整理各种施工原始资料及数据，做好索赔管理工作。

3. 提倡项目中各方的协作精神，共同实现合同的既定目标

在合同条件中，合同双方的权利和义务有时表现为相互间存在矛盾，相互制约的关系，但实际上，实现合同标的必然是一个相互协作解决矛盾的过程，在这个过程中工程师起着十分重要的协调作用。一个成功的项目，必定是业主、承包商以及工程师按照一种项目伙伴关系，以协作的团队精神来共同努力完成项目。

3.3.2 工程承包合同管理的一般特点

1. 承包合同管理期限长

由于工程承包活动是一个渐进的过程，工程施工工期长，这使得承包合同生命期长。它不仅包括施工期，而且包括招标投标和合同谈判以及保修期，所以一般至少 2 年，长的可达 5 年或更长的时间。合同管理必须在从领取标书直到合同完成的时间内连续地、不间断地进行。

2. 合同管理的效益性

由于工程价值量大，合同价格高，使合同管理的经济效益显著。合同管理对工程经济效益影响很大。合同管理得好，可使承包商避免亏本，赢得利润，否则，承包商要蒙受较大的经济损失，这已为许多工程实践所证明。对于正常的工程，合同管理成功和失误对工程经济效益产生的影响之差能达工程造价的 20%。合同管理中稍有失误即会导致工程亏本。

3. 合同管理的动态性

由于工程过程中内外的干扰事件多，合同变更频繁，常常一个稍大的工程，合同实施中的变更能有几百项。合同实施必须按变化了的情况不断地调整，因此，在合同实施过程中，合同控制和合同变更管理显得极为重要，这要求合同管理必须是动态的。

4. 合同管理的复杂性

合同管理工作极为复杂、繁琐，是高度准确和精细的管理。其原因是：

1）现代工程体积庞大，结构复杂，技术标准、质量标准高，要求相应合同实施的技术水平和管理水平高。

2）现代工程合同条件越来越复杂，这不仅表现在合同条款多，所属的合同文件多，而且与主合同相关的其他合同多。例如在工程承包合同范围内可能有许多分包、供应、劳务、租赁、保险合同。它们之间存在极为复杂的关系，形成一个严密的合同网络。

3）工程的参加单位和协作单位多，即使一个简单的工程就涉及业主、总包、分包、材料供应商、设备供应商、设计单位、监理单位、运输单位、保险公司、银行等十几家甚至几十家单位。各方面责任界限的划分，在时间上和空间上的衔接和协调极为重要，同时又极为复杂和困难。

4）在工程施工过程中，合同相关文件，各种工程资料比较多。在合同管理中必须取得、处理、使用、保存这些文件和资料。

5. 合同管理的风险性

1）工程实施时间长，涉及面广，受外界环境（如经济条件、社会条件、法律和自然条件的变化等）的影响大。这些因素承包商难以预测，不能控制，但都会妨碍合同地正常实施，造成经济损失。

2）合同本身常常隐藏着许多难以预测的风险。由于建筑市场竞争激烈，不仅导致报价降低，而且业主常常提出一些苛刻的合同条款（如单方面约束性条款和责任权利不平衡条款），承包商对此必须有高度的重视，并有对策，否则可能会导致工程失败。

3.3.3　建筑装饰装修工程合同的跟踪与控制

1. 合同管理人员在这一阶段的主要工作

1）建立合同实施的保证体系，以保证合同实施过程中的一切日常事务性工作有秩序地进行，使工程项目的全部合同事件处于控制中，保证合同目标的实现。

2）监督工程小组和分包商按合同施工，并做好各分合同的协调和管理工作，以积极合作的态度完成自己的合同责任，努力做好自我监督。

同时也应督促和协助业主和工程师完成他们的合同责任，以保证工程顺利进行。许多工程实践证明，合同所规定的权力，只有靠自己努力争取才能保证其行使，防止被侵犯。如果承包商自己放弃这个努力，虽然合同有规定，但也不能避免损失。例如承包商合同权益受到侵犯，按合同规定业主应该赔偿，但如果承包商不提出要求（如不会索赔，不敢索赔，超过索赔有效期，没有书面证据等），则承包商权利得不到保护，索赔无效。

3）对合同实施情况进行跟踪；收集合同实施的信息，收集各种工程资料，并作出相应的信息处理；将合同实施情况与合同分析资料进行对比分析，找出其中的偏离，对合同履行情况作出诊断；向项目经理提出合同实施方面的意见、建议，甚至警告。

4）进行合同变更管理。这里主要包括参与变更谈判，对合同变更进行事务性处理，落实变更措施，修改变更相关的资料，检查变更措施落实情况。

5）日常的索赔和反索赔。在工程实施中，承包商与业主、总（分）包商、材料供应商、银行等之间都可能有索赔或反索赔。合同管理人员承担着主要的索赔（反索赔）任务，负责日常的索赔（反索赔）处理事务。主要有：

① 对收到的对方的索赔报告进行审查分析，收集反驳理由和证据，复核索赔值，起草并提出反索赔报告。

② 对干扰事件引起的损失，向责任者（业主或分包商等）提出索赔要求；收集索赔证据和理由，分析干扰事件的影响，计算索赔值，起草并提出索赔报告。

③ 参加索赔谈判，对索赔（反索赔）中所涉及的问题进行处理。

索赔和反索赔是合同管理人员的主要任务之一，所以，他们必须精通索赔（反索赔）业务。

2. 施工合同跟踪

施工合同跟踪有两个方面的含义，一是承包单位的合同管理职能部门对合同执行者（项目经理或项目参与人）的履行情况进行的跟踪、监督和检查；二是合同执行者本身对合同计划情况进行的跟踪、检查与对比。在合同实施过程中二者缺一不可。

对合同执行者而言，应该掌握合同跟踪的以下方面：

（1）合同跟踪的依据

① 合同以及依据合同而编制的各种计划文件。

② 各种实际工程文件（如原始记录、报表、验收报告等）。

③ 管理人员对现场情况的直观了解（如巡视、交谈、会议、质量检查等）。

（2）合同跟踪的对象

1）承包的任务。

① 工程施工的质量，包括材料、构件和设备等的质量以及施工和安装质量是否符合合同要求等。

② 工程进度，如是否在预定期限内施工、工期有无延长、延长的原因是什么等。

③ 工程数量，如是否按合同要求完成全部施工任务、有无合同规定以外的施工任务等。

④ 成本的增加和减少。

2）工程小组或分包人的工程和工作。

3）业主和其委托的工程师的工作。

① 业主是否及时、完整地提供了工程施工的实施条件，如场地、图纸、资料等。

② 业主和工程师是否及时给予了指令、答复和确认等。

③ 业主是否及时并足额地支付了应付的工程款项。

4）工程总的实施状况。

① 工程整体施工秩序状况。

② 已完成的工程没有通过验收，出现大的工程质量事故，工程试运行不成功或达不到预定的生产能力等。

③ 施工进度未能达到预定计划，主要的工程活动出现拖期，在工程周报和月报上计划和实际进度出现大的偏差。

④ 计划和实际的成本曲线出现大的偏离。

3. 合同实施的偏差分析

合同实施情况偏差分析，是指在合同实施情况追踪的基础上，评价合同实施情况及其偏差，预测偏差的影响及发展的趋势，并分析偏差产生的原因，以便对该偏差采取调整措施并纠正，避免损失。

合同实施偏差分析的内容包括：

1）产生偏差的原因分析。

2）合同实施偏差的责任分析。

3）合同实施趋势分析。

针对合同实施偏差情况，可以采取不同的措施，应分析在不同措施下合同执行的结果与趋势，包括：

① 最终的工程状况，包括总工期的延误、总成本的超支、质量标准、所能达到的生产能力（或功能要求）等。

② 承包商将承担什么样的后果，如被罚款、被清算甚至被起诉，对承包商资信、企业形象、经营战略的影响等。

③ 最终工程经济效益（利润）水平。

4. 合同实施偏差处理

根据合同实施偏差分析的结果，承包商应该采取相应的调整措施。调整措施可以分为：

1）组织措施，如增加人员投入，调整人员安排，调整工作流程和工作计划等。

2）技术措施，如变更技术方案，采用新的高效率的施工方案等。

3）经济措施，如增加投入，采取经济激励措施等。

4）合同措施，如进行合同变更，签订附加协议，采取索赔手段等。

3.3.4　合同变更管理

任何工程项目在实施过程中由于受到各种外界因素的干扰，都会发生程度不同的变更，它无法事先作出具体的预测，而在开工后又无法避免。而由于合同变更涉及工程价款的变更及时间的补偿等，这直接关系到项目效益。因此，变更管理在合同管理中就显得相当重要。

变更是指当事人在原合同的基础上对合同中的有关内容进行修改和补充，包括工程实施内容的变更和合同文件的变更。

1. 合同变更的原因

合同内容频繁变更是工程合同的特点之一。对一个较为复杂的工程合同，实施中的变更事件可能有几百项，合同变更产生的原因通常有如下几方面：

（1）工程范围发生变化

1）业主新的指令，对建筑新的要求，要求增加或删减某些项目、改变质量标准，项目用途发生变化。

2）政府部门对工程项目有新的要求，如国家计划变化、环境保护要求、城市规划变动等。

（2）设计原因　由于设计考虑不周，不能满足业主的需要或工程施工的需要，或设计错误等，必须对设计图纸进行修改。

（3）施工条件变化　在施工中遇到的实际现场条件同招标文件中的描述有本质的差异，或发生不可抗力等，即预定的工程条件不准确。

（4）合同实施过程中出现的问题　主要包括业主未及时交付设计图纸及未按规定交付现场、水、电、道路等；由于产生新的技术和知识，有必要改变原实施方案以及业主或监理工程师的指令改变了原合同规定的施工顺序，打乱施工部署等。

2．工程变更方式和程序

（1）工程变更方式　工程的任何变更都必须获得监理工程师的批准，监理工程师有权要求承包商进行其认为适当的任何变更工作，承包商必须执行工程师为此发出的书面变更指示。如果监理工程师由于某种原因必须以口头形式发出变更指示时，承包商应遵守该指示，并在合同规定的期限内要求监理工程师书面确认其口头指示，否则，承包商可能得不到变更工作的支付。

（2）工程变更程序　工程变更应有一个正规的程序，应有一整套申请、审查、批准手续。

1）提出工程变更要求。监理工程师、业主和承包商均可提出工程变更请求。

① 监理工程师提出工程变更，在施工过程中，由于设计中的不足或错误或施工时环境发生变化，监理工程师以节约工程成本、加快工程进度和保证工程质量为原则，提出工程变更。

② 承包商提出工程变更，承包商在两种情况下提出工程变更，其一是工程施工中遇到不能预见的地质条件或地下障碍；其二是承包商考虑为便于施工，降低工程费用，缩短工期，提出工程变更。

③ 业主提出工程变更，业主提出工程的变更则常常是为了满足使用上的要求，也要说明变更原因，提交设计图纸和有关计算书。

2）监理工程师的审查和批准。对工程的任何变更，无论是哪一方提出的，监理工程师都必须与项目业主进行充分地协商，最后由监理工程师发出书面变更指示。项目业主可以委任监理工程师一定的批准工程变更的权限（一般是规定工程变更的费用额），在此权限内，监理工程师可自主批准工程变更，超出此权限则由业主批准。

3）编制工程变更文件。发布工程变更指示，一项工程变更应包括以下文件：

① 工程变更指令，主要说明工程变更的原因及详细的变更内容说明（应说明根据合同的哪一条款发出变更指示；变更工作是马上实施，还是在确定变更工作的费用后实施；承包商发出要求增加变更工作费用和延长工期的通知的时间限制；变更工作的内容等）。

② 工程变更指令的附件，包括工程变更设计图纸、工程量表和其他与工程变更有关的文件等。

4）承包商项目部的合同管理负责人员向监理工程师发出合同款调整或工期延长的意向通知

① 由承包商将变更工作所涉及的合同款变化量或变更费率或价格及工期变化量的意图通知监理工程师。承包商在收到监理工程师签发的变更指示时，应在指示规定的时间内，向监理工程师

发出该通知，否则承包商将被认为自动放弃调整合同价款和延长工期的权利。

② 由监理工程师将其改变费率或价格的意图通知承包商。工程师改变费率或价格的意图，可在签发的变更指示中进行说明，也可单独向承包商发出此意向通知。

5）工程变更价款和工期延长量的确定，工程变更价款的确定原则如下：

① 如监理工程师认为适当，应以合同中规定的费率和价格进行计算。

② 如合同中未包括适用于该变更工作的费率和价格，则应在合理的范围内使用合同中的费率和价格作为估价的基础。

③ 如监理工程师认为合同中没有适用于该变更工作的费率和价格，则工程师在与业主和承包商进行适当的协商后，由监理工程师和承包商议定合适的费率和价格。

④ 如未能达成一致意见，则监理工程师应确定他认为适当的另外的费率和价格，并相应地通知承包商，同时将一份副本呈交业主。

上述费率和价格在同意或决定之前，工程师应确定暂行费率和价格以便有可能作为暂付款，包含在当月发出的证书中。

工期补偿量依据变更工程量和由此造成的返工、停工、窝工、修改计划等引起的损失情况由双方洽商来确定。

6）变更工作的费用支付及工期补偿。如果承包商已按工程师的指示实施变更工作，工程师应将已完成的变更工作或已部分完成的变更工作的费用，加入合同总价中，同时列入当月的支付证书中支付给承包商。将同意延长的工期加入合同工期。

3. 工程变更的管理

1）对于业主（监理工程师）的口头变更指令，承包商也必须遵照执行，但应在规定的时间内书面向监理工程师索取书面确认。而如果监理工程师在规定的时间内未予书面否决，则承包商的书面要求信即可作为监理工程师对该工程变更的书面指令。监理工程师的书面变更指令是支付变更工程款的先决条件之一。

2）工程变更不能超过合同规定的工程范围。如果超过这个范围，承包商有权不执行变更或坚持先商定价格后再进行变更。

3）注意变更程序上的矛盾性。合同通常都规定，承包商必须无条件执行变更指令（即使是口头指令），所以应特别注意工程变更的实施，价格谈判和业主批准三者之间在时间上的矛盾性。在工程中常有这种情况，工程变更已成为事实，而价格谈判仍达不成协议，或业主对承包商的补偿要求不批准，价格的最终决定权却在监理工程师，这样承包商将处于被动地位。

4）在合同实施中，合同内容的任何变更都必须由合同管理人员提出。与业主，与总（分）包之间的任何书面信件、报告、指令等都应经合同管理人员进行技术和法律方面的审查。这样才能保证任何变更都在控制中，不会出现合同问题。

5）在商讨变更，签订变更协议过程中，承包商必须提出变更补偿（即索赔）问题。在变更执行前就应明确补偿范围、补偿方法、索赔值的计算方法、补偿款的支付时间等，双方应就这些问题达成一致。这是对索赔权的保留，以防日后争执。

在工程变更中，特别应注意因变更造成返工、停工、窝工、修改计划等引起的损失，注意这方面证据的收集，在变更谈判中应对此进行商谈。

3.4 装饰装修工程索赔管理

3.4.1 工程索赔概述

工程索赔

在市场经济条件下，建筑市场中工程索赔是一种正常的现象。工程索赔在建筑市场上是承包商保护自身正当权益、补偿由风险造成的损失、提高经济效益的重要和有效手段。

许多有经验的承包商在分析招标文件时就考虑其中的漏洞、矛盾和不完善的地方，考虑到可能的索赔，但这本身常常又会有很大的风险。

1. 工程索赔的概念

所谓索赔，就是作为合法的所有者，根据自己的权利提出对某一有关资格、财产、金钱等方面的要求。

工程索赔，是指当事人在合同实施过程中，根据法律、合同规定及惯例，对并非由于自己的过错，而是由于应由合同对方承担责任的情况造成的过错，且实际发生了损失，向对方提出补偿要求。在工程建设的各个阶段，都有可能发生索赔，但在施工阶段索赔发生较多。

对施工合同的双方来说，索赔是维护双方合法利益的权利。它与合同条件中双方的合同责任一样，构成严密的合同制约关系。承包商可以向业主提出索赔；业主也可以向承包商提出索赔。但在工程建设过程中，业主对承包商原因造成的损失可通过追究违约责任解决。此外，业主可以通过冲账、扣拨工程款、没收履约保函、扣保留金等方式来实现自己的索赔要求。因此，在工程索赔实践中，一般把承包方向发包方提出的赔偿或补偿要求称为索赔；而把发包方向承包方提出的赔偿或补偿要求，以及发包方对承包方所提出的索赔要求进行反驳称为反索赔。

2. 索赔的作用

1）有利于促进双方加强管理，严格履行合同，维护市场正常秩序。合同一经签订，合同双方即产生权利和义务关系。这种权益受法律保护，这种义务受法律制约。索赔是合同法律效力的具体体现，并且由合同的性质决定。如果没有索赔和关于索赔的法律规定，则合同形同虚设，对双方都难以形成约束，这样，合同的实施得不到保证，不会有正常的社会经济秩序。索赔能对违约者起警诫作用，使其考虑到违约的后果，以尽力避免违约事件发生。所以，索赔有助于工程承发包双方更紧密地合作，有助于合同目标的实现。

2）使工程造价更合理。索赔的正常开展，可以把原来打入工程报价中的一些不可预见费用，改为实际发生的损失支付，有助于降低工程报价，使工程造价更为合理。

3）有助于维护合同当事人的正当权益。索赔是一种保护自己、维护自己正当利益、避免损失、增加利润的手段。如果承包商不能进行有效的索赔，损失得不到合理的、及时的补偿，会影响生产经营活动的正常进行，甚至倒闭。

4）有助于双方更快地熟悉国际惯例，熟练掌握索赔和处理索赔的方法与技巧，有助于对外开放和对外工程承包的开展。

3. 索赔的分类

工程施工过程中发生索赔所涉及的内容是广泛的，为了探讨各种索赔问题的规律及特点，通常可作如下分类：

（1）按索赔事件所处合同状态分类

1）正常施工索赔，是指在正常履行合同中发生的各种违约、变更、不可预见因素、加速施工、政策变化等引起的索赔。

2）工程停建、缓建索赔，是指已经履行合同的工程因不可抗力、政府法令、资金或其他原因必须中途停止施工所引起的索赔。

3）解除合同索赔，是指因合同中的一方严重违约，致使合同无法正常履行的情况下，合同的另一方行使解除合同的权力所产生的索赔。

（2）按合同有关当事人的关系进行索赔分类

1）承包商向业主的索赔，是指承包商在履行合同中因非己方责任事件产生的工期延误及额外支出后向业主提出的赔偿要求。这是施工索赔中最常发生的情况。

2）总承包向其分包或分包之间的索赔，是指总承包单位与分包单位或分包单位之间为共同完成工程施工所签订的合同、协议在实施中的相互干扰事件影响利益平衡，其相互之间发生的赔偿要求。

3）业主向承包商的索赔，是指业主向不能有效地管理控制施工全局，造成不能按期、按质、按量地完成合同内容的承包商提出损失赔偿要求。

4）承包商同供货商之间的索赔，是指供货商违反供货合同的规定，使承包商受到经济损失时，承包商有权向供货商提出索赔，反之亦然。

5）承包商向保险公司、运输公司索赔等，是指保险公司、运输公司违反合同规定使承包商受到经济损失时，承包商向其提出的索赔要求。

（3）按照索赔的目的分类

1）工期索赔，是指承包商对施工中发生的非己方直接或间接责任事件造成计划工期延误后向业主提出的赔偿要求。

2）费用索赔，是指承包商对施工中发生的非己方直接或间接责任事件造成的合同价外费用支出向业主方提出的赔偿要求。

（4）按引起索赔的原因分类

1）业主或业主代表违约索赔。

2）工程量增加索赔。

3）不可预见因素索赔。

4）不可抗力损失索赔。

5）加速施工索赔。

6）工程停建、缓建索赔。

7）解除合同索赔。

8）第三方因素索赔。

9）国家政策、法规变更索赔。

3.4.2 工程中常见的索赔问题

1. 施工现场条件变化索赔

在工程施工中，施工现场条件变化对工期和造价的影响很大。由于不利的自然条件及人为障碍，经常导致设计变更、工期延长和工程成本大幅度增加。

不利的自然条件是指施工中遇到的实际自然条件比招标文件中所描述的更为困难和恶劣，这些不利的自然条件增加了施工的难度，导致承包方必须花费更多的时间和费用，在这种情况下，承包方可提出索赔要求。

（1）招标文件中对现场条件的描述失误　在招标文件中对施工现场存在的不利条件虽已经提出，但描述严重失实，或位置差异极大，或其严重程度差异极大，从而使承包商原定的实施方案变得不再适合或根本没有意义，承包方可提出索赔。

（2）有经验的承包商难以合理预见的现场条件　在招标文件中根本没有提到，而且按该项工程的一般工程实践完全是出乎意料的不利现场条件。这种意外的不利条件（如在挖方工程中，承包方发现地下古代建筑遗迹物或文物，遇到高腐蚀性水或毒气等等）是有经验的承包商难以预见的情况，处理方案导致承包商工程费用增加，工期增加，承包方即可提出索赔。

2．业主违约索赔

1）业主未按工程承包合同规定的时间和要求向承包商提供施工场地、创造施工条件。如未按约定完成土地征用、房屋拆迁、清除地上地下障碍，保证施工用水、用电、材料运输、机械进场、通信联络需要，办理施工所需各种证件、批件及有关申报批准手续，提供地下管网线路资料等。

2）业主未按工程承包合同规定的条件提供材料、设备。业主所供应的材料、设备到货场（站）与合同约定不符，单价、种类、规格、数量、质量等级与合同不符，到货日期与合同约定不符等。

3）监理工程师未按规定时间提供施工图纸、指示或批复。

4）业主未按规定向承包商支付工程款。

5）监理工程师的工作不适当或失误，如提供数据不正确、下达错误指令等。

6）业主指定的分包商违约。如其出现工程质量不合格、工程进度延误等。

上述情况的出现，会导致承包商的工程成本增加或工期的增加，承包商可以提出索赔。

3．变更指令与合同缺陷索赔

（1）变更指令索赔　在施工过程中，监理工程师发现设计、质量标准或施工顺序等问题时，往往指令增加新工作，改换建筑材料，暂停施工或加速施工等。这些变更指令会使承包商的施工费用增加，承包商就此提出索赔要求。

（2）合同缺陷索赔　合同缺陷是指所签订的工程承包合同进入实施阶段才发现的，合同本身存在的现时不能再做修改或补充的问题。

大量的工程合同管理经验证明，合同在实施过程中，常发现有如下的情况：

1）合同条款中有错误、用语含糊、不够准确等，难以分清甲乙双方的责任和权益。

2）合同条款中存在遗漏。对实际可能发生的情况未作预料和规定，缺少某些必不可少的条款。

3）合同条款之间存在矛盾。即在不同的条款或条文中，对同一问题的规定或要求不一致。

这时，按惯例要由监理工程师作出解释。但是，若此指示使承包商的施工成本和工期增加时，则属于业主方面的责任，承包商有权提出索赔要求。

4. 国家政策、法规变更索赔

由于国家或地方的任何法律法规、法令、政令或其他法律、规章发生了变更，导致承包商成本增加，承包商可以提出索赔。

5. 物价上涨索赔

由于物价上涨的因素，带来人工费、材料费，甚至机械费的增加，导致工程成本大幅度上升，也会引起承包商提出索赔要求。

6. 业主不正当地终止工程而引起的索赔

由于业主不正当地终止工程，承包商有权要求补偿损失，其数额是承包商在被终止工程上的人工、材料、机械设备的全部支出，以及各项管理费用、保险费、贷款利息、保函费用的支出（减去已结算的工程款），并有权要求赔偿其盈利损失。

7. 业主风险和特殊风险引起的索赔

由于业主承担的风险而导致承包商的费用损失增大时，承包商可据此提出索赔，例如由于业主提前使用或占用工程未完工交付的任何一部分致使破坏等属于业主应承担的风险；自然力所产生的作用等情况属于特殊风险，即使是有经验的承包商也无法预见，无法抗拒，无法保护自己和使工程免遭损失。

如果由于特殊风险而导致合同终止，承包商除可以获得应付的一切工程款和损失费用外，还可以获得施工机械设备的撤离费用和人员遣返费用等。

〈Ω〉 3.4.3　工程索赔的依据和程序

1. 工程索赔的依据

合同一方向另一方提出的索赔要求，都应该提出一份具有说服力的证据资料作为索赔的依据。这也是索赔能否成功的关键因素。由于索赔的具体事由不同，所需的论证资料也有所不同。索赔一般依据包括：

1）招标文件。
2）投标书。
3）合同协议书及其附属文件。
4）来往信函。
5）会议记录。
6）施工现场记录。
7）工程财务记录。
8）现场气象记录。
9）市场信息资料。
10）政策法令文件。

2. 工程索赔的程序

合同实施阶段，在每一个索赔事件发生后，承包商都应抓住索赔机会，并按合同条件的具体规定和工程索赔的惯例，尽快协商解决索赔事项。工程索赔程序，一般包括发出索赔意向通知、收集索赔证据并编制和提交索赔报告、评审索赔报告、举行索赔谈判、解决索赔争端等。

（1）发出索赔意向通知 按照合同条件的规定，凡是非承包商原因引起工程拖期或工程成本增加时，承包商有权提出索赔。当索赔事件发生时，承包商一方面用书面形式向业主或监理工程师发出索赔意向通知书，另一方面，应继续施工，不影响施工的正常进行。索赔意向通知是一种维护自身索赔权利的文件。按照《建设工程施工合同（示范文本）》规定，在索赔事项发生后的 28 日内向监理工程师正式提出书面的索赔通知，并抄送业主。项目部的合同管理人员或其中的索赔工作人员根据具体情况，在索赔事项发生后的规定时间内正式发出索赔通知书，以免丧失索赔权。

（2）收集索赔证据并编制和提交索赔报告 在正式提出索赔要求后，承包商应抓紧准备索赔资料，计算索赔值，编写索赔报告，并在合同规定的时间内正式提交。如果索赔事项的影响具有连续性，即事态还在继续发展，则按合同规定，每隔一定时间监理工程师报送一次补充资料，说明事态发展情况。在索赔事项的影响结束后的规定时间内报送此项索赔的最终报告，附上最终账目和全部证据资料，提出具体的索赔额，要求业主或监理工程师审定。

索赔是否成功很大程度上取决于承包商对索赔权的论证和充分的证据材料。因此，承包商在正式提出索赔报告前的资料准备工作极为重要。这就要求承包商注意记录和积累保存工程施工过程中的各种资料，并可随时从中索取与索赔事件有关的证明资料。

1）索赔报告的编写，应审慎、周密，索赔证据充分，计算结果正确。对于技术复杂或款额巨大的索赔事项，有必要聘用合同专家（律师）或技术权威人士担任咨询，以保证索赔取得较为满意的成果。

总之，一份成功的索赔报告应注意事实的正确性，论述的逻辑性，善于利用成功的索赔案例来证明此项索赔成立的道理。逐项论述，层次分明，文字简练，论理透彻，使阅读者感到清楚明了，合情合理，有根有据。

2）工期延长论证部分。承包商在施工索赔报告中进行工期论证的目的，首先是获得施工期的延长，以免承担误期损害赔偿费的经济损失。其次，他可能在此基础上，探索获得经济补偿的可能性。因为如果他投入了更多的资源时，就有权要求业主对他的附加开支进行补偿。对于工期索赔报告，工期延长论证是它的第三部分。

在索赔报告中论证工期的方法，主要有横道图表法、关键路线法、进度评估法、顺序作业法等。

在索赔报告中，应该对工期延长、实际工期、理论工期等工期的长短（天数）进行详细的论述，说明自己要求工期延长（天数）或加速施工的费用（款数）根据。

3）证据部分。证据部分通常以索赔报告书附件的形式出现，它包括了该索赔事项所涉及的一切有关证据资料以及对这些证据的说明。

证据是索赔文件的必要组成部分，要保证索赔证据的翔实可靠，使索赔取得成功。索赔证据资料的范围甚广，它可能包括工程项目施工过程中所涉及的有关政治、经济、技术、财务等许多方面的资料。合同管理人员应该在整个施工过程中持续不断地搜集整理、分类储存这些资料，最好是存入计算机中，以便随时提出查询、整理或补充。

在引用每个证据时，要注意该证据的效力或可信程度。为此，对重要的证据资料最好附以文字说明，或附以确认函件。例如，对一项重要的电话记录，仅附上自己的记录是不够有力的，最好附上经过对方签字确认过的电话记录；或附上发给对方的要求确认该电话记录的函件，即使对方当时未复函确认或予以修改，亦说明责任在对方，因为未复函确认或修改，按惯例应理解为他已默认。

除文字报表证据资料以外，对于重大的索赔事项，承包商还应提供直观记录资料，如录像、摄影等证据资料。

（3）评审索赔报告　业主或监理工程师在接到承包商的索赔报告后，应当站在公正的立场，以科学的态度及时认真地审阅报告，重点审查承包商索赔要求的合理性和合法性，审查索赔值的计算是否正确、合理。对不合理的索赔要求或不明确的地方提出反驳和质疑，或要求作出解释和补充。监理工程师可在业主的授权范围内做出自己独立的判断。

监理工程师判定承包商索赔成立的条件：

1）与合同相对照，事件已造成了承包商施工成本的额外支出，或直接工期损失。

2）造成费用增加或工期损失的原因，按合同约定不属于承包商的行为责任或风险责任。

3）承包商按合同规定的程序提交了索赔意向通知和索赔报告。

上述三个条件没有先后主次之分，应当同时具备。只有监理工程师认定索赔成立后，才按一定程序处理。

（4）举行索赔谈判　业主或监理工程师经过对索赔报告的评审后，由于承包商常常需要作出进一步的解释和补充证据，而业主或监理工程师也需要对索赔报告提出的初步处理意见作出解释和说明。因此，业主、监理工程师和承包商三方就索赔的解决要进行进一步的讨论、磋商，即谈判。这里可能有复杂的谈判过程。对经谈判达成一致意见的，做出索赔决定。若意见达不成一致，则产生争执。

当监理工程师确定的索赔额超过其权限范围时，必须报请业主批准。索赔报告经业主批准后，监理工程师即可签发有关证书。

（5）解决索赔争端　如果业主和承包商通过谈判不能协商解决索赔，就可以将争端提交给监理工程师解决，监理工程师在收到有关解决争端的申请后，在一定时间内要做出索赔决定。业主或承包商如果对监理工程师的决定不满意，可以申请仲裁或起诉。争议发生后，在一般情况下，双方都应继续履行合同，保持施工连续，保护好已完工程。只有当出现单方违约导致合同确已无法履行，双方协议停止施工；调解要求停止施工，且为双方接受；仲裁机关或法院要求停止施工等情况时，当事人方可停止履行施工合同。

3.4.4　索赔值的计算

工程索赔报告最主要的两部分是合同论证部分和索赔计算部分，合同论证部分的任务是解决索赔权是否成立的问题，而索赔计算部分则确定应得到多少索赔款额或工期补偿，前者是定性的，后者是定量的。索赔计算是索赔管理的一个重要组成部分。

1. 工期索赔值的计算

（1）工期索赔的原因　在施工过程中，由于各种因素的影响，使承包商不能在合同规定的工期内完成工程，造成工程拖期。

（2）工程拖期的种类及处理原则　工期索赔处理见表 3-3。

表 3-3　工期索赔种类及处理原则

索赔原因	是否可原谅	拖期原因	责任者	处理原则	索赔结果
工程进度拖延	可原谅	修改设计 施工条件变化 业主原因拖期 监理工程师原因拖期	业主	可给予工期延长，可补偿经济损失	工期延长和经济补偿
		异常恶劣气候 天灾	客观原因	可给予工期延长，不给予补偿经济	工期延长
	不可原谅	工效不高 施工组织不好 设备材料供应不及时	承包商	不延长工期，不补偿损失，向业主支付误期损害赔偿费	索赔失败；无权索赔

（3）共同延误下工期索赔的处理方法　承包商、监理工程师或业主，或某些客观因素均可造成工程拖期。但在实际施工过程中，工程拖期经常是由上述两种以上的原因共同作用产生的，在这种情况下，称为共同延误。

主要有两种情况：在同一项工作上同时发生两项或两项以上延误；在不同的工作上同时发生两项或两项以上延误。

造成影响的大小按比例分担。如果该延误无法分解开，不允许承包商获得经济补偿。

（4）工期补偿量的计算

1）有关工期的概念。

① 计划工期，是指承包商在投标报价文件中申明的施工期，即从正式开工日起至建成工程所需的施工天数。一般即为业主在招标文件中所提出的施工期。

② 实际工期，是指在项目施工过程中，由于多方面干扰或工程变更，建成该项工程所花费的施工天数。如果实际工期比计划工期长的原因不属于承包商的责任，则承包商有权获得相应的工期延长，即工期延长量＝实际工期－计划工期。

③ 理论工期，是指较原计划拖延了的工期。如果在施工过程中受到工效降低和工程量增加等诸多因素的影响，仍按照原定的工作效率施工，而且未采取加速施工措施时，该工程项目的施工期可能拖延甚久，这个被拖延了的工期，被称为"理论工期"，即在工程量变化、施工受干扰的条件下，仍按原定效率施工，而不采取加速施工措施时，在理论上所需要的总施工时间。在这种情况下，理论工期即实际工期。各工期之间的关系如图 3-1 所示。

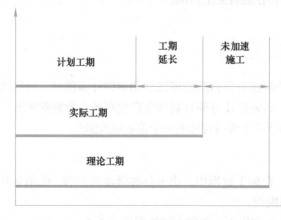

图 3-1　各工期之间的关系

2）工期补偿量的计算方法。工程承包实践中，对工期补偿量的计算有下面几种方法：

① 工期分析法。即依据合同工期的网络进度计划图或横道图计划，考察承包商按监理工程师的指示，完成各种原因增加的工程量所需用的工时，以及工序改变的影响，算出实际工期以确定工期补偿量。

② 实测法。承包商按监理工程师的书面工程变更指令，完成变更工程所用的实际工时。

③ 类推法。按照合同文件中规定的同类工作进度计算工期延长。

④ 工时分析法。某一工种的分项工程项目延误事件发生后，按实际施工的程序统计出所用的工时总量，然后按延误期间承担该分项工程工种的全部人员投入来计算要延长的工期。

2. 费用索赔值的计算

（1）索赔款的组成　工程索赔时可索赔费用的组成部分，同工程承包合同价所包含的组成部分一样，包括直接费、间接费和利润和其他应补偿的费用。其组成项目为：

1）直接费。

① 人工费，包括人员闲置费、加班工作费、额外工作所需人工费用、劳动效率降低和人工费的价格上涨等费用。

② 材料费，包括额外材料使用费、增加的材料运杂费、增加的材料采购及保管费用和材料价格上涨费用等。

③ 施工机械费，包括机械闲置费、额外增加的机械使用费和机械作业效率降低费等。

2）间接费。

① 现场管理费，包括工期延长期间增加的现场管理费，如管理人员工资及各项开支、交通设施费以及其他费用等。

② 上级管理费，包括办公费、通讯费、旅差费和职工福利费等。

3）利润一般包括合同变更利润、合同延期机会利润、合同解除利润和其他利润补偿。

4）其他应予以补偿的费用，包括利息、分包费、保险费用和各种担保费等。

（2）索赔款的计价方法　根据合同条件的规定，承包商有权利要求索赔时，采用正确的计价方法论证应获得的索赔款数额，对顺利地解决索赔要求有着决定性的意义。实践证明，如果采用不合理的计价方法，没有事实根据地扩大索赔款额，漫天要价，往往使本来可以顺利解决的索赔要求搁浅，甚至失败。因此，客观地分析索赔款的组成部分，并采取合理的计价方法，是取得索赔成功的重要环节。

在工程索赔中，索赔款额的计价方法甚多。每个工程项目的索赔款计价方法，也往往因索赔事项的不同而相异。

1）实际费用法亦称为实际成本法，是工程索赔计价时最常用的计价方法，它实质上就是额外费用法（或称额外成本法）。

实际费用法计算的原则是，以承包商为某项索赔工作所支付的实际开支为根据，向业主要求经济补偿。每一笔工程索赔的费用，仅限于索赔事项引起的、超过原计划的费用，即额外费用，也就是在该项工程施工中所发生的额外人工费、材料费和设备费，以及相应的管理费。这些费用即施工索赔所要求补偿的经济部分。

用实际费用法计价时，在直接费（人工费、材料费、设备费等）的额外费用部分的基础上，再加上应得的间接费和利润，即承包商应得的索赔金额。因此，实际费用法（即额外费用法）

客观地反映了承包商的额外开支或损失，为经济索赔提供了精确而合理的证据。

由于实际费用法所依据的是实际发生的成本记录或单据，所以，在施工过程中系统而准确地积累记录资料，是非常重要的。这些记录资料不仅是施工索赔必不可少的，亦是工程项目施工总结的基础依据。

2）总费用法即总成本法，就是当发生多次索赔事项以后，重新计算出该工程项目的实际总费用，再从这个实际总费用中减去投标报价时的估算总费用，即为要求补偿的索赔总款额，即：

$$索赔款额 = 实际总费用 - 投标报价估算费用$$

采用总成本法时，一般要有以下的条件：

① 由于该项索赔在施工时的特殊性质，难以或不可能精准地计算出承包商损失的款额，即额外费用。

②承包商对工程项目的报价（即投标时的估算总费用）是比较合理的。

③已开支的实际总费用经过逐项审核，被认为是比较合理的。

④承包商对已发生的费用增加没有责任。

⑤承包商有较丰富的工程施工管理经验和能力。

在施工索赔工作中，不少人对采用总费用法持批评态度。因为实际发生的总费用中，可能包括了由于承包商的原因（如施工组织不善、工效太低、浪费材料等）而增加了的费用；同时，投标报价时的估算费用却因想竞争中标而过低。因此，这种方法只有在实际费用难以计算时才使用。

3）修正的总费用法，是对总费用法的改进，即在总费用计算的原则上，对总费用法进行相应的修改和调整，去掉一些比较不确切的可能因素，使其更合理。

用修正的总费用法进行的修改和调整内容，主要有：

①将计算索赔款的时段仅局限于受到外界影响的时间（如雨期），而不是整个施工期。

② 只计算受影响时段内的某项工作所受影响的损失，而不是计算该时段内所有施工工作所受的损失。

③在受影响时段内受影响的某项工程施工中，使用的人工、设备、材料等资源均有可靠的记录资料，如工程师的施工日志、现场施工记录等。

④与该项工作无关的费用，不列入总费用中。

⑤ 对投标报价时的估算费用重新进行核算。按受影响时段内该项工作的实际单价进行计算，乘以实际完成的该项工作的工程量，得出调整后的报价费用。

经过上述各项调整修正后的总费用，已相当准确地反映出实际增加的费用，作为给承包商补偿的款额。

据此，按修正后的总费用法支付索赔款的公式是：

$$索赔款额 = 某项工作调整后的实际总费用 - 该项工作的报价费用$$

修正的总费用法，同未经修正的总费用法相比较，有了实质性的改进，使它的准确程度接近于"实际费用法"，容易被业主及工程师所接受。因为修正的总费用法仅考虑实际上已受到索赔事项影响的那一部分工作的实际费用，再从这一实际费用中减去投标报价书中的相应部分的估算费用，如果投标报价的费用是准确而合理的，则采用此修正的总费用法计算出来的索赔款额，很可能同采用实际费用法计算出来的索赔款额十分贴近。

在工程承包施工阶段的技术经济管理工作中，工程索赔管理是一项艰难的工作。要想在工程索赔工作中取得成功，需要具备丰富的工程承包施工经验，以及相当高的经营管理水平。在索赔工作中，要充分论证索赔权，合理计算索赔值，在合同规定的时间内提出索赔要求，编写好索赔报告并提供充分的索赔证据，力争友好协商解决索赔。在索赔事件发生后随时随地地提出单项索赔，力争单独解决、逐月支付，把索赔款的支付纳入按月结算支付的轨道，同工程进度款的结算支付同步处理。必要时采取一定的制约手段，促使索赔问题尽快解决。

能 / 力 / 测 / 试

一、单选题

1．以下不属于施工合同文件组成的是（　　　）。

　　A．合同协议书　　　　　　　　　　　B．投标须知

　　C．合同通用条款　　　　　　　　　　D．工程报价单

2．施工总承包合同的协议书内容不包括（　　　）。

　　A．工程概况　　　　　　　　　　　　B．组成合同的文件

　　C．材料设备供应　　　　　　　　　　D．合同价款

3．办理土地征用、拆迁补偿、平整施工场地等工作，使施工场地具备施工条件，并在开工后继续负责解决以上事项的遗留问题，是（　　　）的工作。

　　A．发包人　　　　　B．承包人　　　　C．分包商　　　　D．工程师

4．由于设计考虑不周，不能满足业主的需要或工程施工的需要，或设计错误等，必须对设计图纸进行修改。这属于（　　　）形式的合同变更。

　　A．工程范围发生变化　　　　　　　　B．设计原因

　　C．施工条件变化　　　　　　　　　　D．合同实施过程中出现的问题

5．施工总承包合同通用条款中包括（　　　）。

　　A．组成合同的文件　　　　　　　　　B．工程概况

　　C．材料设备供应　　　　　　　　　　D．工程承包范围

6．由于发包人的原因，造成工程中断或进度放慢，使工期拖延，承包人对此（　　　）。

　　A．不能提出索赔　　　　　　　　　　B．可以提出工期拖延索赔

　　C．可以提出工程变更索赔　　　　　　D．可以提出工程终止索赔

7．索赔是指在合同的实施过程中，合同一方因对方不履行或未能正确履行合同所规定的义务或未能保证承诺的合同条件实现而（　　　），向对方提出的补偿要求。

　　A．拖延工期后　　　　　　　　　　　B．遭受损失后

　　C．产生分歧后　　　　　　　　　　　D．提起公诉后

8．对于索赔的描述，正确的是（　　　）。

　　A．承包人可以向发包人索赔，发包人不可以向承包人索赔

　　B．承包人不可以向发包人索赔，发包人可以向承包人索赔

　　C．承包人可以向发包人索赔，发包人可以向承包人索赔

　　D．发包人可以向承包人索赔，承包人可以向发包人反索赔

二、多选题

1. 合同法律关系的构成要素包括（　　　　）。
   A. 合同法律关系主体
   B. 合同法律关系客体
   C. 合同法律关系内容
   D. 合同法律关系特征
   E. 合同法律关系形式

2. 下列哪些属于合同的一般内容（　　　　）。
   A. 当事人的名称或者姓名和住所
   B. 质量
   C. 格式
   D. 价款
   E. 争议解决的方法

3. 有下列哪些情形的，合同无效。（　　　　）
   A. 一方以欺诈、胁迫的手段订立合同，损害国家利益
   B. 意思表示真实
   C. 恶意串通，损害国家、集体或者第三人利益
   D. 无处分权人处分他人财产权利而订立的合同
   E. 损害社会公众利益

4. 合同实施过程中出现偏差一般应该采取的调整措施为（　　　　）。
   A. 组织措施
   B. 技术措施
   C. 经济措施
   D. 合同措施
   E. 管理措施

5. 按照索赔的目的不同，索赔可以分为（　　　　）。
   A. 工期索赔
   B. 费用索赔
   C. 单项索赔
   D. 综合索赔
   E. 道义索赔

建筑装饰装修工程流水施工

了解组织施工方式中的平行施工和依次施工的概念、特点；熟悉流水施工主要参数的含义及应用；掌握流水施工的基本概念、原理、特点和具体组织方式。

能够对分部工程和一些简单的单位工程合理地组织流水施工，绘制流水施工进度计划表（横道图）。

4.1 流水施工的基本概念

建筑装饰装修工程的流水施工来源于工业生产中的流水线作业法，实践证明它是组织产品生产的一种理想方法。建筑装饰装修工程的流水施工与工业生产中的流水线生产极为相似，不同的是，工业生产中各个工件在流水线上，从前一工序向后一工序流动，生产者是固定的；而在建筑施工中各个施工对象都是固定不动的，专业作业队伍则由前一施工段向后一施工段流动，即生产者是移动的。

4.1.1 组织施工的基本方式

任何一个建筑装饰装修工程，考虑到工程项目的施工特点、工艺流程、资源利用、平面或空间布置要求，组织施工时，通常可以采用依次施工、平行施工和流水施工等方式。现以三幢同类型房屋的装饰工程为例，对以上三种不同组织方式的经济效果进行比较。

组织施工的方式

某三幢同类型房屋的装饰工程，每幢房屋装饰装修分为顶棚、墙面、地面、踢脚线四个施工过程，由四个不同的工作队分别施工，每个施工过程在一幢房屋上所需的施工时间及对应的施工人数见表4-1，每幢为一个施工区段，试组织此基础施工。

表 4-1　某装饰工程施工资料

过程代号	施工过程	工作时间 / 周	施工人数
A	顶棚	4	10
B	墙面	1	15
C	地面	3	10
D	踢脚线	2	5

1. 依次施工

依次施工也称顺序施工，是各施工段或施工过程依次开工、依次完成的一种施工组织方式。施工时通常有两种安排，如图 4-1、图 4-2 所示。

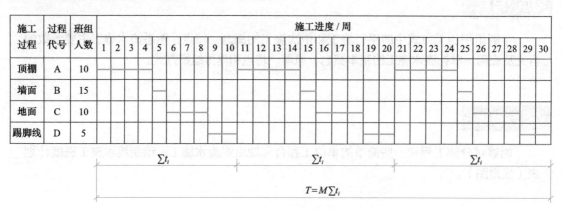

图 4-1　依次施工进度计划（按幢或施工区段）

注：t_i 为流水节拍，M 为幢数，T 为总工期。

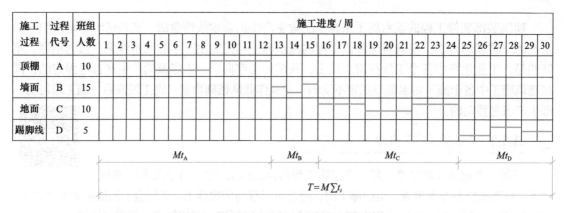

图 4-2　依次施工进度计划（按施工过程）

注：t_A、t_B、t_C、t_D 分别为过施 A、B、C、D 的流水节拍，M 为幢数，T 为总工期。

从图 4-1 和图 4-2 中可以看出，依次施工是按照单一的顺序组织施工，施工现场管理比较简单，单位时间内投入的劳动力和物资较少，有利于资源的组织供应工作。但是，同时可以看出各专业施工队的作业不连续，工作面有间歇，时间和空间关系没有处理好，导致工期较长。依次施工通常适用于施工工作面有限、规模较小的工程。

2. 平行施工

平行施工是全部工程任务（或同一施工过程）同时开工、同时完成的一种施工组织方式。如本例中三幢房屋相同施工过程同时开工，同时完成，如图 4-3 所示。

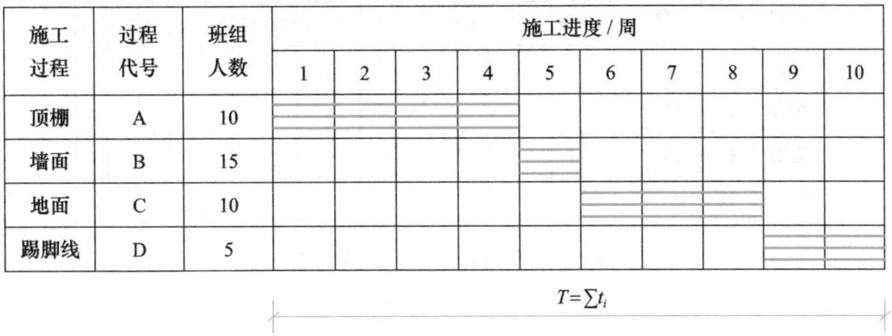

施工过程	过程代号	班组人数	施工进度 / 周										
			1	2	3	4	5	6	7	8	9	10
顶棚	A	10	▦	▦	▦	▦						
墙面	B	15					▦					
地面	C	10						▦	▦			
踢脚线	D	5									▦	▦

$T=\sum t_i$

图 4-3　平行施工

注：t_i 为流水节拍，T 为总工期。

从图 4-3 中可以看出，平行施工的总工期大幅缩短，但各专业队数目成倍增加，单位时间内投入的劳动力、材料以及机械设备也大大增加，资源的组织供应工作难度剧增，施工现场的组织管理相当困难。该方式通常只适用于工期十分紧迫、工作面须满足要求及资源供应有保证的施工项目。平行施工一般适用于工期要求紧的大规模建筑群。

3. 流水施工

流水施工是指所有的施工过程按照一定的时间间隔依次投入施工，各个施工过程陆续开工、陆续竣工，使同一施工过程的专业作业队保持连续、均衡施工，不同施工过程尽可能平行搭接施工的组织方式，如图 4-4 所示。

从图 4-4 中可以看出，各专业队的作业是连续的，不同施工过程尽可能平行搭接，充分利用了工作面，时间和空间关系处理比较恰当，工期较为合理。流水施工组织方式吸取了前面两种施工方式的优点，克服了它们的缺点，是一种比较科学的施工组织方式。

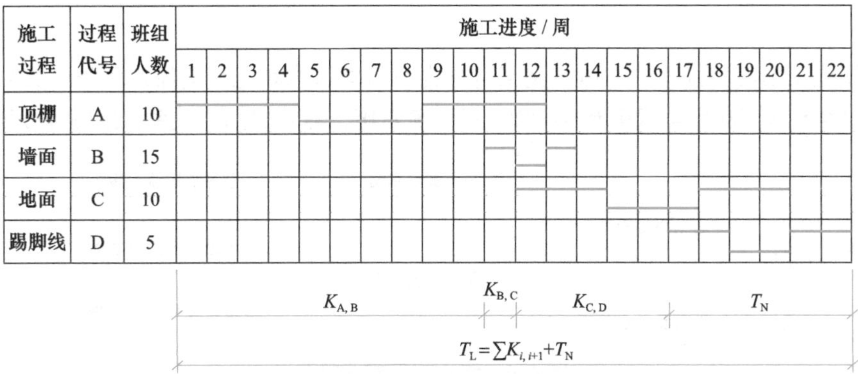

施工过程	过程代号	班组人数	施工进度 / 周																					
			1	2	3	4	5	6	7	8	9	10	11	12	13	14	15	16	17	18	19	20	21	22
顶棚	A	10																						
墙面	B	15																						
地面	C	10																						
踢脚线	D	5																						

$K_{A,B}$　　　$K_{B,C}$　$K_{C,D}$　　T_N

$T_L=\sum K_{i,i+1}+T_N$

图 4-4　流水施工（连续）

注：$K_{A,B}$ 为过程 A、B 的流水步距，$K_{B,C}$ 为过程 B、C 的流水步距，$K_{C,D}$ 为过程 C、D 的流水步距，T_N 为最后一个施工过程的持续时间，T_L 为流水组工期。

值得注意的是，根据建筑工程施工的特点，为了更充分地利用工作面，缩短工期，有时特意安排某些次要施工过程在各施工段之间合理地间断施工。因此在安排流水施工时，通常只要保证主导施工过程在各施工段之间能够连续均衡施工，其他次要施工过程可以安排为合理的间断施工，如图 4-5 所示。

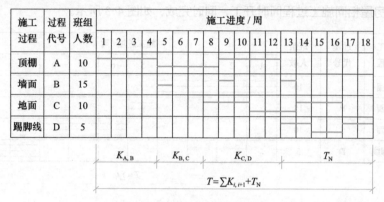

图 4-5　流水施工（不连续）

注：$K_{A,B}$ 为过程 A、B 的流水步距，$K_{B,C}$ 为过程 B、C 的流水步距，$K_{C,D}$ 为过程 C、D 的流水步距，T_N 为最后一个施工过程的持续时间。

4.1.2　流水施工的分类

1. 根据流水施工对象的范围分类

1）分项工程流水（细部流水）。它是在一个专业工种内部组织起来的流水施工。

2）分部工程流水（专业流水）。它是在一个分部工程内部、各分项工程之间组织起来的流水施工。

3）单位工程流水（工程项目流水、综合流水）。它是在一个单位工程内部、各分部工程之间组织起来的流水施工。

4）群体工程流水（大流水）。它是在若干单位工程之间组织起来的流水施工，反映在项目施工进度计划上，是一个工程项目的施工总进度计划。

2. 根据流水的节奏特征分类

按组织施工节奏特征不同，流水施工可分为有节奏流水和无节奏流水两类，其中有节奏流水还可分为等节奏流水和异节奏流水两种。各种流水施工方式之间的关系，如图 4-6 所示。

图 4-6　流水施工方式关系

4.1.3　流水施工的经济效果

从以上三种施工方式的对比中可以看出，流水施工组织方式是一种先进的、科学的施工组织方式，它使建筑安装生产活动有节奏、连续和均衡地进行，在时间和空间上合理组织，其技术经济效果是明显的，主要表现有以下几点：

1）由于流水施工的连续性，减少了专业工作的间隔时间，达到了缩短工期的目的，可使拟建工程项目尽早竣工，交付使用，发挥投资效益。

2）便于改善劳动组织，改进操作方法和施工机具，有利于提高劳动生产率。

3）专业化的生产可提高工人的技术水平，使工程质量相应提高。

4）工人技术水平和劳动生产率的提高，可以减少用工量和暂设工程建造量，降低工程成本，提高利润水平。

5）可以保证施工机械和劳动力得到充分、合理的利用。

6）由于工期短、效率高、用人少、资源消耗均衡，可以减少现场管理费和物资消耗，实现合理储存与供应，有利于提高项目经理部的综合经济效益。

4.2　流水施工的主要参数

在组织流水施工时，为了表达流水施工在工艺程序、空间布置和时间排列上所处的状态，而引入的一些描述施工进度计划特征和各种数量关系的参数，称为流水施工参数，包括工艺参数、空间参数和时间参数。

4.2.1　工艺参数

工艺参数

工艺参数是指参与拟建工程施工并用以表达流水施工在施工工艺上开展的顺序及其特征的参数。通常，工艺参数主要包括施工过程数，用符号 N 或 n 表示。

施工过程是施工进度计划的基本组成单元，其数目的多少与施工进度计划的性质、施工方案、劳动力组织和工程量的大小等因素有关。施工过程可以是一个工序，也可以是一项分项工程，还可以是它们的组合。在计算施工过程数时，应考虑以下几种情况：

1）在流水施工中，每一个施工过程均只有一个施工队组先后开始施工时，工艺参数就是施工过程数，用 N 或 n 表示。

2）在流水施工中，如有两个或两个以上的施工过程齐头并进地同时开工和完工，则这些施工过程应按一个施工过程计入工艺参数内。

3）在流水施工中，如某一施工过程有两个或两个以上的施工队组，间隔一定时间先后开始施工时，则应以施工队（班组）数计算，用 N' 表示。

4.2.2　空间参数

空间参数

1. 空间参数的含义

空间参数是指参与拟建工程流水施工，并用以表达拟建工程在平面和空间上所处状态的施工段数和施工层数。

施工段是指在拟建工程上，以流水施工所确定的分段线为工作界限，为各施工队规定的从事施工活动的空间。拟建工程每一层平面上划分的平面施工段数用 m_0 表示；竖向空间划分的施工段数用 m'；整个工程所划分的施工段总数用 m。对于每个施工层的面积基本相等的拟建工程，

其总段数 m 等于平面上的施工段数 m_0 与空间上的施工层数之积 m'，即：

$$m = m_0 \times m'$$

2. 划分施工段的目的

划分施工段是组织流水施工的基础，只有分段才能将单件的节奏产品划分为具有若干个施工段的批量产品，才能满足"分工协作，批量生产"的流水施工要求，才能在保证工程质量的前提下，为各施工队组确定合理的空间活动范围，确保不同的施工队组能在不同的施工段上同时施工，以便达到连续、均衡施工，缩短工期的目的。

3. 划分施工段的基本要求

1）施工段的数目要合理。分段过多，势必造成工作面狭窄不能充分利用，使工期拖长；分段过少，又会造成劳动力、机械和材料供应过于集中，甚至窝工，不利于组织流水施工。因此，划分施工段时要综合考虑拟建工程的特点、施工方案、流水施工要求和总工期等因素，合理确定施工段的数目，以利于降低成本，缩短工期。

2）各个施工段上的劳动量要大致相等，以保证各专业作业队有节奏地连续、均衡施工。施工段上的劳动量一般相差不宜超过15%。

3）施工段的分界面要合理，以利于保持结构的整体性。一般与施工对象的结构界限（温度缝、沉降缝或单元尺寸、门窗洞口）或幢号一致。

4）要有足够的工作面，以保证施工人员和机械有足够的操作和回转余地，从事某专业工种的工人在从事建筑产品生产加工过程中，必须具备一定的活动空间，这个活动空间称为工作面。

4.2.3 时间参数

在组织流水施工时，用以表达流水施工在时间排列上所处状态的参数，称为时间参数。时间参数主要有流水节拍、流水步距、平行搭接时间、技术与组织间歇时间、流水施工工期。

时间参数

1. 流水节拍

流水节拍是指一个施工过程在一个施工段上的工作持续时间，用符号 t_i 表示（$i=1,2,3\cdots$）。

流水节拍的大小直接关系到投入的劳动力、材料和机械的多少，决定着流水施工方式和施工速度。因此，流水节拍数值的确定很重要，必须进行合理的选择和计算。通常有定额计算法、经验估算法和倒排进度法三种。

（1）定额计算法

$$t_i = \frac{Q_i}{S_i R_i b_i} = \frac{P_i}{R_i b_i} \tag{4-1}$$

或

$$t_i = \frac{Q_i H_i}{R_i b_i} = \frac{P_i}{R_i b_i} \tag{4-2}$$

式中　t_i——某施工过程流水节拍；

Q_i——某施工过程在某施工段上的工程量；

S_i——某施工过程的每工日产量定额；

R_i——某施工过程的专业作业队人数或机械台数（专业作业队人数受到最小工作面和最小劳动组合的限制）；

b_i——每天工作班制（按 8 小时工作制计算，最大为 3 班，最小为 1 班）；

P_i——某施工过程在某施工段上的劳动量；

H_i——某施工过程采用的时间定额。

若流水节拍根据工期要求来确定，则也很容易使用上式计算出所需的人数（或机械台班）。但在这种情况下，必须检查劳动力和机械供应的可能性，以及能否保证物资供应。

（2）经验估算法　它是根据以往的施工经验进行估算。一般为了提高其准确程度，往往先估算出该流水节拍的最长、最短和正常（最可能）三种时间值，然后据此计算出期望时间值，作为某专业工作队的某施工段上流水节拍。

（3）倒排进度法　对于有工期要求的工程，为了满足工期要求，可用工期计算法，即根据对施工任务规定的完成日期，采用倒排进度法。

（4）确定流水节拍时应考虑的因素

① 施工队组人数应符合该施工工程最少劳动组合人数的要求。如砌墙施工工程，包括搅拌砂浆、运材料、运砂浆及砌墙等多种工作，一般人数不宜少于 20 人，如果人数太少，是无法组织正常流水施工的。

② 施工队组人数应符合该施工段的工作面上所能允许的施工队组最大人数的要求。流水节拍不能太小，施工队组人数不能太多，每个工人的工作面不能小于最小工作面的要求，否则，就不能发挥正常的施工效率，且不利于施工。

③ 工作班制要恰当。当工期不紧迫，工艺上又无连续施工要求时，可采用一班制；当组织流水施工时，为了给第二天连续施工创造条件，某些施工过程可考虑在夜班进行，即采用二班制；当工期较紧或工艺上要求连续施工，或为了提高施工机械的使用效率时，某些项目可考虑三班制施工。

④ 机械的台班效率或机械台班产量的大小。

⑤ 施工现场对各种材料、构件等的堆放容量、供应能力及其他因素的制约。

⑥ 流水节拍值一般取整数，必要时才考虑保留 0.5 天（或台班）的小数值。

2. 流水步距

流水步距是指在流水施工中，相邻两个专业工作队（或专业作业队）先后开始施工的合理时间间隔，用符号 $K_{i,i+1}$ 表示（i 表示前一个施工过程，$i+1$ 表示后一个施工过程）。

流水步距的大小直接影响工期的长短。一般说来，在拟建工程的施工段数不变的情况下，流水步距越大，工期越长；流水步距越小，则工期越短。影响流水步距大小的主要因素有前后两个相邻施工过程的流水节拍、施工工艺技术要求、技术间歇与组织间歇时间、施工段数目、流水施工的组织方式等。

3. 间歇时间

在组织流水施工中，由于施工过程之间的工艺或组织上的需要，必须留的时间间隔，用符号 t_j 表示。它包括技术间歇时间和组织间歇时间。

技术间歇时间是指在同一施工段的相邻两个施工过程之间必须有的工艺技术间隔时间，用 t_j 表示。例如，钢筋混凝土的养护、油漆的干燥等。

组织间歇时间是指流水施工中，某些施工过程完成后要有必要的检查验收时间或后续施工过程的准备时间，也用 t_j 来表示。例如基础工程完成后，在回填土前必须进行检查验收并做好隐蔽工程记录所需要的时间。

4. 平行搭接时间

在组织流水施工时，有时为了缩短工期，在工作面允许的情况下，如果前一个专业工作队完成部分施工任务后，能够提前为后一个专业工作队提供工作面，使后者提前进入前一个施工段，两者在同一个施工段上平行搭接施工，这个搭接时间称为平行搭接时间或插入时间，通常用 t_d 表示。

5. 流水工期

工期是指在组织某项拟建工程（或其中的某一分部工程流水组）的流水施工时，从第一个施工过程进入第一个施工段开始施工到最后一个施工过程退出最后一个施工段施工的整个持续时间。拟建工程的施工工期用 T 表示，一个分部工程流水组的施工工期用 T_L 表示。

施工工期的通用计算公式为：

$$T_L = \sum K_{i,i+1} + T_N + \sum t_j - \sum t_d \quad (4-3)$$

式中　T_L——流水组工期；

$\sum K_{i,i+1}$——流水施工中，各流水步距之和；

T_N——流水施工中，最后一个施工过程的持续时间；

$\sum t_j$——所有技术与组织间歇之和；

$\sum t_d$——所有平行搭时间之和。

4.3　流水施工的组织方法

4.3.1　等节奏流水施工

等节奏流水指在流水施工中，同一施工过程在各个施工段上的流水节拍都相等，并且不同施工过程之间的流水节拍也相等的一种流水施工方式，也称为全等节拍流水施工或者固定节拍流水施工，即所有施工过程在任何一个施工段上的流水节拍均为同一常数的流水施工方式。

1. 等节奏流水施工的特征

1）同一施工过程流水节拍相等，不同施工过程流水节拍也相等，即 $t_1=t_2=\cdots=t_n=$ 常数，要做到这一点的前提是使各施工段的工作量基本相等。

2）各施工过程之间的流水步距相等，且等于流水节拍，即 $K_{1,2}=K_{2,3}=\cdots=t_n$。

3）各专业工作队在各施工段上能够连续作业，各施工段之间没有空闲时间。

4）专业作业队数等于施工过程数。

2. 等节奏流水施工的组织步骤

1）确定施工起点流向，划分施工段。

2）分解施工过程、确定施工顺序。

3）计算流水节拍值。

4）确定流水步距。

5）计算流水施工的工期。

$$T_L = (m+n-1)t_i + \sum t_j - \sum t_d \qquad (4-4)$$

6）绘制流水施工进度计划横道图。

3. 等节奏流水施工的组织应用

等节奏流水施工的前提条件是各个施工过程在不同施工段上的节拍均相等，为此在组织施工时，首先将拟建工程按通常方法划分施工过程，并将劳动量较小的施工过程合并到相邻施工过程中去，以使各施工过程的流水节拍相等；然后确定主导施工过程的施工队组人数，并利用公式计算其流水节拍；最后根据已定的流水节拍，确定其他施工过程的施工队组人数及其工种组成。

例 4-2

某分部工程为五层框架结构办公楼的室内装饰工程，该室内装饰工程分为顶棚、墙面、地（楼）面工程三个施工过程，每层为一个施工段，流水节拍均为四周。按等节奏流水组织施工，计算施工工期，并绘制施工进度横道图。

【解析】（1）由题意可知 $m=5$ $n=3$ $k=t=4$ 周 $t_j=0$ $t_d=0$

（2）计算施工工期

$$T_L = (m+n-1)t_i + \sum t_j - \sum t_d = (5+3-1) \times 4 = 28 （周）$$

（3）绘制施工进度计划横道图，如图 4-7 所示

序号	施工过程	工作时间/周	施工进度/周						
			4	8	12	16	20	24	28
1	顶棚	4							
2	墙面	4							
3	地（楼）面	4							

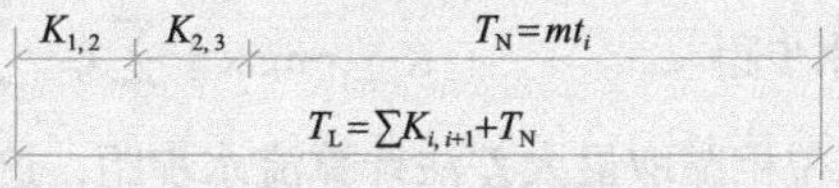

$$K_{1,2} \quad K_{2,3} \qquad T_N = mt_i$$
$$T_L = \sum K_{i,i+1} + T_N$$

图 4-7 施工进度计划横道

在工程项目施工工期已经规定的情况下，也可以采用倒排进度的方法，按全等节拍流水施工方法组织施工。

此时只需将等节奏流水施工的工期计算公式（4-4）移项，即可导出组织等节奏流水施工的流水节拍值 t_i，并用公式（4-1）计算出各施工队组人数 R_i。

$$t_i = \frac{T_L - \left(\sum t_j - \sum t_d\right)}{m+n-1} \qquad (4-5)$$

4. 等节奏流水施工的适用范围

等节奏流水施工比较适用于分部工程流水（专业流水），不适用于单位工程，特别是不适

用于大型的建筑群。因为，等节奏流水施工虽然是一种比较理想的流水施工方式，它能保证专业班组连续工作，充分利用工作面，实现均衡施工，但由于它要求所划分的各分部工程、分项工程都采用相同的流水节拍，这对一个单位工程或建筑群来说，往往十分困难，不容易达到。因此，等节奏流水施工方式的实际应用范围不是很广泛。

4.3.2 异节奏流水施工

4.3.2.1 异步距异节拍流水施工

异步距异节拍流水施工指在流水施工中，同一施工过程在各个施工段上的流水节拍均相等，不同施工过程之间的流水节拍不一定相等的流水施工方式。

1. 异步距异节拍流水施工的特征

1）同一施工过程在各个施工段上流水节拍均相等，不同施工过程之间的流水节拍不尽相同。

2）相邻施工过程之间的流水步距不尽相等。

3）专业工作队数等于施工过程数。

4）各个专业工作队在各施工段上能够连续作业，部分施工段上有工作面的闲置。

2. 确定流水步距 $K_{i,i+1}$

各施工过程均连续流水施工时，流水步距的通用计算方法是"累加数列法"。"累加数列法"是指累加数列错位相减取最大差值，其计算过程可表述为：

1）将每个施工过程的流水节拍逐段累加，求出累加数列 $\sum\limits^{m} t_i$。

2）根据施工顺序，对求出的前后相邻的两累加数列错位相减，$\sum\limits^{m} t_i - \sum\limits^{m-1} t_{i+1}$。

3）取其最大差值 $\max\{\sum\limits^{m} t_i - \sum\limits^{m-1} t_{i+1}\}$。

4）求出流水步距 $K_{i,i+1}=\max\{\sum\limits^{m} t_i - \sum\limits^{m-1} t_{i+1}\}$。 （4-6）

利用累加错位相减取最大差法计算流水步距，这种流水步距的计算方法简捷、准确、通用性强，因此应用广泛。对于无节奏的流水施工，仅有此种流水步距的计算方法。具体计算方法、步骤见例 4-3。

3. 计算流水施工工期 T_L

$$T_L = \sum K_{i,i+1} + mt_n + \sum t_j - \sum t_d \qquad （4-7）$$

4. 异步距异节拍流水施工的应用

例 4-3

某工程划分为 A、B、C、D 四个施工过程，调整施工班组人数后每个施工过程划分为四个施工段，四个施工过程的流水节拍分别为：t_A=3 天，t_B=1 天，t_C=3 天，t_D=2 天，不考虑间歇和搭接时间。试计算流水工期，并绘制横道图进度计划表。

【解析】（1）确定流水步距 $\sum K_{i,i+1}$

根据已知条件可知，此工程可组织成异步距异节拍流水施工，其流水步距可用最大差法计算。

① 各施工过程流水节拍的累加数列：

A: 3 6 9 12   B: 1 2 3 4

C: 3 6 9 12   D: 2 4 6 8

② 错位相减，取最大值得流水步距

$$
\begin{array}{r}
K_{A,B} \quad 3 \quad 6 \quad 9 \quad 12 \\
- \quad\quad 1 \quad 2 \quad 3 \quad 4 \\
\hline
3 \quad 5 \quad 7 \quad 9 \quad -4
\end{array}
$$

所以：$K_{A,B}$=9 天

$$
\begin{array}{r}
K_{B,C} \quad 1 \quad 2 \quad 3 \quad 4 \\
- \quad\quad 3 \quad 6 \quad 9 \quad 12 \\
\hline
1 \quad -1 \quad -3 \quad -5 \quad -12
\end{array}
$$

所以：$K_{B,C}$=1 天

$$
\begin{array}{r}
K_{C,D} \quad 3 \quad 6 \quad 9 \quad 12 \\
- \quad\quad 2 \quad 4 \quad 6 \quad 8 \\
\hline
3 \quad 4 \quad 5 \quad 6 \quad -8
\end{array}
$$

所以：$K_{C,D}$=6 天

（2）计算流水组工期 T_L

$$T_L = \sum K_{i,i+1} + mt_n + \sum t_j - \sum t_d = (9+1+6) + 4\times2 + 0 - 0 = 16 + 8 = 24（天）$$

（3）绘制施工进度计划横道图，如图 4-8 所示

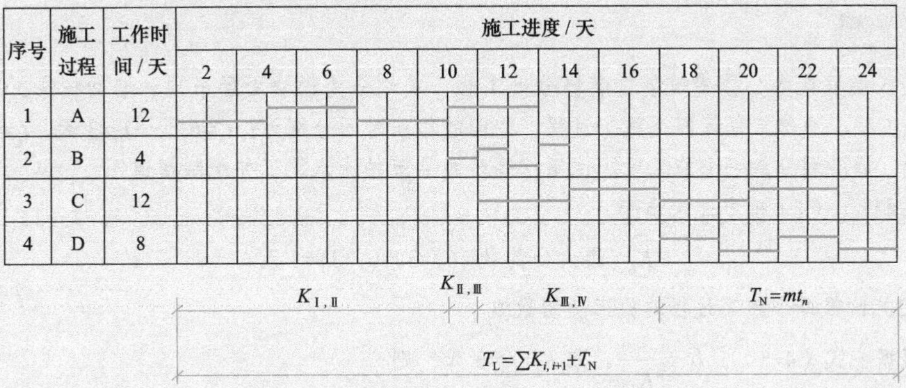

序号	施工过程	工作时间/天	施工进度/天											
			2	4	6	8	10	12	14	16	18	20	22	24
1	A	12												
2	B	4												
3	C	12												
4	D	8												

$K_{1,\text{II}}$ $\quad$ $K_{\text{II,III}}$ $\quad$ $K_{\text{III,IV}}$ $\quad$ $T_N = mt_n$

$T_L = \sum K_{i,i+1} + T_N$

图 4-8 异步距异节拍流水施工横道图进度计划

4.3.2.2 等步距异节拍流水施工

等步距异节拍流水施工是一种较快的流水施工组织方式，在流水施工中，同一施工过程在各个施工段的流水节拍相等，不同施工过程之间的流水节拍不完全相等，但各个施工过程的流水节拍均为某一个常数 K_b（流水节拍的最大公约数或

等步距异节奏
流水施工

者最小值）的倍数，这种组织方式也可称为成倍节拍流水施工。

1. 等步距异节拍流水施工的特征

1）同一施工过程在其各个施工段上的流水节拍均相等，不同施工过程的流水节拍不全相等，其值为某个常数 K_b 的倍数。

2）相邻施工过程的流水步距相等，且等于常数 K_b。

3）专业工作队数大于施工过程数，部分或全部施工过程按倍数增加相应专业工作队；每个施工过程的工作队数等于本施工过程的流水节拍与最小流水节拍的比值即

$$b_i = \frac{t_i}{K_b} \qquad (4-8)$$

式中　b_i——某施工过程所需施工队数；

　　　K_b——所有流水节拍的最大公约数或者最小值。

$$n_1 = \sum b_i \qquad (4-9)$$

式中　n_1——施工队组数总和。

4）各个专业工作队在各施工段上能够连续作业，工作面没有闲置时间。

2. 流水步距

$$K_{i,i+1} = K_b \qquad (4-10)$$

3. 流水施工工期 T_L

$$T_L = (m + n_1 - 1) K_b + \sum t_j - \sum t_d \qquad (4-11)$$

4. 等步距异节拍流水施工的应用

等步距异节拍流水施工方式比较适用于资源相对比较充足，要求缩短工期的施工组织安排。

例 4-4

某 6 层框架办公楼建筑装饰装修分部工程，其划分为板块面层吊顶、墙面抹灰工程、块料地面工程、涂饰工程等四个施工过程，它们的作业时间分别为：t_A=6 天，t_B=3 天，t_C=6 天，t_D=3 天，每层划分为一个施工段。试组织等步距异节拍流水施工并绘制横道图。

【解析】（1）确定流水步距

$$K_b= 最大公约数 \{6，3，6，3\}=3 天$$

（2）计算每个施工过程的施工队组数 b_i

根据公式（4-8），$b_i = \frac{t_i}{K_b}$，取 $K_b = t_B$=3 天，则：

$$b_A = \frac{t_A}{K_b} = \frac{6}{3} = 2$$

$$b_B = \frac{t_B}{K_b} = \frac{3}{3} = 1$$

$$b_C = \frac{t_C}{K_b} = \frac{6}{3} = 2$$

$$b_D = \frac{t_D}{K_b} = \frac{3}{3} = 1$$

（3）计算施工队组总数 n_1

$$n_1 = \sum b_i = b_A + b_B + b_C + b_D = 2 + 1 + 2 + 1 = 6$$

（4）计算工期 T_L

$$T_L = (m + n_1 - 1)\,K_b + \sum t_j - \sum t_d$$
$$= (6+6-1) \times 3 = 33\,（\text{天}）$$

（5）绘制施工进度计划横道图（图 4-9）

施工过程		施工进度/天										
		3	6	9	12	15	18	21	24	27	30	33
板块面层 吊顶	Ⅰa	①		③		⑤						
	Ⅰb		②		④		⑥					
墙面抹灰	Ⅰa			①	②	③	④	⑤	⑥			
块料地面 面层	Ⅲa				①		③			⑤		
	Ⅲb					②		④			⑥	
涂饰工程	Ⅰa						①	②	③	④	⑤	⑥

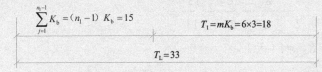

$$\sum_{j=1}^{n_1-1} K_b = (n_1 - 1)\,K_b = 15 \qquad\qquad T_1 = mK_b = 6 \times 3 = 18$$

$$T_L = 33$$

图 4-9　等步距异节拍流水施工横道

4.3.3　无节奏流水施工

无节奏流水施工指在流水施工中，相同或不相同的施工过程的流水节拍均不完全相等的一种流水施工方式，这种施工是流水施工中最常见的一种。

1. 无节奏流水施工的特征

1）同一施工过程流水节拍不完全相等，不同施工过程流水节拍也不完全相等。

2）各个施工过程之间的流水步距不完全相等且差异较大。

3）专业工作队数等于施工过程数。

4）各专业工作队在施工段上能够连续施工，部分施工段可能存在闲置时间。

2. 无节奏流水施工的适用范围

无节奏流水施工不像有节奏流水施工那样有一定的时间规律约束，在进度安排上比较灵活、自由，因此它适用于大多数分部工程和单位工程及大型建筑群的流水施工，是流水施工中应用最广泛的一种方式。

例 4-5

某工程可以分为 A、B、C、D 四个施工过程，四个施工段，各施工过程在不同施工段上的流水节拍见表 4-2，试计算流水步距和工期，绘制流水施工进度表。

表 4-2　某工程的流水节拍

施工过程	施工段			
	Ⅰ	Ⅱ	Ⅲ	Ⅳ
A	5	4	2	3
B	4	1	3	2
C	3	5	2	3
D	1	2	2	3

【解析】（1）利用最大差法计算流水步距

1）求 $K_{A,B}$：

$$
\begin{array}{rrrr}
5 & 9 & 11 & 14 \\
- & 4 & 5 & 8 & 10 \\
\hline
5 & 5 & 6 & 6 & -10
\end{array}
$$

所以，$K_{A,B}=6$（天）。

2）求 $B_{B,C}$：

$$
\begin{array}{rrrr}
4 & 5 & 8 & 10 \\
- & 3 & 8 & 10 & 13 \\
\hline
4 & 2 & 0 & 0 & -13
\end{array}
$$

所以，$K_{B,C}=4$（天）。

3）求 $K_{C,D}$：

$$
\begin{array}{rrrr}
3 & 8 & 10 & 13 \\
- & 1 & 3 & 5 & 8 \\
\hline
3 & 7 & 7 & 8 & -8
\end{array}
$$

所以，$K_{C,D}=8$（天）。

（2）计算流水工期

$$T_L = \sum K_{i,i+1} + T_N = 6 + 4 + 8 + 8 = 26（天）$$

根据计算的流水参数绘制施工进度计划横道图如图 4-10 所示。

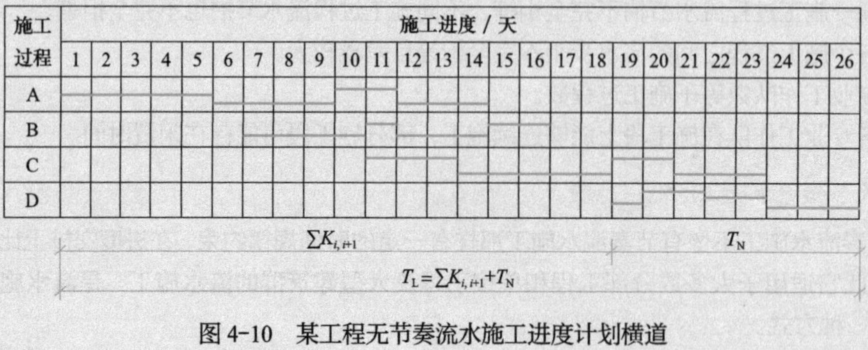

图 4-10　某工程无节奏流水施工进度计划横道

4.4　流水施工的应用

假设一栋 14 层框剪结构写字楼，其装修工程划分为抹灰工程、楼地面工程、吊顶工程、门窗工程、涂饰工程、幕墙工程、室外其他装修等分项工程，各分项工程的劳动量见表 4-3。

表 4-3　某幢 14 层框剪结构房屋装饰装修工程劳动量

序号	分项工程名称	劳动量 / 工日	班组人数	工作班次	工作持续时间 / 周
1	抹灰工程	2940	15	1	28
2	楼地面工程	1960	10	1	28
3	吊顶工程	1176	6	1	28
4	门窗工程	1568	8	1	28
5	涂饰工程	968	5	1	28
6	幕墙工程	1128	6	1	28
7	室外其他装修	1860	10	1	28

1. 划分施工过程和施工段

装修工程包括抹灰工程、楼地面工程、吊顶工程、门窗工程、涂饰工程、幕墙工程、室外其他装修等分项工程。施工段按照楼层划分，每层划分为一个施工段，即 $m=14$。

2. 选择施工组织方式

采用自上而下的顺序施工，考虑装修工程内部各施工过程之间劳动力的调配及均衡组织施工，选择等节奏流水施工。

3. 确定施工过程的流水节拍及各施工班组人数

1）抹灰工程劳动量为 2940 个工日，施工班组人数为 15 人，一班制施工，其持续时间为：

$$t_{抹灰} = \frac{2940}{15 \times 14 \times 1} = 14（天）= 2（周）$$

2）楼地面及楼梯劳动量为 1960 个工日，流水节拍为 14 天，一班制施工，其班组人数为：

$$R_{地面} = \frac{1960}{14 \times 14 \times 1} = 10（人）$$

3）吊顶劳动量为 1176 个工日，流水节拍为 14 天，一班制施工，其班组人数为：

$$R_{吊顶} = \frac{1176}{14 \times 14 \times 1} = 6（人）$$

4）门窗工程劳动量为 1568 个工日，流水节拍为 14 天，一班制施工，其班组人数为：

$$R_{门窗} = \frac{1568}{14 \times 14 \times 1} = 8（人）$$

5）涂饰工程劳动量为 968 个工日，流水节拍为 14 天，一班制施工，其班组人数为：

$$R_{涂饰} = \frac{968}{14 \times 14 \times 1} = 5（人）$$

6）幕墙工程劳动量为 1128 个工日，流水节拍为 14 天，一班制施工，其班组人数为：

$$R_{幕墙} = \frac{1128}{14 \times 14 \times 1} = 6（人）$$

7）室外其他装饰劳动量为 1860 个工日，流水节拍为 14 天，一班制施工，其班组人数为：

$$R_{室外} = \frac{1860}{14 \times 14 \times 1} = 10（人）$$

4. 确定工期，绘制施工进度计划表

$$T_L = (m + n - 1)\, t_i + \sum t_j - \sum t_d$$
$$= (14 + 7 - 1) \times 2 + 0 - 0$$
$$= 40（周）$$

进度计划表如图 4-11 所示。

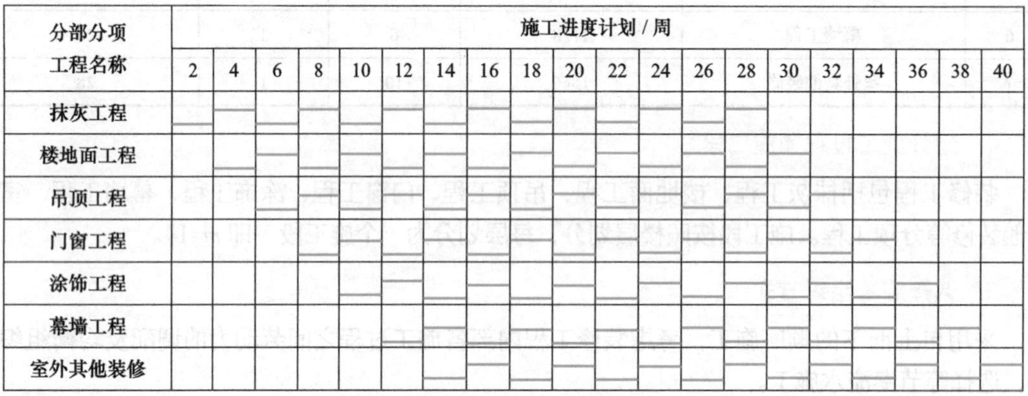

分部分项 工程名称	施工进度计划 / 周																			
	2	4	6	8	10	12	14	16	18	20	22	24	26	28	30	32	34	36	38	40
抹灰工程																				
楼地面工程																				
吊顶工程																				
门窗工程																				
涂饰工程																				
幕墙工程																				
室外其他装修																				

图 4-11　某商住楼装饰装修工程流水施工进度计划

能 / 力 / 测 / 试

一、单选题

1. 流水节拍是指一个专业队（　　　）。

　　A. 完成整个工作的持续时间　　　　　　B. 转入下一个施工段的间隔时间

　　C. 最短的持续时间　　　　　　　　　　D. 在一个施工段上的持续时间

2. 流水步距是指相邻两个专业队先后投入（　　　）。

　　A. 下一个施工段最短间隔时间　　　　　B. 下一个施工段的间隔时间

　　C. 同一个施工段上施工的间隔时间　　　D. 不同施工段上施工的间隔时间

3. 下列流水施工的组织方法中属于加快的流水施工方法的是（　　　）。

　　A. 等节奏流水施工　　　　　　　　　　B. 等步距异节拍流水施工

　　C. 无节奏流水施工　　　　　　　　　　D. 异步距异节拍流水施工

4. 在组织流水施工时，各施工过程可以安排的班组人数的最大值主要由（　　　）决定。

　　A. 劳动量　　　　B. 施工地点　　　　C. 工作面　　　　D. 流水强度

5．下列流水施工参数属于空间参数的是（　　　）。

　　A．施工过程　　　　　B．施工段　　　　　C．流水步距　　　　　D．流水强度

二、简答题

1．试比较依次施工、平行施工、流水施工各具有哪些特点？

2．流水施工组织有哪几种类型？

3．试述流水参数的概念，划分施工段和施工过程的原则。

4．如何确定流水节拍和流水步距？

5．试述固定节拍和成倍节拍流水的组织方法。

6．试述分别流水的组织方法，如何确定其流水步距。

三、能力训练

1．某工程项目划分为顶棚、墙面、地面三个施工过程，每个施工过程均划分为四个施工段，设 $t_{顶}$=4 天，$t_{墙}$=3 天，$t_{地}$=3 天。试分别按依次施工、平行施工和流水施工绘出各自的施工进度计划。

2．已知某分部工程划分为 A、B、C、D 四个过程，按平面划分为四段顺序施工，各过程流水节拍分别为 2 天、4 天、4 天和 2 天，试按照异节奏流水施工的两种组织方式计算工期并绘制横道图。

3．某工程项目由 A、B、C、D、E 五个分项工程组成，划分为 6 个施工段。各分项工程在各个施工段上的施工持续时间，见表 4-4。根据施工技术要求，在施工过程 C、D 之间需要有 2 天的养护时间。试编制该工程的流水施工方案。

表 4–4　施工持续时间

分项工程名称	持续时间 / 天					
	①	②	③	④	⑤	⑥
A	2	3	2	3	2	3
B	3	3	4	4	3	3
C	2	1	2	2	1	2
D	1	2	1	1	2	1
E	2	3	2	2	3	2

单元 5

网络计划技术基本知识

知识目标

在了解横道计划与网络计划区别与联系的基础上，进一步了解网络计划的分类、优化；了解单代号网络图的相关知识；熟悉单代号网络计划的概念以及双代号网络图的绘图规则、绘制方法和基本应用；熟悉网络计划的控制方法（包括网络计划的检查方法、调整措施等）；掌握双代号网络图的相关概念，时间参数计算以及早时标网络计划应用。

能力目标

具备熟练计算双代号网络计划时间参数的能力；能够识读并绘制一般单位工程、分部工程的双代号网络计划；能够对于简单的网络计划进行检查与调整，为今后更好地适应工作打下良好的基础。

5.1 网络计划概述

5.1.1 网络计划概念与基本原理

1. 网络计划的概念

网络计划是用来表达工作计划的一种工具，工程上用来表示工程施工的进度计划。它是二十世纪五十年代末发展起来的一种编制大型工程进度计划的有效方法。这种计划借助于网络图表示各项工作与所需要的时间，以及各项工作的相互关系，通过网络分析研究工程费用与工期的相互关系，并找出在编制计划时及计划执行过程中的关键路线，这种方法也称为关键路线法（Critical Path Method），简称CPM。

网络计划技术的概述

2. 网络计划技术的基本原理

用网络计划对任务的工作进度进行安排和控制，以保证实现预定目标的科学的计划管理技术称为网络计划技术。网络计划技术可以为施工管理者提供许多信息，有利于加强施工管理，它是一种编制计划技术的方法，又是一种科学的管理方法。它有助于管理人员全面了解、重点掌握、灵活安排、合理组织、多快好省地完成计划任务，不断提高管理水平。

⟨Ọ⟩ 5.1.2　网络计划的分类

工程网络计划的类型有如下几种不同的划分方法：

1. 按工作持续时间的特点划分

1）肯定型问题的网络计划。

2）非肯定型问题的网络计划。

3）随机网络计划。

2. 按工作和事件在网络节点的表示方法划分

1）事件网络计划：以节点表示事件的网络计划。

2）工作网络计划：以节点表示工作的网络计划。

① 以箭线表示工作的网络计划，如图 5-1 所示。

② 以节点表示工作的网络计划，如图 5-2 所示。

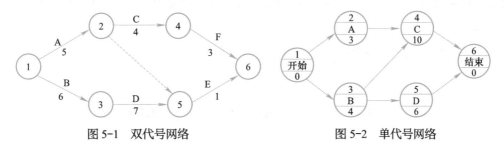

图 5-1　双代号网络　　　　　　　图 5-2　单代号网络

3. 按计划平面的个数划分

1）单平面网络计划。

2）多平面网络计划（多阶网络计划、分级网络计划）。

5.2　双代号网络图计划

⟨Ọ⟩ 5.2.1　双代号网络图的构成

双代号网络图是以箭线及其两端节点的编号表示工作先后顺序的网络图，其构成要素包括：箭线、节点、线路。

双代号网络图
的构成

1. 箭线（工作）

工作是泛指一项需要消耗人力、物力和时间的具体活动过程，也称工序、活动、作业。双代号网络图中，每一条箭线表示一项工作，工作名称可标注在箭线的上方，完成该项工作所需要的持续时间可标注在箭线的下方，如图 5-1 所示。在建设工程中，一条箭线表示项目中的一个施工过程,它可以是一道工序、一个分项工程、一个分部工程或一个单位工程,其粗细程度和工作范围的划分根据计划任务的需要确定。

在双代号网络图中,为了正确表达工作之间的逻辑关系,往往需要应用虚箭线,其表示方法如图 5-3 所示。虚箭线是实际工作中并不存在的一项虚拟工作,故它不占用时间,也不消耗资源,一般起着工作间的联系、区分和断路作用。

(1)联系作用 如图 5-4 所示,虚工作②-⑤把工作 A 和工作 D 的先后顺序联系起来。

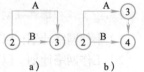

图 5-3 网络图中工作的表示方法　　　　图 5-4 虚箭线的联系作用

(2)区分作用 如图 5-5a 所示,两项工作用同一代号,则不能明确表示该代号表示哪一项工作。因此,必须增加虚工作,如图 5-5b 所示。

(3)断路作用 虚箭线的断路作用是用虚箭线把没有关系的工作断开,如图 5-6 所示。在图 5-6 中,虚箭线 4-5 切断了支模Ⅱ和混凝土Ⅰ这两项毫无关系的工作,避免了逻辑错误。这就是虚箭线的断路法。

图 5-5 虚箭线的区分作用
a)错误 b)正确

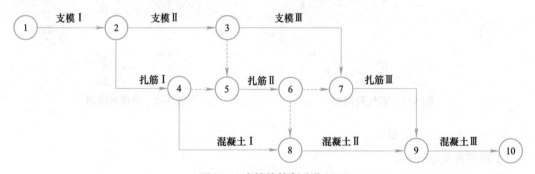

图 5-6 虚箭线的断路作用

(4)工作间的关系 在网络图中,通常将被研究的对象称为本工作,用 i–j 表示;紧排在本工作之前进行的工作称本工作的紧前工作(不考虑虚工作间隔),用 h–i 表示;紧排在本工作之后进行的工作称本工作的紧后工作,用 j–k 表示;与本工作同时进行的工作称为本工作的平行工作,如图 5-7 所示。

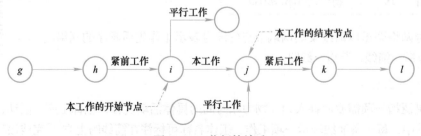

图 5-7 工作间的关系

2. 节点

节点就是网络图中箭线端部的圆圈或其他形状的封闭图形。在双代号网络图中，它表示工作间的逻辑关系，即起着承上启下的作用。

（1）节点的种类

① 起始节点。在网络图中只有外向箭线的节点称为起始节点，如图 5-8a 所示。

② 中间节点。网络图中既有外向箭线，又有内向箭线的节点称为中间节点。它既表示紧前各工作的结束，又表示紧后各工作的开始，如图 5-8b 所示。

③ 终点节点。网络图中只有内向箭线的节点称为终点节点，即网络图的最后一个节点，它表示一项计划（或工程）的结束，如图 5-8c 所示。

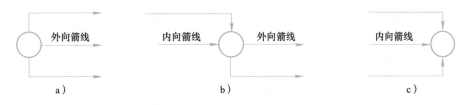

图 5-8　节点的种类

a）起始节点　b）中间节点　c）终点节点

（2）节点的编号　网络计划中的每个节点都有自己的编号，以便赋予每项工作以代号，便于计算网络计划的时间参数和检查网络计划是否正确。在对节点进行编号时必须满足以下要求：

① 左到右，由小到大。

② 箭尾编号小于箭头编号，即 $i<j$。

③ 节点的编号不能重复。号码可以连续，也可以不连续。

3. 线路

网络图中从起始节点开始，沿箭头方向顺序通过一系列箭线与节点，最后达到终点节点的通路称为线路。在一个网络图中可能有很多条线路，线路中各项工作持续时间之和就是该线路的长度，即线路所需要的时间。在各条线路中，有一条或几条线路的总时间最长，称为关键线路，一般用双线或粗线标注。其他线路长度均小于关键线路，称为非关键线路。

4. 逻辑关系

网络图中工作间相互制约或相互依赖的关系称为逻辑关系。工作之间的逻辑关系包括工艺关系和组织关系。

（1）工艺关系　生产性工作之间由工艺过程决定的，非生产性工作之间由工作程序决定的先后顺序称为工艺关系，如图 5-6 中，支模Ⅰ - 扎筋Ⅰ - 混凝土Ⅰ、支模Ⅱ - 扎筋Ⅱ - 混凝土Ⅱ、支模Ⅲ - 扎筋Ⅲ - 混凝土Ⅲ为工艺关系。

（2）组织关系　组织关系是指工作之间由于组织安排需要或资源（人力、材料、机械设备和资金等）调配需要而确定的先后顺序关系称为组织关系。例如建筑群中各个建筑物的开工顺序的先后；施工对象的分段流水作业等。组织顺序可以根据具体情况，按安全、经济、高效的原则统筹安排。如图 5-6 中，支模Ⅰ - 支模Ⅱ - 支模Ⅲ、扎筋Ⅰ - 扎筋Ⅱ - 扎筋Ⅲ、混凝土Ⅰ - 混凝土Ⅱ - 混凝土Ⅲ为组织关系。

〈ô〉 5.2.2 双代号网络图的绘制规则

网络图必须正确地表达整个工程或任务的工艺流程和各工作开展的先后顺序，以及它们之间相互依赖和相互制约的逻辑关系。

1）双代号网络图必须正确表达已定的逻辑关系。

常见的逻辑关系表达方法见表 5-1。

表 5-1 常见的逻辑关系表示方法

序号	工作之间的逻辑关系	在网络图中的表示
1	B 的紧前工作是 A C 的紧前工作是 B	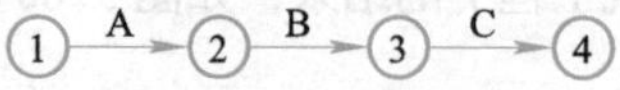
2	B、C 的紧前工作均是 A	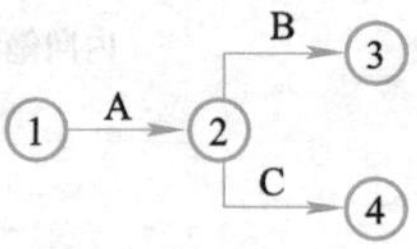
3	C 的紧前工作是 A、B	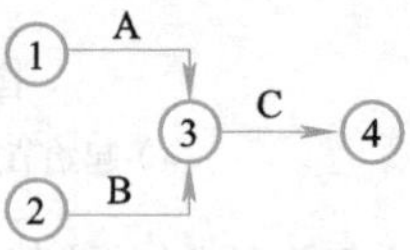
4	C、D 的紧前工作是 A、B	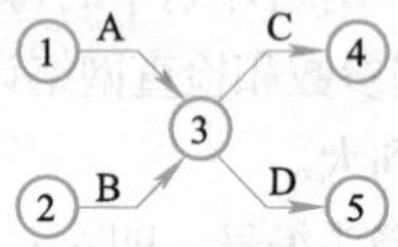
5	B、C 的紧前工作是 A， D 的紧前工作是 B、C	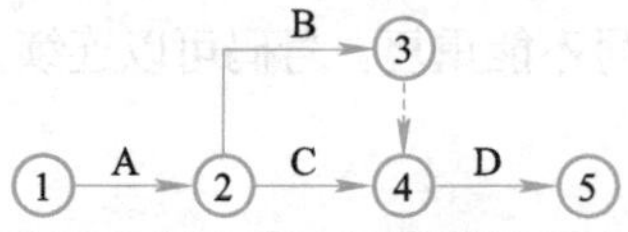
6	D 的紧前工作是 A、B C 的紧前工作是 A	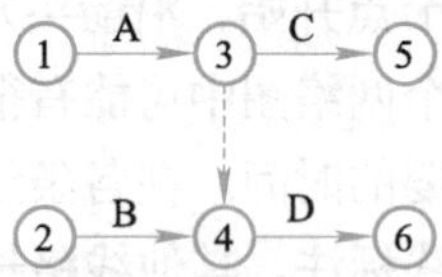
7	D 的紧前工作是 A、B、C E 的紧前工作是 B、C	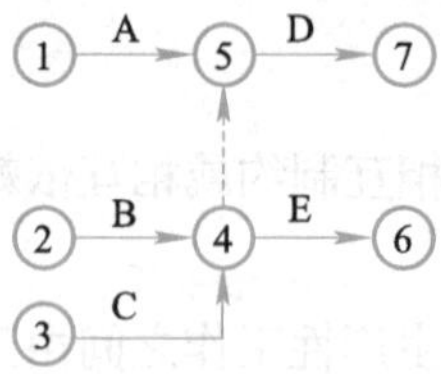
8	C 的紧前工作是 A D 的紧前工作是 A、B E 的紧前工作是 B	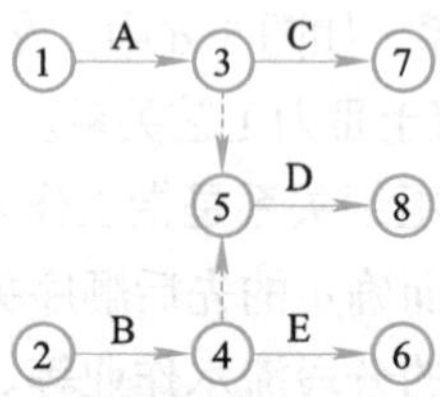

2）在双代号网络图中，严禁出现循环回路。即不允许从一个节点出发，沿箭线方向再返回到原来的节点。

3）在双代号网络图中，节点之间严禁出现带双向箭头或无箭头的连线。

4）在双代号网络图中，严禁出现没有箭头节点或没有箭尾节点的箭线。

5）当双代号网络图的某些节点有多条外向箭线或多条内向箭线时，为使图形简洁，可使用母线法绘制（但应满足一项工作用一条箭线和相应的一对节点表示），如图 5-9 所示。

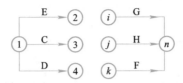

图 5-9　母线法绘制同时开始或者同时结束的工作

6）双代号网络图中应只有一个起点节点和一个终点节点（多目标网络计划除外），而其他所有节点均应是中间节点。

7）绘制网络图时，箭线不宜交叉。当交叉不可避免时，可用过桥法、断线法或指向法。图 5-10a 为过桥法形式，图 5-10b 为断线法形式。当箭线交叉过多时，使用指向法，如图 5-10c 所示。

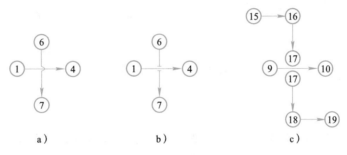

图 5-10　交叉箭线的处理方法

a）过桥法　b）断线法　c）指向法

例 5-1

已知某施工过程工作间的逻辑关系见表 5-2，试绘制双代号网络图。

表 5-2　某工程施工过程工作间的逻辑关系

工作名称	A	B	C	D	E	F	G	H
紧前工作	—	—	—	A	A、B	B、C	D、E	E、F
紧后工作	D、E	E、F	F	G	G、H	H	—	—

【解析】1）绘制没有紧前工作的工作 A、B、C，如图 5-11a 所示。

2）按题意绘制工作 D 及 D 的紧后工作 G，如图 5-11b 所示。

3）按题意将工作 A、B 的箭头节点合并，并绘制工作 E；绘制 E 的紧后工作 H；将工作 D、E 的箭头节点合并，并绘制工作 G，如图 5-11c 所示。

4）再按题意将工作 B 的箭线断开增加虚箭线，合并 BC 绘制工作 F；将工作 E 后增加虚箭线和 F 的箭头节点合并，并绘制工作 H，如图 5-11d 所示。

5）将没有紧后工作的箭线合并，得到终点节点，并对图形进行调整，使其美观对称；如图 5-11e、5-11f 所示。

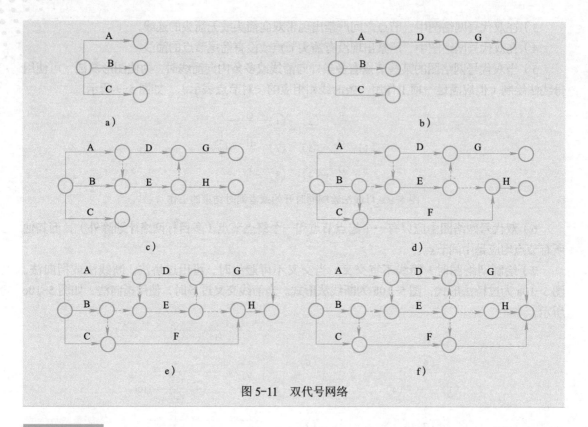

图 5-11 双代号网络

例 5-2

已知某分部工程划分为 A、B、C、D 四个施工过程，每个施工过程划分为四个施工段，按流水施工组织，试直接绘制双代号网络图。

【解析】施工过程 A 在四个施工段的工作分别记作 A_1、A_2、A_3、A_4 四项工作，同样将施工过程 B、C、D 记作 12 项工作，这些工作之间的逻辑关系见表 5-3。

表 5-3 工作间的逻辑关系

工作名称	A_1	A_2	A_3	A_4	B_1	B_2	B_3	B_4	C_1	C_2	C_3	C_4	D_1	D_2	D_3	D_4
紧前工作	—	A_1	A_2	A_3	A_1	A_2、B_1	A_3、B_2	A_4、B_3	B_1	B_2、C_1	B_3、C_2	B_4、C_3	C_1	C_2、D_1	C_3、D_2	C_4、D_3

根据确定的逻辑关系进行绘制双代号网络图，如图 5-12 所示。

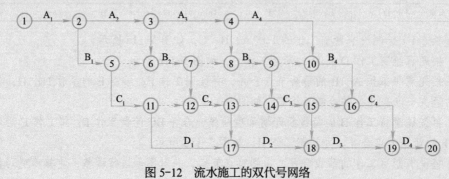

图 5-12 流水施工的双代号网络

5.2.3　双代号网络计划时间参数的计算

双代号网络图时间参数
计算——工作计算法

网络计划时间参数是指网络图、工作及节点所具有的各种时间值。通过计算各项工作时间参数，以确定网络计划的关键工作、关键线路和计划工期等，为网络计划的优化和执行提供明确的依据。

1. 工作持续时间（D_{i-j}）

工作持续时间是一项工作从开始到完成的时间。

2. 工期（T）

工期泛指完成任务所需要的时间，一般有以下三种：

1）计算工期，根据网络计划时间参数计算出来的工期，用 T_c 表示。

2）要求工期，任务委托人所要求的工期，用 T_r 表示。

3）计划工期，根据要求工期和计算工期所确定的作为实施目标的工期，用 T_p 表示。

网络计划的计划工期 T_p，按下列情况分别确定：

当已经规定了要求工期 T_r 时，

$$T_p \leqslant T_c \tag{5-1}$$

当未规定要求工期 T_r 时，可令计划工期等于计算工期，

$$T_p = T_c \tag{5-2}$$

3. 网络计划中工作的六个时间参数

网络计划中的工作的时间参数有：最早开始时间、最早完成时间、最迟开始时间、最迟完成时间、总时差、自由时差。

（1）工作最早开始时间　工作最早开始时间是指所有紧前工作全部完成后，本工作有可能开始的最早时刻，用 ES_{i-j} 表示，i–j 为该工作节点代号。工作 i–j 的最早开始时间 ES_{i-j}，应从网络图的起点节点开始，顺着箭线方向依次逐项进行计算。

从起点节点引出的各项外向工作，是整个计划的起始工作，如果没有规定，它们的最早开始时间都定为零，即

$$ES_{i-j} = 0 \tag{5-3}$$

当工作 i–j 只有一项紧前工作 h–i 时，其最早开始时间 ES_{i-j} 为

$$ES_{i-j} = ES_{h-i} + D_{h-i} \tag{5-4}$$

当工作 i–j 有多个紧前工作时，其最早开始工作时间 ES_{i-j} 为

$$ES_{i-j} = \max\{ES_{h-i} + D_{h-i}\} \tag{5-5}$$

式中　ES_{i-j}——工作 i–j 最早开始时间；

　　　ES_{h-i}——紧前工作 h–i 最早开始时间；

　　　D_{h-i}——紧前工作持续时间。

（2）工作最早完成时间　工作最早完成时间是指所有紧前工作全部完成后，本工作有可能

完成的最早时刻，用EF_{i-j}表示，计算公式为

$$EF_{i-j}=ES_{i-j}+D_{i-j} \tag{5-6}$$

网络计划的计算工期等于以网络计划的终点节点为箭头节点的各个工作的最早完成时间的最大值。当网络计划的终点节点的编号为n时，其计算工期为

$$T_c = \max\{EF_{i-n}\} \tag{5-7}$$

（3）工作最迟开始时间 工作最迟开始时间是指在不影响任务按期完成的前提下，工作最迟必须开始的时刻。用LS_{i-j}表示，工作i–j的最迟开始时间LS_{i-j}应从网络计划的终点节点开始，逆着箭线方向依次逐项进行计算。以终点节点（$j=n$）为结束节点的工作的最迟开始时间LS_{i-n}，应按网络计划的计划工期T_p确定，即

$$LS_{i-n}=T_p-D_{i-n} \tag{5-8}$$

当工作i–j有多项紧后工作时，最迟开始完成时间计算公式如下：

$$LS_{i-j}=\min\{LS_{j-k}-D_{i-j}\} \tag{5-9}$$

式中 LS_{i-j}——工作i–j最迟开始时间；

LS_{j-k}——紧后工作j–k最迟开始时间；

D_{i-j}——工作i–j持续时间。

（4）工作最迟完成时间 工作最迟完成时间是指在不影响规定工期的条件下，工作最迟必须完成的时刻，用LF_{i-j}表示。

$$LF_{i-j}=LS_{i-j}+D_{i-j} \tag{5-10}$$

（5）总时差 总时差是指在不影响总工期的前提下，一项工作可以利用的机动时间，用TF_{i-j}表示。一项工作的工作总时差等于该工作的最迟开始时间与其最早开始时间之差，或等于该工作的最迟完成时间与其最早完成时间之差，即

$$TF_{i-j}=LS_{i-j}-ES_{i-j}=LF_{i-j}-EF_{i-j} \tag{5-11}$$

（6）自由时差 自由时差是指在不影响紧后工作最早开始时间的前提下，一项工作可以利用的机动时间，用FF_{i-j}表示。自由时差也叫局部时差或自由机动时间。其计算公式为

$$FF_{i-j}=\min\{ES_{j-k}-EF_{i-j}\}$$
$$或者 FF_{i-j}=\min\{ES_{j-k}-ES_{i-j}-D_{i-j}\} \tag{5-12}$$

式中 FF_{i-j}——工作i–j的自由时差；

ES_{j-k}——紧后工作j–k最早开始时间；

EF_{i-j}——工作i–j最早完成时间；

ES_{i-j}——工作i–j最早开始时间；

D_{i-j}——工作i–j持续时间。

以网络计划的终点节点（$j=n$）为箭头节点的工作，其自由时差FF_{i-n}，应按网络计划的计划工期T_p确定，即：

$$FF_{i-n}=T_p-EF_{i-n} \tag{5-13}$$

4. 节点的时间参数

网络计划中的节点的时间参数有节点最早时间、节点最迟时间。

（1）节点最早时间　是指该节点前面工作全部完成，后面工作最早可能开始的时间，用 ET_i 表示。节点最早时间应从网络计划的起点节点开始，沿着箭线方向，依次逐项计算。

一般规定网络计划起点节点最早时间为零，

即
$$ET_i=0 \quad (i=1) \tag{5-14}$$

其他节点最早时间计算公式为

$$EF_i = \max\{ET_h + D_{h-i}\} \tag{5-15}$$

式中　　ET_i——箭头节点 i 最早时间；

ET_h——箭尾节点 h 最早时间；

D_{h-i}——工作 $h-i$ 持续时间。

（2）节点最迟时间　是指在不影响终点节点的最迟时间前提下，该节点最迟须完成的时间，用 LT_i 表示，一般规定网络计划终点节点的最迟时间以工程的计划时间为准，即 $LT_i=T_p$。

节点最迟时间应从网络计划的终点节点开始，逆着箭线方向，依次逐项计算。节点 i 最迟时间的计算公式为

$$LT_i = \min\{LT_j - D_{i-j}\} \tag{5-16}$$

5. 双代号网络计划时间参数的计算

双代号网络计划时间参数的计算有许多方法，《工程网络计划技术规程》中用工作计算法、节点计算法、图上计算法。

按工作计算法计算时间参数应在各项工作的持续时间之后进行，虚工作必须视同工作进行计算，其持续时间为 0。时间参数计算的结果标注形式，如图 5-13 和图 5-14 所示。

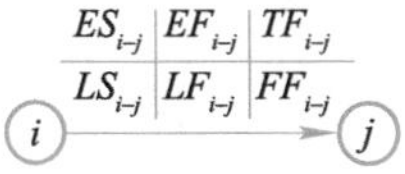

图 5-13　按工作计算法的标注内容 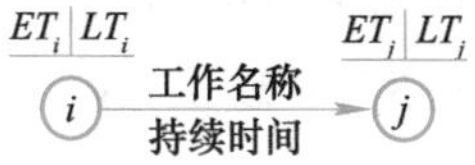　　图 5-14　按节点计算法的标注内容

例 5-3

根据表 5-4 中各工作的逻辑关系及持续时间，计算工作的六个时间参数。

表 5-4　工作逻辑关系及工作持续时间

工作名称	A	B	C	D	E	F	G	H
紧前工作	—	A	B	B	B	C、D	C、E	G、F
持续时间 / 天	2	3	2	5	1	2	8	1

【解析】（1）根据双代号网络图的绘制规则绘制如图 5-15 所示的网络图

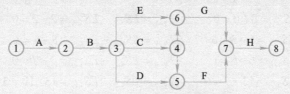

图 5-15　某项目双代号网络

（2）工作最早开始时间计算　起点工作 1-2 最早开始时间定为 0，即：

$$ES_{1-2} = 0$$

$$ES_{2-3} = ES_{1-2} + D_{1-2} = 0 + 2 = 2$$

$$ES_{3-4} = ES_{3-5} = ES_{3-6} = ES_{2-3} + D_{2-3} = 2 + 3 = 5$$

$$ES_{4-5} = ES_{4-6} = ES_{3-4} + D_{3-4} = 5 + 2 = 7$$

$$ES_{5-7} = \max\{ES_{3-5} + D_{3-5}, ES_{4-5} + D_{4-5}\} = \max\{5+5, 7+0\} = 10$$

$$ES_{6-7} = \max\{ES_{3-6} + D_{3-6}, ES_{4-6} + D_{4-6}\} = \max\{5+1, 7+0\} = 7$$

$$ES_{7-8} = \max\{ES_{5-7} + D_{5-7}, ES_{6-7} + D_{6-7}\} = \max\{10+2, 7+8\} = 15$$

（3）工作最早完成时间的计算

$$EF_{1-2} = ES_{1-2} + D_{1-2} = 0 + 2 = 2 \qquad EF_{2-3} = ES_{2-3} + D_{2-3} = 2 + 3 = 5$$

$$EF_{3-4} = ES_{3-4} + D_{3-4} = 5 + 2 = 7 \qquad EF_{3-5} = ES_{3-5} + D_{3-5} = 5 + 5 = 10$$

$$EF_{3-6} = ES_{3-6} + D_{3-6} = 5 + 1 = 7 \qquad EF_{4-5} = ES_{4-5} + D_{4-5} = 7 + 0 = 7$$

$$EF_{4-6} = ES_{4-6} + D_{4-6} = 7 + 0 = 7 \qquad EF_{5-7} = ES_{5-7} + D_{5-7} = 10 + 2 = 12$$

$$EF_{6-7} = ES_{6-7} + D_{6-7} = 7 + 8 = 15 \qquad EF_{7-8} = ES_{7-8} + D_{7-8} = 15 + 1 = 16$$

$$T_c = EF_{7-8} = 16$$

（4）最迟开始时间的计算　计算终点节点工作的 LS 时，当无要求工期的限制时，通常取计划工期等于计算工期，即取 $T_p = T_c = 16$，故：

$$LS_{7-8} = T_p - D_{7-8} = 16 - 1 = 15 \qquad LS_{6-7} = LS_{7-8} - D_{6-7} = 15 - 8 = 7$$

$$LS_{5-7} = LS_{7-8} - D_{5-7} = 15 - 2 = 13 \qquad LS_{4-6} = LS_{6-7} - D_{4-6} = 7 - 0 = 7$$

$$LS_{4-5} = LS_{5-7} - D_{4-5} = 13 - 0 = 13 \qquad LS_{3-6} = LS_{6-7} - D_{3-6} = 7 - 1 = 6$$

$$LS_{3-5} = LS_{5-7} - D_{3-5} = 13 - 5 = 8$$

$$LS_{3-4} = \min\{LS_{4-5} - D_{3-4}, LS_{4-6} - D_{3-4}\} = \{13-2, 7-2\} = 5$$

$$LS_{2-3} = \min\{LS_{3-6} - D_{2-3}, LS_{3-5} - D_{2-3}, LS_{3-4} - D_{2-3}\}$$

$$= \min\{6-3, 8-3, 5-3\} = 2$$

$$LS_{1-2} = LS_{2-3} - D_{1-2} = 2 - 2 = 0$$

（5）最迟完成时间的计算

$$LF_{1-2} = LS_{1-2} + D_{1-2} = 0 + 2 = 2 \qquad LF_{2-3} = LS_{2-3} + D_{2-3} = 2 + 3 = 5$$

$$LF_{3-4} = LS_{3-4} + D_{3-4} = 5 + 2 = 7 \qquad LF_{3-5} = LS_{3-5} + D_{3-5} = 8 + 5 = 13$$

$$LF_{3-6} = LS_{3-6} + D_{3-6} = 6 + 1 = 7 \qquad LF_{4-5} = LS_{4-5} + D_{4-5} = 13 + 0 = 13$$

$$LF_{4-6} = LS_{4-6} + D_{4-6} = 7 + 0 = 7 \qquad LF_{5-7} = LS_{5-7} + D_{5-7} = 13 + 2 = 15$$

$$LF_{6-7} = LS_{6-7} + D_{6-7} = 7 + 8 = 15 \qquad LF_{7-8} = LS_{7-8} + D_{7-8} = 15 + 1 = 16$$

（6）计算工作的总时差 TF_{i-j}

$$TF_{1-2} = LS_{1-2} - ES_{1-2} = 0 - 0 = 0 \qquad TF_{2-3} = LS_{2-3} - ES_{2-3} = 2 - 2 = 0$$

$$TF_{3-4} = LS_{3-4} - ES_{3-4} = 5 - 5 = 0 \qquad TF_{3-5} = LS_{3-5} - ES_{3-5} = 8 - 5 = 3$$

$$TF_{3-6} = LS_{3-6} - ES_{3-6} = 6 - 5 = 1 \qquad TF_{4-5} = LS_{4-5} - ES_{4-5} = 7 - 7 = 0$$

$$TF_{4-6} = LS_{4-6} - ES_{4-6} = 13 - 7 = 6 \qquad TF_{5-7} = LS_{5-7} - ES_{5-7} = 13 - 10 = 3$$

$$TF_{6-7} = LS_{6-7} - ES_{6-7} = 7 - 7 = 0 \qquad TF_{7-8} = LS_{7-8} - ES_{7-8} = 15 - 15 = 0$$

（7）计算工作的自由时差 FF_{i-j}

$FF_{1-2} = ES_{2-3} - EF_{1-2} = 2 - 2 = 0$

$FF_{2-3} = \min\{ES_{3-4}, ES_{3-5}, ES_{3-6}\} - EF_{2-3} = 5 - 5 = 0$

$FF_{3-4} = \min\{ES_{4-5}, ES_{4-6}\} - EF_{3-4} = 7 - 7 = 0$

$FF_{3-5} = ES_{5-7} - EF_{3-5} = 10 - 10 = 0$ $FF_{3-6} = ES_{6-7} - EF_{3-6} = 7 - 6 = 1$

$FF_{4-5} = ES_{5-7} - EF_{4-5} = 10 - 7 = 3$ $FF_{4-6} = ES_{6-7} - EF_{4-6} = 7 - 7 = 0$

$FF_{5-7} = ES_{7-8} - EF_{7-8} = 15 - 12 = 3$ $FF_{6-7} = ES_{7-8} - EF_{6-7} = 15 - 15 = 0$

$FF_{7-8} = T_{p} - EF_{7-8} = 16 - 16 = 0$

将计算结果标注在箭线上方各工作图例对应的位置上，如图 5-16 所示。

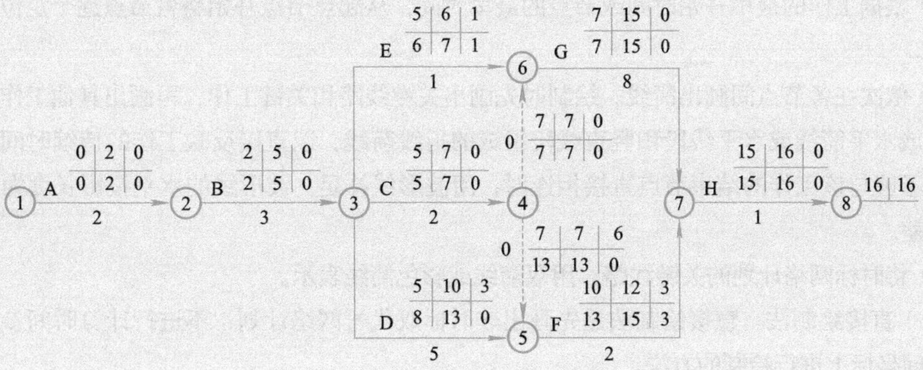

图 5-16 双代号网络图六个时间参数计算

5.2.4 双代号时标网络图计划

1. 双代号时标网络图计划的特点

双代号时标网络计划是以时间坐标为尺度编制的网络计划。它通过箭线的长度及节点的位置，可明确表达工作的持续时间及工作之间恰当的时间关系，是目前工程中常用的一种网络计划形式。双代号时标网络计划具有以下特点：

1）能够清楚地展现计划的时间进程。

2）直接显示各项工作的开始与完成时间、工作的自由时差和关键线路。

3）可以通过叠加确定各个时段的材料、机具、设备及人力等资源的需要。

4）由于箭线的长度受到时间坐标的制约，故绘图比较麻烦。

2. 双代号时标网络计划的绘制要求

1）时标网络计划需绘制在带有时间坐标的表格上。

2）节点中心必须对准时间坐标的刻度线，以避免误会。

3）以实箭线表示工作，以虚箭线表示虚工作，以水平波形线表示自由时差或与紧后工作之间的时间间隔。

4）箭线宜采用水平箭线或水平段与垂直段组成的箭线形式，不宜用斜箭线。虚工作必须用垂直虚箭线表示，其自由时差应用水平波形线表示。

5）时标网络计划宜按最早时间编制，以保证实施的可靠性。

3. 双代号时标网络计划的绘制

时标网络计划的绘制方法有间接绘制法和直接绘制法。

（1）间接绘制法　间接绘制法是先画出非时标双代号网络计划，计算时间参数，再根据时间参数在时间坐标上进行绘制的方法。具体步骤如下：

1）先绘制非时标双代号网络计划，计算时间参数，确定关键工作及关键线路。

2）确定时间单位，绘制时间坐标。

3）根据工作的最早开始时间或节点的最早时间，从起点节点开始将各节点逐个定位在时标坐标上。

4）依次在各节点间画出箭线。绘制时先画出关键线路和关键工作，再画出其他工作。箭线最好画成水平箭线或水平线段和竖直线段组成的折线箭线，以直接反映工作的持续时间。如箭线长度不够与该工作的结束节点直接相连时，用波形线补足，波形线的水平投影长度为工作的自由时差。

5）将时标网络计划的关键线路，用双箭线或彩色箭线表示。

（2）直接绘制法　直接绘制法是先画出非时标双代号网络计划，不进行计算时间参数，直接在时间坐标上进行绘制的方法。

例 5-4

某分部工程划分为 A、B、C、D 四个施工过程，每个施工过程划分为三个施工段，四个施工过程在每个施工段的流水节拍分布为 2 周、3 周、1 周、2 周，利用间接绘制方法绘制该分部工程的双代号时标网络图。

【解析】1）先绘制双代号网络图并计算该网络图节点的时间参数，如图 5-17 所示。

2）绘制时间坐标。

3）将节点放置在时间坐标上。

4）连接箭线，绘制完成，如图 5-18 所示。

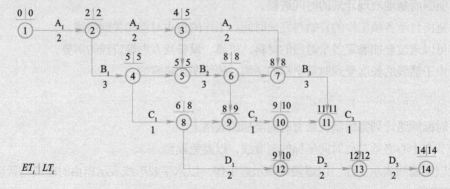

图 5-17　某分部工程双代号网络图节点时间参数计算

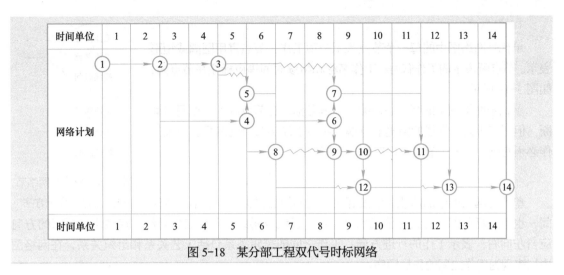

| 时间单位 | 1 | 2 | 3 | 4 | 5 | 6 | 7 | 8 | 9 | 10 | 11 | 12 | 13 | 14 |

图 5-18　某分部工程双代号时标网络

（3）关键线路及时间参数的确定

1）关键线路的判定。时标网络计划的关键线路可自终点节点逆箭线方向朝起点节点逐次进行判定，自终点节点至起点节点都不出现波形线的线路即为关键线路。

2）工期的确定。时标网络计划的计算工期，应是其终点节点与起始节点所在位置的时标值之差。

3）工作最早时间参数的判定。按最早时间绘制的时标网络计划，每条箭线的箭尾和箭头所对应的时标值即为该工作的最早开始时间和最早完成时间。

4）时差的判定与计算。

① 自由时差：时标网络图中，波形线的水平投影长度即为该工作的自由时差。

② 工作总时差：工作总时差不能从图上直接判定，需要分析计算。计算应逆着箭头的方向自右向左进行，计算公式为：

$$TF_{i-j} = \min\left\{TF_{j-k}\right\} + FF_{i-j} \qquad （5-17）$$

式中　TF_{i-j}——工作 i–j 的总时差；

　　　TF_{j-k}——紧后工作 j–k 的总时差；

　　　FF_{i-j}——工作 i–j 的自由时差。

5.3　单代号网络图计划

5.3.1　单代号网络图的构成

单代号网络图是网络计划的另一种表示方法，它是用一个圆圈或方框代表一项工作，将工作代号、工作名称和完成工作所需要的时间写在圆圈或方框里面，箭线仅用来表示工作之间的顺序关系。用这种表示方法把一项计划中所有工作按先后顺序将其相互之间的逻辑关系，从左至右绘制而成的图形，就叫单代号网络图，用这种网络图表示的计划叫作单代号网络计划。其构成要素包括节点、箭线、线路。

1. 节点

单代号网络图中的每一个节点表示一项工作，节点宜用圆圈或矩形表示。节点所表示的工作代号、工作名称和持续时间等应标注在节点内，如图 5-19 所示。

单代号网络图中的节点必须编号，编号标注在节点内，其号码可间断，但严禁重复。箭线的箭尾节点编号应小于箭头节点的编号。一项工作必须有唯一的一个节点及相应的一个编号。

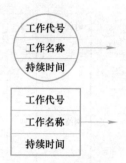

图 5-19　单代号网络节点图工作的表示方法

2. 箭线

单代号网络图中的箭线表示紧邻工作之间的逻辑关系，既不占用时间，也不消耗资源。箭线应画成水平直线、折线或斜线，不存在虚箭线。箭线水平投影的方向应自左向右，表示工作的行进方向。工作之间的逻辑关系包括工艺关系和组织关系，在网络图中均表现为工作之间的先后顺序。

3. 线路

单代号网络图中，线路是指按照节点编号的顺序并沿着箭头的方向从起点节点到达终点节点，各条线路应用该线路上的节点编号从小到大依次表述。

5.3.2　单代号网络图的绘制

1. 绘制规则

单代号网络图的绘图规则与双代号网络图的绘图规则基本相同，主要区别在于当网络图中有多项开始工作时，应增设一项虚拟的工作（S_t），作为该网络图的起点节点；当网络图中有多项结束工作时，应增设一项虚拟的工作（F_{in}），作为该网络图的终点节点。

2. 绘图示例

例 5-5

根据表 5-5 的各工作间的逻辑关系，绘出单代号网络计划图。

表 5-5　某分部工程工作间的逻辑关系

工作名称	A	B	C	D	E	F	G	H
紧后工作	D、F	E、F	E	G	H	G、H	—	—
持续时间/周	2	3	2	1	2	1	3	2

【解析】单代号网络图一般根据紧后工作的逻辑关系进行绘制，本工作的紧后工作有几项，直接用箭线进行连接即可，本题中需要两项虚工作，分别在工作开始时和结束时设置。具体绘制结果如图 5-20 所示。

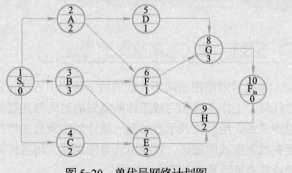

图 5-20　单代号网络计划图

5.3.3 单代号网络图时间参数的计算

1. 时间参数表示方法

单代号网络图工作时间参数关系示意图，如图 5-21 所示。

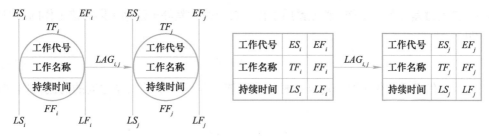

图 5-21 单代号时间参数标注方式

2. 工作六个时间参数的计算

单代号网络图的时间参数的计算方法有分析计算法、图上计算法、表上计算法、矩阵计算法等。

（1）工作的最早开始时间 ES_i 单代号网络图工作时间参数的计算和双代号一样，网络计划中各项工作的最早开始时间的计算从网络计划的起点节点开始，沿着箭线方向依次逐项计算。

网络计划的起点节点的最早开始时间为零。如起点节点的编号为 1，则

$$ES_i = 0 \quad (i=1) \tag{5-18}$$

工作最早开始时间等于该工作的各个紧前工作的最早完成时间的最大值，如工作 i 的紧前工作的代号为 h，则

$$ES_i = \max\{ES_h + D_h\} \tag{5-19}$$

式中　ES_i——为工作 i 的的最早开始时间；

　　ES_h——为工作 i 的各项紧前工作 h 的最早开始时间；

　　D_h——为紧前工作 h 的持续时间。

（2）工作的最早完成时间 EF_i 工作最早完成时间等于该工作最早开始时间加上其持续时间，即

$$EF_i = ES_i + D_i \tag{5-20}$$

（3）网络计划的计算工期 T_c T_c 等于网络计划的终点节点 n 的最早完成时间 EF_n，当终点结束的工作有多项时，取 EF_n 的最大值，即

$$T_c = \max\{EF_n\} \tag{5-21}$$

（4）计算相邻两项工作之间的时间间隔 $LAG_{i,j}$ 相邻两项工作 i 和 j 之间的时间间隔 $LAG_{i,j}$ 等于紧后工作 j 的最早开始时间和本项工作的最早完成时间之差，即

$$LAG_{i,j} = ES_j - EF_i \tag{5-22}$$

（5）工作总时差 TF_i 工作的总时差应从网络计划的终点节点开始，逆着箭线方向依次逐项计算。网络计划终点节点的总时差 TF_n，如计划工期等于计算工期，其值为零，即

$TF_n=0$。

其他工作 i 的总时差 TF_i，等于该工作的各个紧后工作 j 的总时差加该工作与其紧后工作之间的时间间隔 $LAG_{i,j}$ 之和的最小值。即

$$TF_i = \min\{TF_j + LAG_{i,j}\} \qquad (5-23)$$

（6）自由时差 FF_i　工作 i 若无紧后工作，其自由时差等于计划工期减该工作的最早完成时间，即

$$FF_n = T_p - EF_n \qquad (5-24)$$

当工作 i 有紧后工作 j 时，其自由时差等于该工作与其紧后工作之间的时间间隔的最小值，即

$$FF_i = \min\{LAG_{i,j}\} \qquad (5-25)$$

（7）工作最迟开始时间　工作 i 的最迟开始时间等于该工作的最早开始时间与其总时差之和，即

$$LS_i = ES_i + TF_i \qquad (5-26)$$

（8）工作最迟完成时间　工作 i 的最迟完成时间等于该工作的最迟开始时间与其工作的持续时间之和，即

$$LF_i = LS_i + D_i \qquad (5-27)$$

（9）关键工作和关键线路的确定　总时差最小的工作是关键工作。关键线路的确定按以下规定：从起点节点开始到终点节点均为关键工作，且所工作的时间间隔为零的线路为关键线路。

例 5-6

用图上法计算例 5-5 中绘制的单代号网络图的时间参数。

【解析】按照图上计算法计算工作的时间参数并在图中标出（图 5-22），用双箭线标出关键线路：

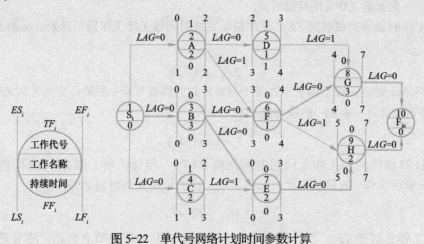

图 5-22　单代号网络计划时间参数计算

5.4　网络计划优化

网络计划的绘制和时间参数的计算只是完成网络计划的第一步，得到的只是初始方案，是一种可行方案，但不一定是最优方案。由初始方案变成最优方案，就必须进行网络计划的优化。

网络计划的优化，就是在满足既定约束条件下，按选定目标通过不断改进网络计划寻求满意方案。网络计划优化分为工期优化、资源优化和成本优化。

5.4.1　工期优化

工期优化是指在满足既定约束条件下，按要求目标工期，通过延长或缩短计算工期以达到要求的工期目标，保证按期完成工程任务。

若计算工期小于合同工期不多或两者相等，一般可不必优化。计算工期大于合同工期时，可通过压缩关键工作的作业时间满足合同工期，与此同时，必须相应增加被压缩作业时间的关键工作的资源需求量。

工期优化的计算应按下述步骤进行：

1）计划并找出初始网络计划的计算工期、关键线路及关键工作。

2）按要求工期计算应缩短的时间 ΔT，$\Delta T = T_{\mathrm{c}} - T_{\mathrm{r}}$。

3）确定各关键工作能缩短的时间。

4）选择关键工作，压缩其持续时间，并重新计算网络计划的计算工期。

选择缩短持续时间的关键工作宜考虑下列因素：

① 缩短持续时间对质量和安全影响不大的关键工作。

② 有充足备用资源的关键工作。

③ 缩短持续时间所需增加的费用最少的关键工作。

5）当计划工期仍超过要求工期时，则重复以上 1）～ 4）的步骤，直到满足工期要求或工期已不能再缩短为止。

6）当所有关键工作的持续时间都已达到其能缩短的极限而工期仍不能满足要求时，应遵照规定对计划的原技术方案、组织方案进行调整或对要求工期重新审定。

例 5-7

某网络计划如图 5-23 所示，图中箭线上面括号外数字为工作正常持续时间，括号内数字为工作最短持续时间，要求工期为 100 天。试进行网络计划优化。

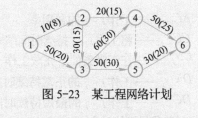

图 5-23　某工程网络计划

【解析】按照图上计算法计算工作的时间参数，并在图 5-24 中标出，用双箭线标出关键线路：

1）计算并找出网络计划的关键线路和关键工作。用工作正常持续时间计算节点的最早时间和最迟时间，如图 5-24 所示。其中关键线路为 1-3-4-6，用双箭线表示。关键工作为 1-3、3-4、4-6。

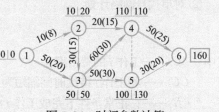

图 5-24　时间参数计算

2）计算需缩短工期。根据计算工期需缩短60天，其中，根据图5-24所示，关键工作1-3可缩短30天，但只能压缩10天，否则就变成非关键工作；3-4可压缩30天。重新计算网络计划工期，其中关键线路和关键工作如图5-25所示。

调整后的计算工期与要求工期还需压缩20天，选择工作3-5、4-6进行压缩，3-5用最短工作持续时间进行代替正常持续时间，工作4-6缩短20天，重新计算网络计划工期，如图5-26所示。

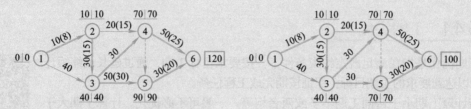

图 5-25 第一次调整后的时间参数　　　图 5-26 第二次调整后的时间参数

工期达到100天，满足规定工期要求。工期优化结束。

5.4.2 工期 - 费用优化

工期 - 费用优化是通过不同工期及其相应工程费用的比较，寻求与工程费用最低相对应的最优工期。工程施工的总费用包括直接费用和间接费用。直接费用是指工程施工过程中直接消耗的费用，如人工费、材料费、机械费、夜间施工费等。间接费用是指与工程有关、不能或不宜直接分摊给每道工序的费用，如管理费用、场地费用、资金利息、办公费用等。直接费用一般是随着工期的缩短而增加的，间接费用一般与工期成正比关系，工期越长，费用越多。费用优化就是考虑工期变化带来的费用变化，通过叠加求出最低的工程总成本。工期 - 费用优化的步骤如下：

1）按工作正常持续时间找出关键工作和关键线路。

2）计算各项工作的费用率。

① 对双代号网络计划

$$\Delta C_{i-j} = \frac{CC_{i-j} - CN_{i-j}}{DN_{i-j} - DC_{i-j}} \tag{5-28}$$

式中　ΔC_{i-j}——工作 $i-j$ 的费用率；

　　　CC_{i-j}——将工作 $i-j$ 持续时间缩短为最短持续时间后，完成该工作所需的直接费；

　　　CN_{i-j}——在正常条件下完成工作 $i-j$ 所需的直接费用；

　　　DN_{i-j}——工作 $i-j$ 的正常持续时间；

　　　DC_{i-j}——工作 $i-j$ 的最短持续时间。

② 对单代号网络计划

$$\Delta C_i = \frac{CC_i - CN_i}{DN_i - DC_i} \tag{5-29}$$

式中　ΔC_i——工作 i 的费用率；

　　　CC_i——将工作 i 持续时间缩短为最短持续时间后，完成该工作所需的直接费用；

　　　CN_i——在正常条件下完成工作 i 所需的直接费用；

DN_i——工作 i 的正常持续时间；

DC_i——工作 i 的最短持续时间。

3）在网络计划中找出费用率（或组合费用率）最低的一项关键工作或一组关键工作，作为缩短持续时间的对象。

4）缩短找出的关键工作或一组关键工作的持续时间，其缩短值必须符合不能把关键工作压缩成非关键工作和缩短后其持续时间不小于最短持续时间的原则。

5）计算相应增加的总费用。

6）考虑工期变化带来的间接费用及其他损益，在此基础上计算总费用。

7）重复 3）～ 6）步骤，直到总费用最低为止。

5.4.3　资源优化

所谓资源，就是完成某工程项目所需的人、材料、机械、资金的统称。资源优化主要是通过改变工作的时间，使资源按时间的分布符合优化的目标。

1. 资源有限 - 工期最短的优化

"资源有限 - 工期最短"的优化是通过均衡安排，以满足资源限制的条件，并使工期拖延最少的过程。资源需要量是指网络计划中各项工作在某一单位时间内所需某种资源数量之和。资源限量是指单位时间内可供使用的某种资源的最大数量。"资源有限 - 工期最短"优化计划的调整步骤如下：

1）计算网络计划每个"时间单位"的资源需要量。

2）从计划开始日期起，逐个检查每个"时间单位"的资源需要量是否超过资源限量，如果在整个工期内每个"时间单位"的资源需要量均能满足资源限量的要求，可行优化方案就完成，否则必须进行计划调整。

3）分析超过资源限量的时段（每个"时间单位"的资源需要量相同的时间区段），计算 $\Delta D_{m-n,\ i-j}$ 或计算 $\Delta D_{m,\ j}$ 值，依据它确定新的安排顺序。

① 对双代号网络计划：

$$\Delta D_{m'-n',\ i'-j'} = \min\{\Delta D_{m-n,\ i-j}\} \tag{5-30}$$

$$\Delta D_{m-n,\ i-j} = EF_{m-n} - LS_{i-j} \tag{5-31}$$

式中　$\Delta D_{m'-n',\ i'-j'}$——在各种顺序安排中，最佳顺序安排所对应的工期延长时间的最小值；

　　　$\Delta D_{m-n,\ i-j}$——在资源冲突的诸工作中，工作 $i-j$ 安排在工作 $m-n$ 之后进行，工期所延长的时间。

② 对单代号网络计划：

$$\Delta D_{m',\ i'} = \min\{\Delta D_{m,\ i}\} \tag{5-32}$$

$$\Delta D_{m,\ i} = EF_m - LS_i \tag{5-33}$$

式中　$\Delta D_{m',\ i'}$——在各种顺序安排中，最佳顺序安排所对应的工期延长时间的最小值；

　　　$\Delta D_{m,\ i}$——在资源冲突的诸工作中，工作 i 安排在工作 m 之后进行，工期所延长的时间。

4）当最早完成时间 EF_{m-n} 或 EF_m 最小值和最迟开始时间 LS_{i-j} 或 LS_i 最大值同属一个工作

时，应找出最早完成时间 $EF_{m'-n'}$，或 EF_m 值为次小，最迟开始时间 LS_{i-j} 或 LS_i 为次大的工作，分别组成两个顺序方案，再从中选取较小者进行调整；

5）绘制调整后的网络计划，重复1）～4）的步骤，工期最短者为最佳方案。

2. 工期固定 - 资源均衡优化

"工期固定 - 资源均衡"优化是指调整计划安排，在工期不变的条件下，使资源需要量尽可能均衡的过程，力求使每个"时间单位"的资源需要量接近于平均值，计算步骤如下：

1）计算网络计划每个"时间单位"的资源需要量。

2）确定削峰目标，其值等于每个"时间单位"资源需要量的最大值减去一个单位量。

3）计算有关工作的时间差值。

① 按双代号网络计划：

$$\Delta T_{i-j} = TF_{i-j} - (T_h - ES_{i-j}) \tag{5-34}$$

② 按单代号网络计划

$$\Delta T_i = TF_i - (T_h - ES_i) \tag{5-35}$$

优先以时间差值最大的工作 $i' - j'$ 或工作 i' 为调整对象，令

$$ES_{i'-j'} = T_h \tag{5-36}$$

或

$$ES_{i'} = T_h \tag{5-37}$$

4）当峰值不能再减少时，即优选方案，否则重复以上步骤。

能 / 力 / 测 / 试

一、单选题

1. 关于关键工作和关键线路的说法正确的是（　　）。

　　A. 关键线路上的工作全部是关键工作　　B. 关键工作不能在非关键线路上

　　C. 关键线路上的工作总时差均为零　　D. 关键线路上不允许出现虚工作

2. 在不影响其紧后工作最早开始时间的前提下，本工作可以利用的机动时间为（　　）。

　　A. 总时差　　　　　　　　　　　　　B. 最迟开始时间

　　C. 自由时差　　　　　　　　　　　　D. 最迟完成时间

3. 用工作计算法计算双代号网络计划的时间参数时，自由时差宜按（　　）计算。

　　A. 工作完成节点的最迟时间减去开始节点的最早时间再减去工作的持续时间

　　B. 所有紧后工作的最迟开始时间的最小值减去本工作的最早完成时间

　　C. 所有紧后工作的最早开始时间的最小值减去本工作的最早开始时间和持续时间

　　D. 本工作与所有紧后工作之间时间间隔的最小值

4. 单代号网络计划时间参数计算中，相邻两项工作之间的时间间隔（LAG_{i-j}），以下说法正确的是（　　）。

　　A. 紧后工作最早开始时间和本工作最早开始时间之差

　　B. 紧后工作最早完成时间和本工作最早开始时间之差

　　C. 紧后工作最早开始时间和本工作最早完成时间之差

D．紧后工作最迟完成时间和本工作最早完成时间之差

5．在网络计划中，A 工作的总时差为 3 天，A 共有三个紧后工作 B、C、D，工作 B 的最早开工时间和最迟开工时间分别为第 21 天和第 22 天，工作 C 的最早完工时间和最迟完工时间分别是第 23 天和第 25 天，工作 D 的最早开工时间和最迟开工时间分别是第 21 天和第 23 天，则工作 A 的自由时差为（　　）天。

A．1　　　　　　　B．2　　　　　　　C．3　　　　　　　D．4

二、简答题

1．简述网络计划的分类。

2．简述组成双代号网络图的三要素及各要素的含义和特性。

3．简述绘制双代号网络图必须遵守绘图规则。

4．简述工作总时差与自由时差的含义及其区别。

5．简述网络计划的优化。

6．简述网络计划的检查内容及方法。

三、能力训练

1．根据表 5-6 中给出的工作间的逻辑关系绘制双代号网络图和单代号网络图。

表 5-6　某工程项目工作间的逻辑关系

工作名称	A	B	C	D	E	F
紧前工作	—	A	A	B、C	C	D、E
紧后工作	B、C	D	D、E	F	F	—

2．已知网络计划如图 5-27 所示，箭线下方括号外为正常持续时间，括号内为最短持续时间，箭线上方括号内为优先选择系数，要求目标工期为 12 天，试对其进行工期优化。

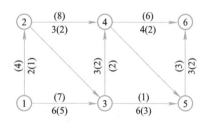

图 5-27　网络计划

3．根据双代号网络图（图 5-28），完成以下问题。

（1）计算双代号网络图的时间参数并标出关键线路。

（2）根据（1）中计算的时间参数利用直接绘制法绘制双代号时标网络图。

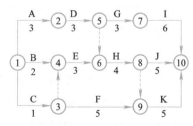

图 5-28　某工程双代号网络图（时间单位 / 周）

单元 6

单位工程施工组织设计

单位工程施工组织设计

知识目标

了解单位工程施工组织设计的概念；掌握建筑装饰装修工程的施工组织设计包括的内容及编制方法；熟悉单位工程施工组织设计任务。

能力目标

能够编制建筑装饰装修工程的施工组织设计文件。

6.1 单位工程施工组织设计概论

单位工程施工组织设计是规划和指导拟建工程从施工准备到竣工验收全过程的技术经济文件。它是施工前的一项重要准备工作，是具体指导施工的文件，是施工组织总设计的具体化，也是建筑施工企业编制月度作业计划的基础。

单位工程施工组织设计是由施工承包单位编制的，编制时应根据工程的建筑结构特点、建设要求与施工条件，合理选择施工方案，编制施工进度计划、规划施工现场的平面布置，编制各种资源需用量计划，制定降低成本的技术组织措施和保证工程质量与施工安全的组织措施。技术经济指标应贯穿始终，以寻求经济上合理、技术上先进、操作上可行的最优方案。

单位工程施工组织设计的编制程序，一般如图 6-1 所示。

根据工程的性质、规模、结构特点、技术复杂程度和施工条件的不同，单位工程施工组织设计的内容和深度、广度要求也不同，不强求一致，但内容必须简明扼要，使其真正能起到指导现场施工的作用。一般应包括工程概况、施工部署、施工进度计划、施工准备与资源配置计划、主要施工方案、施工现场平面布置等内容。

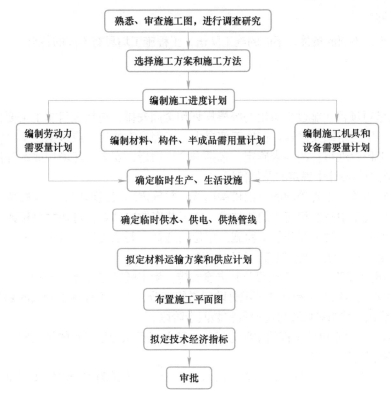

图 6-1　单位工程施工组织设计编制程序

6.1.1　工程概况

工程概况主要包括工程主要情况、建设地点特征、施工条件和施工特点等内容。

1. 工程的主要情况

1）工程名称、性质和地理位置。

2）工程的建设、勘测、设计、监理和总承包单位等相关单位的情况。

3）工程承包范围和分包工程范围。

4）施工合同、招标文件或上级有关部门的要求。

2. 建设地点特征

拟建工程的位置，地质、地貌、地下水位、水质情况，主导风向、最大风力和地震烈度，气温及冬、雨期期限和最大雨、雪量等建设地区的自然条件和环境特征。

3. 施工条件

1）当地供电、供水、供热和通信情况。

2）场区道路及场地"三通一平"情况。

3）施工现场及周边环境情况。

4）当地的交通运输，工程材料来源、供应情况。

5）施工企业、设备和劳动力的落实情况。

4. 施工特点

不同的建筑、不同的条件、不同的施工队伍，工程施工均具有不同的特点。

6.1.2 施工部署

施工部署是对项目实施过程做出的统筹规划和全面安排，包括项目施工主要目标、施工顺序及空间组织、施工组织安排等。在施工部署中，工程施工的目标应根据施工合同、招标文件以及本单位对工程管理目标的要求确定，包括进度、质量、安全、环境和成本等目标。各项目标应满足施工组织总设计中确定的总体目标。

根据工程特点确定工程管理的组织机构形式，并确定项目经理部的工作岗位设置及其职责划分。对于工程施工中开发和使用的新技术、新工艺应做出部署，对新材料和新设备的使用应提出技术及管理要求，对主要分包工程施工单位的选择、要求及管理方式应进行简要说明。施工部署中的进度安排和空间组织应符合下列规定：

1）应明确说明工程主要施工内容及其进度安排，施工顺序应符合工艺逻辑关系。

2）施工流水段应结合工程具体情况分阶段进行划分，单位工程施工阶段的划分一般包括地基基础、主体结构、装饰装修和机电设备安装四个阶段。

3）施工部署应对本单位工程的主要分部（分项）工程和专项工程的施工做出统筹安排，并对施工过程的里程碑节点进行说明。

4）应根据工程特点及工程量合理划分流水施工段，并应说明划分依据及流水方向，确保均衡流水施工。

6.1.3 施工进度计划

施工进度计划是在既定施工方案的基础上，根据规定的工期和各种资源供应条件按照施工过程的合理施工顺序和组织施工的原则，对各项施工过程的施工顺序、起止时间和相互衔接关系所做的统筹策划和安排。施工进度计划是施工部署在时间上的体现，反映了施工顺序和各个阶段工程进展情况应均衡协调、科学安排。单位工程施工进度计划应按照施工部署的安排进行编制。施工进度计划可采用网络图或横道图表示，并附必要说明。一般工程画横道图即可，对工程规模较大、工序比较复杂的工程宜采用网络图表示，通过对各类参数计算，找出关键线路，选择最优方案。它是施工现场一切活动的依据。

1. 施工进度计划的作用

单位工程施工进度计划是施工组织设计的重要内容，它的主要作用是：

1）施工进度计划是控制各分部分项工程施工进度，保质保量如期完成施工任务的重要保证。

2）施工进度计划是确定各分部分项工程的施工时间及其相互之间的衔接、配合关系的主要依据。

3）施工进度计划是编制施工准备工作计划，确定所需的劳动力、机械、材料等资源数量及供应计划的依据。

4）施工进度计划是编制季度、月度施工作业计划的依据。

2. 施工进度计划的种类

单位工程施工进度计划根据施工项目划分的粗细程度，可分为控制性和指导性进度计划两类。

1）控制性施工进度计划。控制性施工进度计划一般按分部工程来划分施工项目，控制各分部工程的施工时间及其相互搭接配合关系。

2）指导性施工进度计划。指导性施工进度计划按分项工程或施工过程来划分施工项目，具体确定各施工过程的施工时间及其相互搭接、配合关系。

3. 单位工程施工进度计划编制的依据

1）有关设计图纸，如建筑结构施工图、工艺设备布置图及设备基础图。

2）施工组织总设计对本工程的要求及施工总进度计划。

3）要求的开工及竣工时间。

4）施工方案与施工方法。

5）施工条件，如劳动力、机械、材料、构件等供应情况。

6）定额资料，如劳动定额、机械台班定额、施工定额等。

7）施工合同。

4. 编制的程序

单位工程施工进度计划的编制程序如图 6-2 所示。

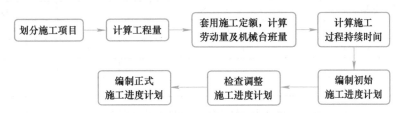

图 6-2　施工进度计划的编制程序

6.1.4　施工准备与资源配置计划

1. 施工准备

施工准备应包括技术准备、现场准备和资金准备等。

（1）技术准备　审查施工图纸，做好设计交底；编制施工图预算，进行工料分析和成本分析，提出节约工料降低工程成本的措施；编制单位工程或分部工程的施工组织设计，确定施工方案、施工方法、施工进度以及现场的施工平面布置；制定保证工程质量与生产安全的技术措施；对新技术、新结构和新材料进行必要的试验，并制定相应的施工工艺规程；提出施工所需的物资资源需要量。

（2）现场准备　平整施工现场，清除一切障碍物；铺设本工程的临时道路，接通水源电源，安设消防设施；搭设施工用的临时房屋等。

（3）资金准备　编制资金需用量计划。

2. 资源配置计划

施工进度计划编制确定后，即可根据施工图纸、工程预算、施工方案等技术资料着手编制劳动力、材料及各种施工机械需用量计划。

根据施工进度计划编制的各种资源需用量计划，一般包括劳动力、施工机具、主要材料、预制构件等需用量计划。

（1）劳动力需用量计划 劳动力需用量计划是劳动力平衡、调配和衡量劳动力耗用指标的依据，它是根据施工预算、劳动定额和进度计划编制的。劳动力需用量计划的表格形式见表6-1。

表6-1 劳动力需用量计划

序号	工种名称	需用总工日数	需用人数及时间															备注
			×月			×月			×月			×月			×月			
			上	中	下	上	中	下	上	中	下	上	中	下	上	中	下	

（2）主要材料需用量计划 主要材料需用量计划是备料、供料和确定仓库、堆场面积及运输量的依据，它是根据施工预算、材料消耗定额和施工进度计划编制的。其表格形式见表6-2。

表6-2 主要材料需用量计划

序号	工种名称	规格	需用量		需用人数及时间									备注
			单位	数量	×月			×月			×月			
					上	中	下	上	中	下	上	中	下	

（3）施工机具需用量计划 施工机具需用量计划主要反映施工所需的各种设备的名称、规格、型号、数量及使用时间，它是根据施工方案、施工方法和施工进度编制的。其表格形式见表6-3。

表6-3 施工机具需用量计划

序号	机具名称	规格	需用量		使用起止时间	备注
			单位	数量		

（4）构配件需用量计划 这种计划则是根据施工图、施工方案、施工方法及施工进度计划要求编制的，主要反映施工中各种构配件的需用量及供应日期，作为落实加工单位、按所需规格数量和使用时间组织构件加工和进场的依据。其表格形式见表6-4。

表6-4 构配件需用量计划

序号	构配件名称	规格	图号和型号	需用量		要求供应起止时间	备注
				单位	数量		

6.1.5　主要施工方案

合理选择施工方案是单位工程施工组织设计的核心。它包括确定施工流向和施工程序，选择主要分部工程的施工方法和施工机械，安排施工顺序以及进行施工方案的技术经济等内容。

1. 确定施工流向和施工程序

（1）施工流向　施工流向是指平面上和竖向上的施工顺序。也就是说，一栋建筑物（或构筑物）在平面上和竖向上各划分为若干施工段（竖向上的施工段又称为施工层，在高层建筑中一般以楼层作为施工层），施工流向就是确定各施工段施工的先后顺序。

（2）施工程序　施工程序是指单位工程中各分部分项工程或施工阶段的先后顺序及其制约关系，其任务主要是从总体上确定单位工程的主要分部工程的施工顺序。

2. 确定施工过程的施工顺序

施工顺序是指各分部工程或工序之间施工的先后顺序。

3. 施工方法和施工机械的选择

（1）施工方法　施工方法是针对本工程的主要分部分项工程而言的，其内容应简明扼要，重点突出。凡常规做法和工人熟练的项目，不必详细拟定，只要对这些项目提出本工程中的一些特殊要求就行了。

（2）施工机械　选择施工方法必然涉及施工机械的选择问题。机械化施工是改变建筑工业生产落后现状，实现建筑工业化的基础，所以施工机械的选择是选择施工方法的中心环节。

4. 施工方案的技术经济评价

施工方案的技术经济评价涉及的因素较多，难以确定统一的定量标准，而且不同地区、不同工程对象其主导因素不尽相同。

施工方案的技术经济评价有定性经济分析评价和定量经济分析评价两种方法。

在进行施工方案的技术经济比较时，一般可先通过定性分析进行方案的初选，然后再对选中的方案进行定量分析。定量分析是选择施工方案的主要依据。

6.1.6　施工现场平面布置

单位工程施工平面图是一幢房屋施工时施工现场的平面规划与布置图，是单位工程施工组织设计的主要组成部分。一张好的施工平面布置图，将会提高施工效率，保证施工进度计划有条不紊地顺利实施。反之，如果施工平面图设计不周或施工现场管理不当，都将会导致施工现场的混乱，直接影响施工进度、劳动生产率和工程成本。因此，在施工组织设计中，对施工平面图的设计应予极大重视。

绘制施工平面图，一般用 1:200 ~ 1:500 的比例。如果单位工程是拟建建筑群的组成部分时，它的施工平面图就属于全工地施工总平面图的一部分。在这种情况下，它要受到全场性施工总平面图的约束。

1. 设计内容

施工平面图应标明的内容一般有：

1）建筑平面图上已建和拟建的地上及地下一切建筑物、构筑物和管线。

2）测量放线标桩，地形等高线，土方取弃场地。

3）起重机轨道和开行路线以及垂直运输设施（如井架等）的位置。

4）材料、加工半成品、构件和机具堆场。

5）生产、生活用临时设施（包括搅拌站、钢筋棚、木工棚、仓库、办公室、供电线路和道路等）并附一览表。一览表中应分别列出名称、规格和数量。

6）安全、防火设施。

2. 设计原则

1）在满足现场施工的条件下，现场布置尽可能紧凑，减少施工用地。

2）在保证施工顺利进行的条件下，尽量利用现场附近可利用的房屋和水电管线，减少临时设施。

3）充分利用施工场地，尽量将材料、构件靠近使用地点布置，减少现场二次搬运量，且使运输方便。

4）遵守劳动保护、技术安全和防火要求。

5）便利于工人的生产和生活。

根据上述原则并结合施工现场具体情况，施工平面图可以设计出几个不同的方案，进行方案比较，从中选出施工占地面积、运输总费用、临建工程量均较少，而且有利于工地文明生产、方便生活的技术经济合理的平面布置方案。

3. 设计依据

设计时依据的资料有：

1）建筑平面图。

2）一切已有的和拟建的地下管道位置资料。

3）本工程的施工进度计划和拟定的主要分部工程的施工方案。

4）各种建筑材料、半成品和构件配件的需要量计划、供应计划及运输方式。

5）各种建筑施工机械和运输工具的数量。

6）建筑区域的竖向设计资料。

4. 设计步骤和方法

单位工程施工现场平面图设计的一般步骤是：

1）确定起重机的数量及其布置位置。

2）布置搅拌站、仓库、材料和构件堆场、加工厂的位置。

3）布置运输道路。

4）布置行政管理、文化、生活福利用临时房屋。

5）布置水电管线。

6）计算技术经济指标。

以上设计步骤在实际设计时，常常互相牵制、相互影响，因此，除了考虑平面布置合理外，还要考虑它们空间条件是否合理。

6.2　建筑装饰装修工程施工组织设计

建筑装饰装修工程施工组织设计是规划和指导拟建建筑装饰装修工程从施工准备到竣工验收全过程施工的技术经济文件。它是建筑装饰装修工程施工前的一项重要准备工作，也是建筑装饰装修施工企业实现生产科学管理的重要手段。它既要体现拟建工程的设计和使用要求，又要符合建筑装饰装修工程施工的客观规律，对建筑装饰装修工程施工的全过程起战略部署或战术安排的作用。

6.2.1　编制依据

建筑装饰装修工程施工组织设计的编制依据主要包括：

1）主管部门的批示文件及有关要求。

2）经过会审的施工图。

3）施工合同的要求。

4）施工组织总设计。

5）装饰装修工程施工的预算文件及有关定额。

6）建设单位对装饰装修工程施工可能提供的条件。

7）施工条件，包括自然条件和施工现场条件。

8）有关的国家规定和标准。

9）业主单位对工程的意图和要求。

10）有关的参考资料及相似工程的施工组织设计实例。

6.2.2　工程概况

工程概况是对整个建设项目的总说明，是对拟建装饰装修工程的简明扼要、突出重点的文字介绍。一般包括以下几项内容：

1）装饰装修的工程特点。

2）水、电、暖等系统的设计特点。

3）装饰装修工程施工的特点。

4）建筑地点的特征。

5）施工条件。

6.2.3　施工方案

施工方案是施工组织设计的核心，所确定的施工方案合理与否不仅影响到施工进度的安排和施工平面图的布置，而且还直接关系到工程的施工效率、质量、工期和技术经济效果，因此必须引起足够的重视。为了防止施工方案的片面性，必须对拟定的几个施工方案进行技术分析比较，使选定的施工方案施工上可行，技术上先进，经济上合理，而且符合施工现场的实际情况。

1. 选择方案的基本原则

选择施工方案时必须从实际出发，结合施工特点，做好深入细致的调查研究，掌握主要情况，进行综合分析比较。一般应注意的原则有：

（1）综合性原则　装饰施工方法要考虑多种因素，经过认真分析，才能选定最佳方案，达到提高施工速度、质量及节约材料的目的，这就是综合性原则的实质。它主要表现在：

1）建筑装饰装修工程施工的目的性。建筑装饰装修工程的基本要求是具有一定的使用、保护和装饰功能。根据建筑类型和部位的不同，装饰设计的目的不同，因而引起的施工目的也不同。例如，剧院的观众大厅除了要求美观舒适外，还有吸声、不发生声音的聚焦现象，无回音等要求。建筑装饰装修工程中有特殊使用要求的部位很多，在施工前应充分了解施工对象的用途，了解装饰的目的，这是确定施工方法、选择施工材料的前提。

2）建筑装饰装修工程施工的地点性。建筑装饰装修工程施工的地点性包括两个方面，一是建筑物所处地区在城市中的位置，二是建筑装饰装修工程施工的具体部位。地区所处的位置对建筑装饰装修工程施工的影响在于交通运输条件、市容整洁的要求、气象条件等。例如，温度变化影响到饰面材料的选用、做法，地理位置所造成的太阳高度角不同将影响遮阳构件形式。建筑装饰装修施工的部位也与施工有直接的联系，根据人的视平线、视角、视距的不同，装饰部位的精细程度可以不同，如近距离要做细些，材料也应质量细腻，而视距较大的装饰部位宜做得粗犷有力；室外高处的花饰要加大尺寸，线脚的凹凸变化要明显以加强阴影效果。

（2）耐久性原则　建筑的装饰装修并不要求与主体结构的寿命一样长，部分装饰材料的耐久性仅为 3～5 年，对于性质重要、位置重要的建筑或高层建筑，饰面的耐久性应相对长些，对量大面广的建筑则不要求过严。

（3）可行性原则　建筑装饰装修工程施工的可行性原则包括材料的供应情况（本地、外地）、施工机具的选择、施工条件（季节条件、场地条件、施工技术条件）以及施工的经济性等。

（4）先进性原则　建筑装饰装修工程施工的特点之一是同一个施工过程有不同的施工方法，在选择时要考虑施工方法在技术和组织上的先进性，尽可能采用工厂化、机械化施工；确定工艺流程和施工方案时，尽量采用流水施工。

（5）经济性原则　由于建筑装饰装修工程施工做法的多样化，不同的施工方法，其经济效果也不同，因此，施工方案的确定要建立在几个不同而又可行方案的比较分析上，对方案要作技术经济比较，选出最佳方案。在考虑多工种交叉作业时，最大限度地利用时间和空间组织平行流水、立体交叉施工。

2. 施工方案的选择

建筑装饰装修工程施工方案的选择，主要包括施工方法和施工机械的选择、施工段的划分、施工开展的顺序以及流水施工的组织安排。

（1）确定施工程序　施工程序是指在建筑装饰装修工程施工过程中，不同施工阶段的不同工作内容按照其固有的、一般情况下不可违背的先后次序循序渐进地向前开展。如在室内装饰装修施工时一般是先做墙面及顶面，后做地面及踢脚；但也要根据各部位选用材料、做法的不同进行适当的调整。设备管线的安装与装饰装修工程有着密不可分的关系。在施工过程中，对有水、电、暖、卫工程的建筑装饰装修工程，必须先进行设备管线的安装，再进行建筑装饰装

装饰工程施工方案的
选择（一）

装饰工程施工方案的
选择（二）

修工程的施工，总的规律是预埋→封闭→装饰。一般遵循在预埋阶段：先通风、后水暖管道、再电气线路；封闭阶段：先墙面、后顶面、再地面；装饰阶段：先油漆、后裱糊、再面板。工序的颠倒将影响工程的质量及工期，造成浪费。

（2）确定施工起点及流向　施工起点及流向是指单位工程在平面或空间上开始施工的部位及其流动方向，主要取决于合同规定、保证质量和缩短工期等要求。建筑装饰装修工程施工总的流向一般有先室外后室内、先室内后室外或室内室外同时进行三种情况。选择哪一种施工流向，主要根据气候条件、工期要求、劳动力的配备情况等因素进行综合考虑。

一般来说，单层建筑要定出施工段在平面上的施工流向；多层及高层建筑除了要定出每层平面上的施工流向外，还要定出分层施工的施工流向。确定施工流向时，一般应考虑以下几个因素：

1）施工方法是确定施工流向的关键因素。如在装饰装修工程中，石材饰面的外墙采用湿法挂贴，其施工流向是从下至上；采用干挂法时，施工流向则变为自上而下。

2）单位工程各部位的繁简程度。一般对技术复杂、施工进度较慢、工期较长的工段或部位应先施工。

3）材料对施工流向的影响。采用不同的材料施工，其流向也有所不同。如当地面采用石材、墙面裱糊时，则施工流向是先地面后墙面；当地面铺实木地板，墙面用涂料时，施工流向则变为先墙面后地面。

4）业主对生产和使用的需要。对要求急的应先施工，如高级宾馆的装修改造工程，往往采取施工一层（或一段）交付一层（或一段）的方法，以满足企业经营的要求。

5）设备管道的布置系统。应根据管道的布置系统考虑施工流向，如上下水系统要根据管道的布置方法来考虑流水分段，确定施工流向，以便于分层安装支管及试水。

6）设备对施工流向的影响。如外墙进行玻璃幕墙装饰，安装立筋时，如果采用滑架，一般从上往下安装；若采用满堂脚手架，则从下往上安装。

7）气候对施工流向的影响。雨天施工时，需先室内后室外。

高层建筑装饰装修工程的施工流向一般可分为水平流向和竖向流向。装饰装修工程从水平方向看，通常从哪一个方向开始都可以。竖向流向则比较复杂，特别是对于新建工程的装饰装修，其流向有三种方式，分别是：

1）自上而下。室内装饰装修工程自上而下的流水施工方案是指主体结构工程封顶、做好屋面防水层后，从顶层开始，逐层向下进行，一般有水平向下进行和垂直向下进行两种形式，如图 6-3 所示。

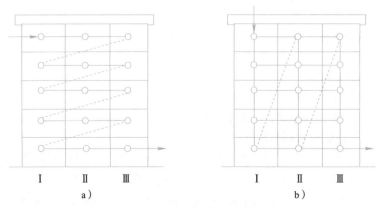

图 6-3　自上而下的施工流向

a）水平向下　b）垂直向下

自上而下流向的优点是：

① 易于保证质量。新建工程的主体结构完成后，有一定的沉降时间，能保证建筑装饰装修工程的施工质量；做好屋面防水层，可防止在雨期施工时因雨水渗漏而影响施工质量。

② 便于管理。可以减少或避免各工序之间的交叉干扰，便于组织施工；易于从上向下清理装饰装修工程施工现场的建筑垃圾，有利于安全施工。

自上而下流向的缺点是：

① 施工工期较长。

② 不能与主体搭接施工，要等主体结构完工后才能进行建筑装饰装修工程施工。

自上而下的施工流向适用于质量要求高、工期较长或有特殊要求的工程。如某高层酒店商场进行改造时，采用此种流向，从顶层开始施工，仅将下一层作为间隔层，停业面积小，不会影响大堂的使用和其他层的营业；对上下水管道和原有电气线路进行改造，自上而下进行，一般只影响施工层，对整个建筑的影响较小。

2）自下而上。室内装饰装修工程自下而上的流水施工方案是指主体结构施工到三层以上时（有两个层面楼板，确保底层施工安全），装修从底层开始逐层向上的施工流向。同样有水平向上和垂直向上两种形式，如图 6-4 所示。

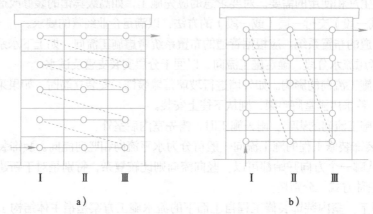

图 6-4　自下而上的施工流向

a）水平向上　b）垂直向上

自下而上流向的优点是：

① 工期短。装饰装修工程可以与主体结构平行搭接施工。

② 工作面扩大。

自下而上流向的缺点是：

① 增大了组织施工的难度，不易于组织和管理，工序之间交叉多。

② 影响质量和安全的因素增加。例如，相邻两层中，先做好上层地面，确保不会漏水，再做好下层顶棚抹灰，以免渗水影响装修质量。

自下而上的施工流向适用于工期要求紧的工程，特别适用于高层和超高层建筑工程。

3）先由中而下，再自上而中。先由中而下，再自上而中的施工顺序和施工流向，这种安排结合了以上两种方案的优点，它是当主体结构接近顶层时，从房屋的中间层开始插入，往下进行室内装修至底层，再从顶层外墙、室内装修一起依次向下直至完成。

先由中而下，再自上而中的优点是：

①缩短了工期。结构工程与装修工程穿插进行。

②减少了对质量与安全的影响因素。因结构与装修之间有至少二三层的楼板间隔，不会对下一层墙面造成影响，保证了施工质量。

先由中而下，再自上而中的缺点是计划安排较麻烦。适用层数在六层以上的高层建筑。

（3）确定施工顺序　施工顺序是指各分部工程或工序之间施工的先后顺序。确定施工顺序是为了按照客观规律组织施工，也是为了解决各工种在时间上的搭接问题，在保证质量和安全的前提下，达到充分利用空间，实现缩短工期的目的。

1）确定施工顺序的基本原则。

①必须符合施工工艺的要求。

②必须与施工方法协调一致。

③必须考虑施工组织的要求。

④必须考虑施工质量的要求。

⑤必须考虑当地气候条件。

⑥必须考虑安全施工的要求。

2）装饰装修工程的施工顺序。

装饰装修工程分为室外装饰装修工程和室内装饰装修工程，要安排好立体交叉平行搭接的施工，确定合理的施工顺序，室外装饰装修工程施工顺序流程如图 6-5 所示。装饰装修工程施工劳动量大、工序繁杂，施工顺序应根据具体条件来确定，基本原则是"先湿作业、后干作业"，"先墙顶、后地面"，"先管线、后饰面"。室内装饰装修工程的一般施工顺序如图 6-6 所示。

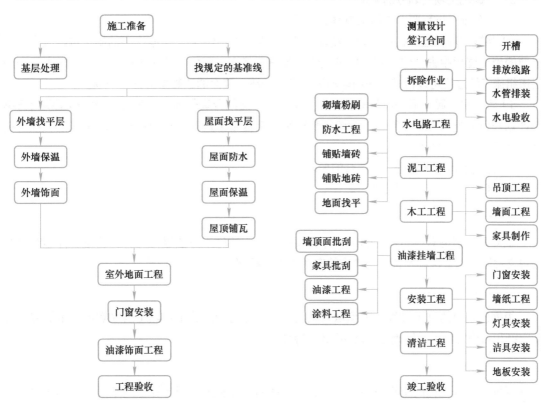

图 6-5　室外装饰装修工程的一般施工顺序流程　　图 6-6　室内装饰装修工程的一般施工顺序流程

151

（4）选择施工方法和施工机械　选择施工方法和施工机械是施工方案中关键问题，它直接影响施工质量、进度、安全以及工程成本，因此在编制施工组织设计时必须重视。

1）在选择装饰装修工程施工方法时，应着重考虑影响整个装饰装修工程施工的重要部分。

2）施工机械的选择。施工机具是装饰装修工程施工中质量和工效的基本保证。在选择施工机具时，要从以下几个方面进行考虑：

① 选择适宜的施工机具以及机具型号。

② 在同一装饰装修工程施工现场，应力求使装饰装修工程施工机具的种类和型号尽可能少一些，选择一机多能的综合性机具，便于机具的管理。

③ 机具配备时注意与之配套的配件。

④ 充分发挥现有机具的作用。

6.2.4　编制施工进度计划

施工进度计划的　施工进度计划的
编制（一）　　　编制（二）

单位工程的建筑装饰装修工程进度计划编制的方法和步骤包括：

1. 划分施工项目

施工项目是包括一定工作内容的施工过程或工序，是进度计划的基本组成单元。项目划分的一般要求和方法如下：

1）明确施工项目划分的内容。

2）掌握施工项目划分的粗细。

3）划分施工过程要考虑施工方案的要求。

4）将施工项目适当合并。为了使计划简明清晰、突出重点，一些次要的施工过程应合并到主要的施工过程中去，如门窗工程可以合并到墙面装饰工程中；而对于在同一时间内由同一施工班组施工的过程可以合并，如门窗油漆、家具油漆、墙面油漆等均可并为一项。

5）水、电、暖、卫和设备安装等专业工程，不必细分具体内容，由各个专业施工队自行编制计划并负责组织施工，而在单位建筑装饰装修工程施工进度计划中只要反映出这些工程与装饰装修工程的配合关系即可。

6）抹灰工程应满足分、合结合的要求。

7）区分直接施工与间接施工。

2. 计算工程量

工程量应根据有关资料、图纸、计算规则及相应的施工方法进行计算；若编制计划时已有预算文件则可以直接利用预算文件中的有关工程量数据。

3. 套用施工定额

根据已划分的施工过程、工程量和施工方法，即可套用施工定额（当地实际采用的装饰劳动定额和台班定额），以确定劳动量和机械台班数量。

4. 计算劳动量和机械台班量

根据各部分工程的工程量、施工方法和当地的装饰施工定额计算各施工项目所需要的劳动量和机械台班量。

一般的计算公式为

$$P_i = \frac{Q_i}{S_i} = Q_i H_i \qquad (6-1)$$

式中　P_i——某分项工程劳动量或机械台班数量（工日或台班）；

　　　Q_i——某施工项目的工程量（m^3、m^2、m、t 等）；

　　　S_i——某施工项目的产量定额（m^3/工日（台班）、m^2/工日、m/工日、t/工日（台班）等）；

　　　H_i——某施工项目的时间定额（工日（台班）/m^3、工日/m^2、工日/m、工日（台班）/t 等）。

当某一施工工程是由两个或两个以上不同分项工程合并而成时，其总劳动量应按以下公式计算：

$$P_{总} = \sum_{i=1}^{n} P_i = P_1 + P_2 + \cdots + P_n \qquad (6-2)$$

5. 计算各施工项目工作持续时间

计算各施工项目工作持续时间的方法有三种，分别是经验估算法、定额计算法和工期倒排计划法。

（1）定额计算法　这种方法是根据施工项目需要的劳动量或机械台班数量，以及配备的劳动人数或机械台班数来确定其工作的持续时间。计算公式如下：

$$t_i = \frac{Q_i}{R_i S_i N_i} = \frac{Q_i H_i}{R_i N_i} = \frac{P_i}{R_i N_i} \qquad (6-3)$$

式中　t_i——某施工项目施工的持续时间（小时、日、周等）；

　　　Q_i——某分项工程的工程量（m^3、m^2、m、t 等）；

　　　P_i——某分项工程劳动量或机械台班数量（工日或台班）；

　　　R_i——某施工项目所配备的劳动人数或机械数量（人、台）；

　　　S_i——某施工项目的产量定额；

　　　H_i——某施工项目的时间定额；

　　　N_i——每天采用的工作班制（1～3 班制）。

在应用上述公式时，必须先确定施工班组人数（或机械台班数）和工作班制。确定施工班组人数时，需考虑最小劳动力组合人数、最小工作面和可能安排的工人人数等因素，以达到最高的劳动生产率。与确定施工班组人数情况相似，在确定机械台数时，也应考虑机械生产效率、施工工作面、可能安排台数及维修保养时间等因素。一般情况下，当工期允许、劳动力和机械周转使用不紧张、施工工艺上无连续要求时，可采用一班制施工。当工期较紧或为了提高施工机械的周转，或工艺上要求连续施工时，某些施工过程可考虑两班或三班制进行施工。

（2）经验估算法　在施工过程中，当遇到新技术、新材料、新工艺等无定额可循的工种时，可采用经验估算法，即根据过去的施工经验并按照实际的施工条件来估算项目的施工持续时间。为了提高其准确程度，往往采用"三时估计法"，假设完成该施工项目的最乐观时间、最悲观时间和最可能时间三种施工时间，根据下式计算出该施工项目的工作持续时间。即：

$$t = \frac{a + 4c + b}{6} \qquad (6-4)$$

式中 t——该施工项目的持续时间；

    a——工作的乐观（最短）持续时间估计值；

    b——工作的悲观（最长）持续时间估计值；

    c——工作的最可能持续时间估计值。

（3）倒排计划法　这种方法是根据施工方式及总工期的要求，先确定各分部分项工程的施工持续时间，再按各分部分项工程所需的劳动量或机械台班量，计算出每个施工过程的施工班组所需的工人人数或机械台班数。其计算公式如下：

$$R = \frac{P}{Nt} \qquad (6-5)$$

式中 R——某施工项目所配备的劳动人数或机械数量；

    P——某施工过程所需的劳动量或机械台班量；

    t——某施工过程施工持续时间；

    N——每天采用的工作班制。

一般情况下，计算时按一班制考虑。如计算需要的施工人数或机械台数超过了本单位现有的数量，除了要求上级单位调度、支援外，应从技术上、组织上采取措施，如组织平行立体交叉流水施工，某些项目采用多班制施工等。如果计算得出的施工人数或机械台数对施工项目来说是过多或过少了，应根据施工现场条件、施工工作面大小、最小劳动组合、可能得到的人数和机械等因素合理确定。如果工期太紧，施工时间不能延长，则可考虑组织多班组、多班制施工。

6. 编制初始的施工进度计划

采用网络计划时，对于初学者，最好先画横道图，分清各过程在组织和工艺上的必然联系，然后再根据网络图的绘图原则、步骤、要求进行绘图。在绘制一般双代号网络计划时，应特别注意各工作间的逻辑联系，尤其是一个节点有多个箭头和箭尾时，可能会将无逻辑联系的工作连接起来，此时必须用虚箭线切断或连接工作之间的联系。

在上述各项内容完成以后，可以进行施工进度计划初步方案的编制。施工进度计划表可采用横道图或网络图形式。在考虑施工过程施工顺序合理的前提下，先安排主导施工过程的施工进度，并尽可能组织流水施工，保证主要过程的施工班组连续施工，其余施工过程尽可能配合主导施工过程，使各施工过程在施工工艺和工作面允许的条件下，最大限度地合理搭配、配合、穿插、平行施工。

7. 检查和调整施工进度计划

在编制初始的施工进度计划后，还需要根据合同规定、经济效益及施工条件等，检查是否满足既定目标和要求。先检查是否合理，工期是否符合要求，资源供应是否均衡，然后进行调整，直至满足要求；最后编制正式施工进度计划。

对以下几个方面进行检查和调整：

1）各施工项目之间的施工顺序、平行搭接、技术间歇和组织间歇是否合理。

2）初始方案的总工期是否满足施工合同的要求。

3）主要工种工人是否满足连续均衡施工。

4）主要的机械、设备、工具、材料等的供应是否均衡、充分。

在上述四个方面中，首要的是各施工项目的施工顺序和工期的检查与调整：只有在二者均达到要求的前提下，才能进行后两方面的检查与调整。前者是解决可行与否的问题，后者则是进一步提高的优化问题。

各施工项目合理的施工顺序问题，参看前面施工方案中论述。

工期检查，可以直接用初始进度计划的工期与给出的目标工期进行对比。若计划工期不大于目标工期，即工期符合要求，不需要进行调整；若计划工期大于目标工期，则不能按期完工，即工期不符合要求，必须进行调整。

劳动力的均衡可以减少和避免工人的频繁调动及窝工现象；主要机械、设备、工具的均衡，有利于提高使用效率，减少配备的数量；主要材料的均衡有利于有计划地组织材料的供应、堆放与存储，减少相应临时设施的数量。

上述各类均衡问题，一般通过资源需要量动态图和不均衡系数来检查评价。

资源需要量动态图是以时间（天）为横坐标，以每天施工项目的累计资源需坐标而绘制的曲线（一般呈台阶状，常放在施工进度表的右部下栏内，时间坐标与进度表一致）。

图 6-7 为劳动力需要量的动态图。动态图总是在某一平均水平线的上下波动。如果波动幅度较小，反映资源需用量比较均衡；若波动比较大，说明施工过程中资源需用量很不均衡。所以动态图上不应该出现短时间的高峰和长时期的低谷。衡量均衡性的程度，通常采用不均衡系数 K：

$$K = \frac{最高峰日需用量}{平均日需要量} = \frac{P_{max}}{P_c} \qquad (6\text{-}6)$$

劳动力不均衡系数 K 一般应控制在 2 以下，超过 2 则不正常。K 愈接近 1，说明劳动力分布愈合理。图 6-7a 中出现短时的高峰，即短时间工人人数剧增，相应需增加各项临时设施为工人服务，说明劳动力消耗不均衡。图 6-7b 中出现工人人数长时期的低谷，说明可能发生窝工现象；如果工人调出，则临时设施不能充分利用，同样也将产生不均衡，进度计划安排不紧凑。图 6-7c 中出现施工前期工人人数逐渐增加，后期逐渐降下来，相对比较均衡。如果出现劳动力不均衡的现象，可通过调整进度计划来实现均衡。

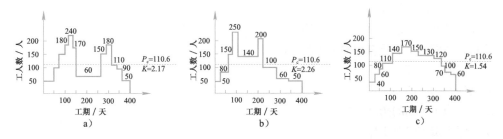

图 6-7　劳动力需要量的动态变化

进度计划的调整，一般采用渐近的方法。具体办法有延长或缩短某些工序的施工持续时间；在施工工艺允许的情况下，将某些工序开工时间向前或向后移动；根据实际情况，尽可能组织平行施工；必要时还可以重拟施工方案改变施工方法等。例如，如果工期超过了规定

155

工期，则减少一个或若干个分部工程（施工阶段）的施工段数及其持续时间，相反则应增加一个或若干个分部工程的施工段数和持续时间。在可能情况下，应尽量做到均衡施工。施工过程是一个有机的相互联系的整体，某项局部工程的变动，必然牵动其他相关的工程项目，所以必须逐项检查，逐步调整，逐渐逼近，反复多次，才能得到既满足规定工期要求，又在技术上和施工组织上合理，而且资源需要量也比较均衡，可以实施的施工进度计划。

6.2.5 施工准备及各项资源需要量计划

1. 施工准备工作计划

施工准备是完成单位工程施工任务的重要环节，也是单位工程施工组织设计的一项重要内容。它在开工前为开工创造条件，开工后为施工创造条件，贯穿于整个施工过程。其主要内容有：

（1）调查研究与收集资料　建筑装饰装修工程施工企业在一个新的区域进行施工时，需要对施工区域的环境特点（如给排水、供电、交通运输、材料供应、生活条件）等情况进行详细的调查和研究，以此作为项目准备工作的依据。

（2）技术资料的准备　技术资料的准备工作是施工准备工作的核心。任何技术工作的失误和差错都可能引起工程质量事故或造成生产、财产的巨大损失，因此必须做好技术准备工作。

（3）施工现场的准备　建筑装饰装修工程在开工前除了做好各项经济技术方面的准备工作外，还必须做好现场的施工准备工作。

（4）劳动力及物资的准备

1）劳动力的准备。根据编制的劳动力需用量计划，进行任务的具体安排。

2）物资的准备。各种技术物资只有运到现场并进行必要的储备后，才具备开工条件。

（5）冬、雨期施工准备　建筑装饰装修工程施工主要分为室外装饰装修和室内装饰装修两大部分，而室外装饰装修工程受季节的影响较大。为了保质保量地按期完成施工任务，施工单位必须做好冬、雨期的施工准备工作。当室外平均气温低于5℃及最低气温低于−3℃时，即转入冬期施工阶段，当次年初春连续七昼夜不出现负温度时，即转入常温施工阶段。北方地区多考虑冬期对施工的影响，而南方则雨期对施工的影响较大。

1）冬期施工准备工作。

① 合理安排冬期施工的项目。

② 做好室内施工的保温。

③ 做好冬期施工期间材料、机具的储备。

④ 做好冬期施工的检查和安全防范工作。

2）雨期施工准备工作。

① 合理安排雨期的施工项目。

② 做好施工现场的防水工作。

③ 做好物资的储存工作。

④ 做好机具设备的保护工作。

⑤ 加强雨期施工的管理。

2. 各项资源需要量计划

建筑装饰装修工程施工中的资源泛指施工所需要的劳动力、施工机具设备、装修材料、构配件、资金等，它是实施工程施工进度计划的物质基础，离开了资源条件，再好的施工进度计划也就成了一纸空文。因此，编制资源需要量计划，也是施工组织设计中的重要内容，应予以充分注意。

建筑装饰装修单位工程施工进度计划经过资源有限和均衡问题的优化调整后，就可以着手编制各类资源需要量计划。

1）劳动力需要量计划。

2）材料需要量计划。

3）施工机具需要量计划。

4）构配件需要量计划。

6.2.6 施工平面图布置

建筑装饰装修单位工程施工平面图是建筑装饰装修工程施工组织设计的重要内容，根据拟建装饰装修工程的规模、施工方案、施工进度及施工生产中的需要，结合现场的具体情况和条件，对施工现场做出的规划和布置。将此规划和布置绘制成图，即建筑装饰装修工程的施工平面图。绘制施工平面图一般用 $1:200 \sim 1:500$ 的比例。

施工平面图的布置步骤一般是：确定仓库、材料及构件堆放场地的尺寸和位置，布置运输道路，布置临时设施，布置水电管线，布置安全消防设施，调整优化。

施工平面图的评价指标有：

1. 施工场地利用率

$$施工场地利用率 = \frac{施工设施占地面积}{施工用地面积} \times 100\% \qquad (6-7)$$

2. 临时设施投资率

$$临时设施投资率 = \frac{临时设施费用总和}{工程造价} \times 100\% \qquad (6-8)$$

6.3 建筑装饰装修工程施工组织设计案例（1）

——南方某城市宾馆装饰装修工程施工组织设计

本组织设计能结合业主要求、合同规定和工程特点，全面科学地进行编制，并得到公司和业主的认可。从编写内容来看，技术上是先进的，经济上是合理的，对工程施工能起到指导和控制作用。

1）从设计效果来看，业主提出"朴实大方、突出重点"的要求已在大堂的地、墙、挂落、柱帽的选材上具体反映出来了。这些重点部位均用西米黄大理石，弧形、拱形吊顶，各色软包以及镶边、地毯、窗帘，多以黄色为基调，给人以明快的感受，得到业主的认可。

2）在工艺水平方面，较有代表性的是粉煤灰砌块墙面的干挂大理石工艺，吸取了沿海城市的先进方法，在广泛调研的基础上编写了施工顺序和施工方法，其内容详实、可行。

3）在质量方面，不仅突出了质量管理措施，明确质保体系和质检体系，建立经济制约机制，还对地面的泛碱等质量通病制定了预防措施，文中的施工工艺和施工方法实用性强。

4）在工期安排上结合工程特征以变形缝为分界线组织两个项目部平行流水施工是科学、合理的，在劳动力安排上充分考虑了分项工程的合理顺序和空间的充分利用，在主要工种中采用流水方法组织连续、均衡、有节奏地施工，保证了劳动力曲线的平稳有序，消除了高峰低谷，整个进度控制在 150 个作业天内，满足了业主的工期要求。

5）该组织设计还引进了建设部的十项新技术，反映了该公司一流施工的真实水平。

6.3.1 工程概况

1. 工程简介

1）工程名称：东郊宾馆。

2）工程地址：某市北郊大同北路东侧。

3）建筑面积：11500m²（其中主楼 8230m²）。

4）结构层次：框架结构，主楼七层，配楼四层、五层。

5）建设单位：某省委干部培训中心建设领导小组办公室。

6）土建施工单位：某市第二建筑工程公司。

7）安装施工单位：某市安装工程公司。

8）装饰施工单位：某市建筑装饰工程公司第三、第四项目部。

9）装饰设计单位：某市建筑装饰工程公司设计院。

10）监理单位：某市天河建筑工程监理有限公司。

11）装饰造价：约 1400 万元。

12）合同开工日期：2002 年 6 月 25 日。

13）合同竣工日期：2002 年 11 月 25 日。

2. 工程概述

1）工程性质：该宾馆工程是该省委投资建设的项目，是该市重点工程，是公司创省市优质工程的目标管理项目。该工程是集会议、办公、餐厅、娱乐、健身、客房于一体的综合性多功能的星级宾馆。

2）该工程建筑平面呈 L 形。主楼七层，长 64m、宽 36m、总高 25m，配楼分别为四层、五层，由 A、B、C 区组成。主配楼之间设有一道变形缝。工程施工平面图如图 6-8 所示。

3）该工程位于该市北郊大同北路东侧，离市中心 3.5km，工地北门直通镇澄公路，南门不日可与大同北路接通，有较好的交通运输条件。

4）该工程土建施工已近尾声，施工临时用的水电仅需作适当添补即可满足装饰施工要求，外粉刷、铝合金窗和玻璃幕墙已经完成，室内装饰的防雨已无后顾之忧，土建的垂直运输设备已拆除，装饰材料只能采取人工搬运至各楼层。

3. 装饰设计简况

该宾馆室内装饰设计是设计院按中标方案设计的项目，该工程除具备一些公共建筑的共性外，业主还要求设计中能体现"美观适用、朴实大方、突出重点"。从环境融合角度，它地处开发区，构思上应有现代感；从功能角度，它应具备博大、明敞、高技术的风格。这些都是设计人员应一一融会贯通的。

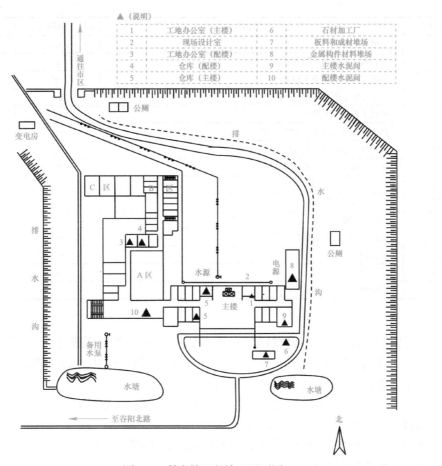

图 6-8　某宾馆工程施工平面图

4. 施工特点

该工程由主楼、配楼组成，是以变形缝为分界，配楼由 A、B、C 三区组成，从项目分布表可以看出施工特点为"三多一新"，即：

1）工程多。

2）吊顶多。

3）大理石工作量多。

4）采光天棚工艺新。

5. 主要实物工作量（表 6-5）

表 6-5　主要实物工作量

序号	项目	单位	工作量
1	纸面石膏板轻钢龙骨吊顶	m^2	9907
2	墙面干挂大理石、挂落及柱帽	m^2	1012
3	花岗岩、大理石地面及楼梯	m^2	2368
4	橡木及水曲柳地板	m^2	498
5	地毯	m^2	4988

（续）

序号	项目	单位	工作量
6	地砖、防滑砖	m²	2393
7	九合板、石膏板、防火隔断	m²	204
8	各色软包木墙裙及木护墙	m²	2783
9	12mm厚玻璃隔断及固定窗	m²	113
10	木扶手铁花下木裹带	m²	314
11	榉木包圆柱 φ1000、φ900、φ500	m²	319
12	大花绿、蒙古黑、印度红大理石镶边	m	1455
13	木门（单双半玻）及门套线脚	套	340
14	木制窗套、窗台板、窗帘盒	m	980
15	洁具、灯具、家具	套	83
16	φ2400金属转门	樘	1
17	镀膜中空夹胶玻璃采光天棚	m²	302
18	装饰镜	m²	238
19	不锈钢栏杆	m	157
20	卫生间地面851防水	m²	2015

6. 主要材料

根据工程性质设计时对工程材料本着朴实大方、突出重点的原则选用了以下主要材料：

1）米黄大理石（20mm厚）用于大堂墙面、地面、挂落、柱帽、楼梯间等。

2）电脑切割地花 φ6000 三拼色梅花图形大理石。

3）红、绿、黑大理石用于镶边、线脚及柱脚，白色大理石用于台板。

4）红榉木用于所有门扇、门套及门套线和包圆柱。

5）地弹簧，七字夹、门锁和闭门器，双人冲浪浴缸，均用于客房。

6）面盆、坐便器用于客房。

7）不锈钢骨架及钢板用于采光天棚。

8）中空夹胶玻璃用于采光天棚。

9）φ2400 金属转门用于大堂。

10）节能高效筒灯用于会议室。

11）立邦乳胶漆及全毛地毯用于客房。

12）12mm 钢化玻璃用于大堂隔断。

6.3.2 施工部署

本工程的总体部署是按合同条款、投标承诺和工程特点等要素在确保业主的开业时间和创省市优质工程目标的前提下制定的。

1. 组织施工的指导思想

"一流设计，一流施工，一流服务"是公司的信念和追求，"质量第一，好中求快"是项目部的行动指南，"今天的质量就是明天的口粮"是每个职工的座右铭。项目部将创刊《工地动态》并定期宣传、教育，鼓励全体员工把这些精神原则自始至终地贯穿于施工全过程，确保合同目标的实现。

2. 指挥机构

在公司范围内把该工程列为第一号工程，首先成立工程领导小组，其成员是：

1）组长：公司总经理和副总经理。

2）成员：总工室、工程科、技术科、质量科、安全科、材料科、劳资科及相关厂处负责人。

领导小组下设精干、高效的生产指挥系统，明确质保体系和质检体系（图 6-9）。

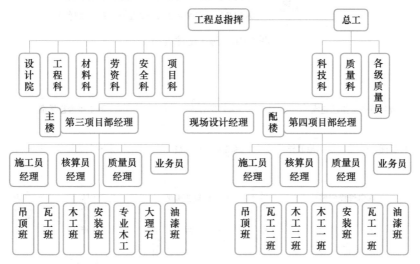

图 6-9　生产指挥系统

1）参与市场的公开招标，中标后公司实行内部招标，风险承包，结合业绩择优选择项目经理，并按《公司承包责任制》的规定对项目施工全过程全面负责。

2）该工程室内装饰设计与施工均由公司独家承包，建设单位为总指挥。

3. 施工班次

本工程除采光顶棚等高空作业外，其他工种均实行 12 小时工作制的班次，有利于交叉作业，分项完成后及时补休。

4. 目标计划

工程质量等级：创省级优秀工程。

工程施工工期：150 天。

工程施工现场：安全设施完善，消防符合规定，现场管理文明。

5. 施工顺序

1）本工程由主楼和配楼组成，并以变形缝为分界线，故可视为两个单位工程，从实物量、工作面及平面交通关系来看，本工程可由两个项目部承担，与土建工程搭接施工的同时两个项目部平行流水作业，这样就可以消除劳动力窝工或过分集中现象，便于均衡生产；可避免作业面的闲置，这对材料部门来讲也可实现均衡消耗，减少运输压力。

2）本工程施工顺序安排如图 6-10 所示。

3）在安排单元顺序时应遵循的原则是先湿作业后装饰，先楼上后楼下，先远后近，先顶后墙、地，确保后道工序不致破坏前道工序。具体顺序安排如图 6-11 所示。

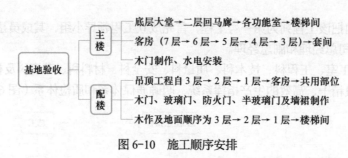

图 6-10　施工顺序安排

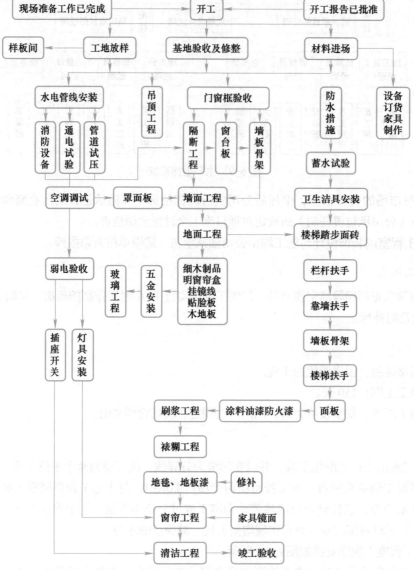

图 6-11　各类单元或自然间内装饰施工顺序

6. 工艺流程

（1）纸面石膏板轻钢龙骨吊顶工艺流程　基地验收→标高（位置）弹线→吊顶锚固→隐蔽验收→主龙骨安装→次龙骨安装、横撑龙骨安装→整体校正→罩面板安装→板缝及周边缝处理→刷浆。

（2）地面大理石干铺法施工工艺流程　基层清扫→墙上弹标高线，垫层上弹边带线、中带线→试排试拼→铺 1:3（水灰比）干拌水泥砂浆，厚 40mm →铺大理石反复检查密实性→压实砂面上方灌 1:10 白水泥砂浆→反复敲击拉线修整→ 1:10 纯水泥浆灌缝→养护三日→缝内补缺同色水泥浆→清理养护→打蜡。

（3）内墙瓷砖粘贴工艺流程　基层处理→找规矩→基层抹灰→弹线→浸砖→粘贴→擦缝。

（4）细木饰品工艺流　配料→基层处理→弹线→半成品加工→拼接组合→安装→整修刨光。

（5）金属饰品工艺流程　部（配）件检查→基层处理→弹线→安装固定→镶嵌密封胶→修整抛光及表面处理。

（6）内墙顶棚涂料的施工工艺　清扫→填补缝隙和局部刮腻子→磨平→第一遍油刮腻子→磨平→第二遍油刮腻子→磨平→干性油打底（溶剂型薄涂料）→第一遍涂料→复补腻子→磨平→第二遍涂料→磨平（光）→第三遍涂料（限于乳液型、溶剂型涂料、高级涂刷用）→磨平（光）→第四遍涂料（溶剂型薄涂料，高级要求）。

（7）木料面清漆施工工艺　清扫去污→磨砂子→润粉→磨砂纸→第一遍满刮腻子→磨光→第二遍满刮腻子→磨光→刷油色→第一遍清漆→拼色→复补腻子→磨光→第二遍清漆→磨光→第三遍清漆→磨光→第四遍清漆（高级清漆增加磨水砂纸）→第五遍清漆→磨光→第六遍清漆→磨光→打砂蜡→打油蜡→擦亮。

（8）墙面干挂大理石工艺流程　略。

施工现场准备工作计划见表 6-6。

表 6-6　施工现场准备工作计划

序号	准备工作内容	要求	完成起止期
1	大理石板切割机棚	钢管扣件搭架防雨布屋面 3.5m×5m 两间（含照明）	2002.6.20～6.30
2	石板、毛料及成品堆场	200m² 场地平整夯实（含照明及排水沟）	2002.6.20～6.30
3	材料仓库（一期）	主楼、配楼各设三间（木板门）	2002.6.1～6.20
4	工具间、警卫间（一期）	主楼、配楼各设一间（木板门）	2002.6.1～6.20
5	现场设计室（一期）	主楼设一间（木板门，配空调）	2002.6.1～6.20
6	项目部办公室（一期）	主楼、配楼各设一间（木板门，配电话）	2002.6.10～6.20
7	施工用电	从主楼引至各层设接线盒	2002.6.10～6.20
8	施工用水	从配楼接至主楼	2002.6.10～6.20
9	水泥储存间	利用各底层楼梯间加防雨布	2002.6.10～6.20
10	食堂	租用场外农村用房	2002.6.10～6.20
11	灭火器、消防桶	主、配楼隔层设置一台	2002.6.20～6.25
12	公共厕所	利用原有土建厕所进行整修	2002.6.10～6.20
13	基底验收	水平轴线垂直经纬四线测量	2002.6.15～6.25

建筑装饰工程项目管理

6.3.3 施工计划

1. 施工进度横道图（图6-12、图6-13）

分部分项工程名称	单位	工程量	定额	工日数	1.5班/人数	工种
轻钢龙骨、石膏板、扣板吊顶	m²	5694	0.505	2876	45/30	吊工
一、二层墙面干挂大理石	m²	912	2.000	1824	33/22	石工
大理石地面	m²	768	0.690	530	25/18	石工
红镶边线脚	m²	385	0.200	77	6/4	石工
木门	扇	200	2.892	578	45/30	木工
木墙裙及护墙板软包	m²	976	0.800	781	45/30	木工
门窗套、窗台板	套	215	4.000	860	45/30	木工
橡木、水曲柳、木地板	m²	430	0.800	344	45/30	木工
细木制品、线条、窗帘盒	套	75	3.000	225	45/30	木工
楼梯栏杆、扶手、木檐带	m²	195	1.200	234	45/30	木工
客房、过道及壁画画制品				2000	45/30	木工
瓷砖墙面	m²	1141	0.588	671	18/12	瓦工
地砖 851 防水	m²	566	0.622	346	18/12	瓦工
榉木包圆柱 φ1000、φ900、φ500	m²	300	0.540	162	9/6	木工
不锈钢栏杆	m	148	0.730	108	9/6	木工
金属转门 φ2400	扇	1	15.000	15	9/6	木工
12mm厚玻璃隔断及固定窗	m²	100	1.520	152	27/18	安装
镀膜中空夹胶玻璃采光天棚	m²	302	1.500	453	27/18	安装
卫生洁具及配套件	套	75		750	27/18	安装
车边镜及包边	m²	241	1.594	384	27/18	安装
水电、灯具、家具		估		2210	27/18	安装
顶棚墙面、水泥漆、乳胶漆	m²	8061	0.050	403	22/15	漆工
壁纸	m²	2702	0.212	578	22/15	漆工
油漆		估		1500	45/30	漆工
各类地毯、窗帘	m²	4522	0.290	1311	45/30	漆工
零星未列项目合并栏				5000	33/22	多工种

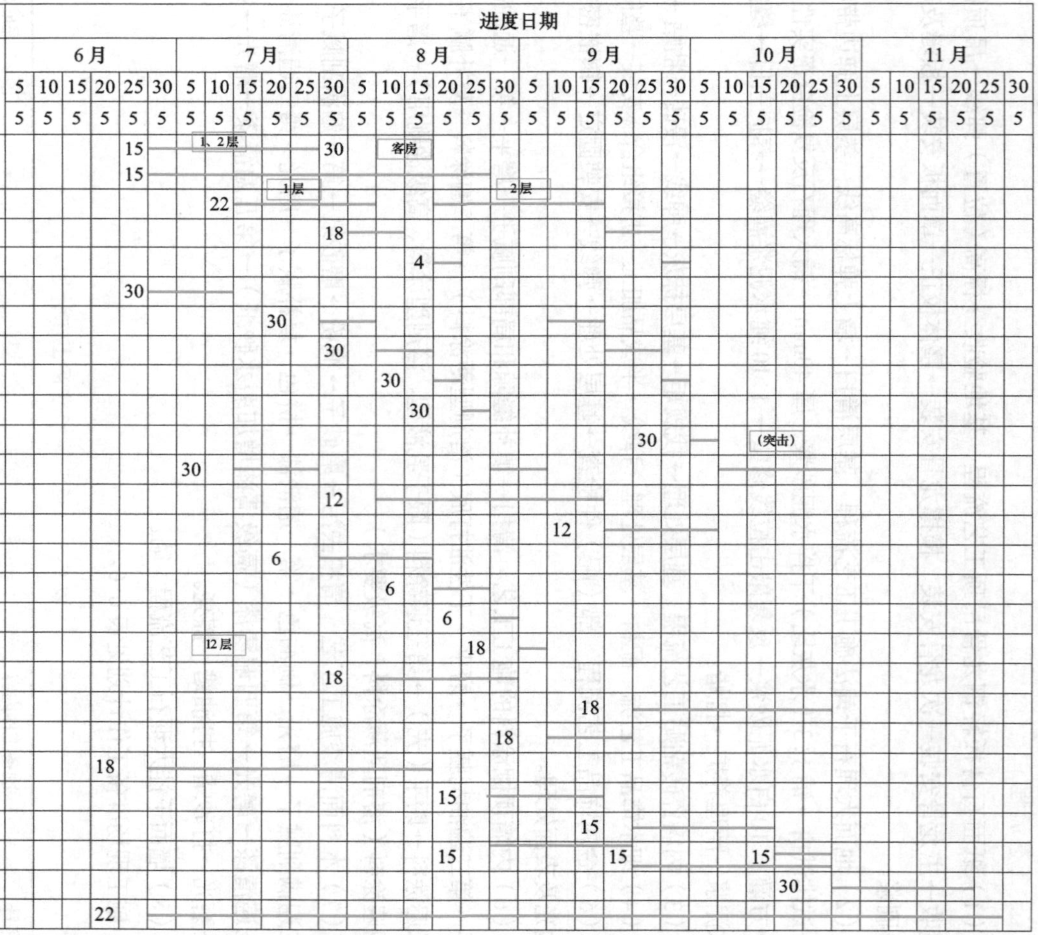

图6-12 主楼施工进度横道

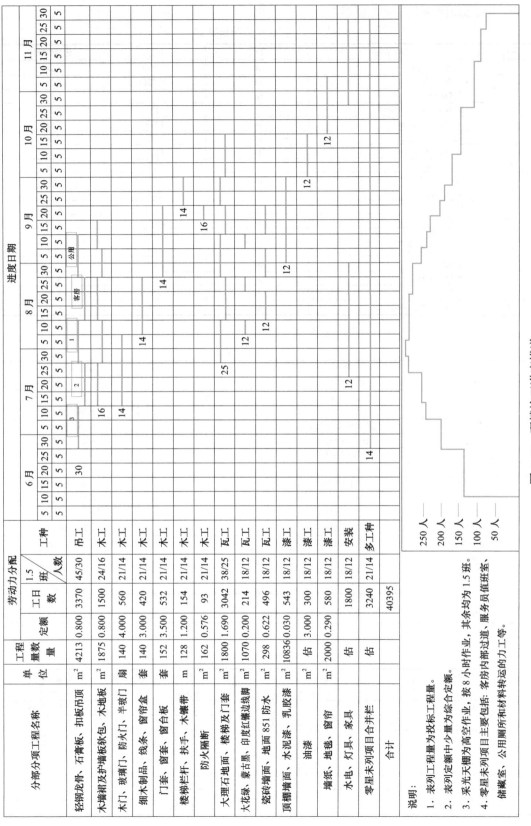

图 6-13 配楼施工进度横道

2. 主要材料需用量计划（表 6-7）

表 6-7　主要材料需用量计划

序号	材料名称	单位	数量	进场时间
1	主次轻钢龙骨	m	92630	6.26
2	纸面石膏板	m²	10056	6.26
3	塑料扣板	m²	810	6.26
4	钢骨架 10⌐、∟50×5	t	18	7.26
5	大理石板 20mm	m²	1218	7.26
6	花岗石板 25mm	m²	2486	7.26
7	不锈钢管	m	1226	7.26
8	中空玻璃	m²	293	8.6
9	12mm 玻璃	m²	119	9.1
10	防火石膏板	m²	224	9.16
11	切片夹板	m²	1199	6.25
12	九合板	m²	2499	6.25
13	细木工板	m²	1403	7.15
14	不锈钢镜面板	m²	100	9.6
15	地毯	m²	5487	10.26
16	木材（成材）	m²	73	6.25
17	毛地板	m²	523	8.16
18	水曲柳、橡木地板	m²	523	8.16

3. 主要机具需用量计划（不含耗品材料）（表 6-8）

表 6-8　主要机具需用量计划

名称	规格	数量	进退场时间
电锤	博士 4DSB	16	6.26；11.25
电焊机	BX6-160	9	6.26；11.25
电圆锯	日立 C-13	10	6.26；10.25
空压机	意大利风力 255	7	6.26；10.25
钢材锯	国产 400mm	6	6.26；10.25
铝材切割机	牧田 355	3	6.26；10.25
云石机	良明 110	5	6.26；9.25
小型压刨	良明 AP-10N	4	6.26；10.25
修边机	牧田 3703	7	6.26；10.25
自攻枪	牧田 6800BV	9	6.26；10.25
曲线锯	牧田 3400BV	4	6.26；10.25
木工联合机床	齐全 ML392	1	7.25；8.25
台钻	QZ-16	1	6.26；9.25
雕刻机	牧田 3612BR	4	7.25；9.25
木线成型铣床	MX4012	2	7.25；9.25
氩弧焊机	NSA1-300	2	7.25；8.30
石材切割机	（租用）	2	6.26；10.15

4. 劳动力需用量计划（表 6-9）

表 6-9　劳动力需用量计划

区号	工种名称	人数	进退场时间	区号	工种名称	人数	进退场时间
主楼	吊顶工	30	6.26；8.25	配楼	吊顶工	30	6.26；9.10
	大理石工	22	7.6；9.25		一班木工	16	7.16；9.15
	木工	30	6.30；10.25		二班木工	14	7.16；9.30
	瓦工	12	8.6；9.25		一班瓦工	25	7.26；10.15
	专业木工	6	7.26；8.25		二班瓦工	12	8.6；9.20
	安装工	18	6.26；11.20		油漆工	12	9.1；11.15
	油漆工	30	8.26；11.25		安装工	12	7.21；8.30 10.26；11.25
	杂工及其他工	30	6.30；11.25		杂工及其他工	8	6.30；11.25

〈🔎〉6.3.4　主要施工方法

1. 总体安排

本工程主配楼以变形缝为分界线，形成两个独立的施工段，分别由第三、第四项目部承担。配楼面积略小于主楼，但从工作量和难易程度上来看两个施工段基本相当，有利于均衡生产。

2. 分项工程施工方法

本工程的装饰施工分吊顶、地面、墙面、楼梯和细木饰品等五个阶段，现把有关的施工方法分述如下：

（1）纸面石膏板轻钢龙骨吊顶施工方法

1）主楼一、二层层高 4.2m，三至七层层高 3.6m，由吊顶 I 班安排电工 3 人、管道工 4 人和吊顶工 8 人，进行流水施工，先楼上后楼下，脚手架采用活动高凳木脚板。

2）配楼三个大厅，层高均为 4.5m，由吊顶 II 班安排电工 3 人、管道工 4 人和吊顶工 8 人，自三层开始向二层、一层依次施工，先大厅后走廊，脚手架全部采用满堂脚手架，离墙距离在 60cm 以上。

3）吊顶 $\phi8$ 焊于三角铁侧面，用膨胀螺栓锚固于现浇板底，中距 900mm，主龙骨为不上人轻钢龙骨，其宽度为 38mm，中间起拱高度不小于短跨的 1/200，安装前按设计标高在四周墙上弹线，作为水平定点的依据，悬臂距离不超过 300mm，二楼拱形顶应先放样测出矢高后再定标高。

4）主龙骨安装后应校正位置和标高，随即紧贴主龙骨安装次龙骨，调整紧固连接件，形成平整稳固的龙骨网络。连接件应错位安装，边龙骨应与四周墙固定，龙骨安装后应校正水平度。

5）纸面石膏板安装时长边（包封边）应沿纵向次龙骨铺设，并用自攻螺钉固定，钉距 150～170mm，钉与板边距以 10～15mm 为宜，钉头略埋入板面，并注意不使纸面破损，钉眼用石膏腻子抹平。

（2）墙面干挂大理石施工方法　本工程在主楼的大堂、回马廊走道、楼梯间和挂落、柱帽等处均设计为干挂西米黄薄壁大型板块，面积 1100m²。

（3）裱糊工程施工方法

1）裱糊工程应待顶棚、墙面、门窗涂料和刷浆工程完工后进行。

2）墙面应整幅裱糊，不足一幅的要用于不明显部位或阴角处，接缝应搭接，阳角处不得有接缝且要包角压实。在顶棚裱糊时，要沿着房间墙的长边裱糊。

3）对 PVC（聚氯乙烯）壁纸在裱糊前先要用水湿润几分钟，在基层上涂刷一层胶粘剂；裱糊顶棚时，基层和壁面都要涂刷胶粘剂。复合壁纸严禁浸水，应先把壁纸背面刷一层胶粘剂，放数分钟后（基层表面同时刷一层胶粘剂）再裱糊。

4）裱糊墙布时先清理干净背面，再贴在已刷胶粘剂的基层上。带背胶的壁布裱糊时，要先将其在水中浸泡数分钟后取出裱糊，对顶棚还应刷涂一层稀释的胶粘剂。

5）对需要重叠对花的各类壁布，应先裱糊对花，然后再用钢尺对齐裁下余边。除标明必须"正倒"交替粘贴的壁布外，其他壁布粘贴均应按同一方向进行。

6）裱糊过程中和干燥前，应防止穿堂风劲吹和温度突然变化。

（4）护墙板工程施工方法　安装护墙板时，应根据房间四角和上下龙骨先找平、找直，按面板大小由上到下做好木标筋，然后在空当内根据设计要求钉横竖龙骨，龙骨背面应涂防腐油，龙骨与墙之间应铺油毡防潮，横龙骨间距不大于400mm，竖龙骨间距为500mm，龙骨可用膨胀螺栓与墙面固定，钉完后要检查表面平整度与立面垂直度，阴阳角用方尺套方。

（5）地面大理石干铺法施工方法

1）地面施工应在吊顶、墙面完成后进行，并应封闭施工。

2）基底验收：表面平整度用2m靠尺检查，偏差不得大于5mm，标高偏差不得大于8mm。

3）板材800mm×800mm×20mm现场集中切割，并按标准验收质量，试拼后编号入座。

4）按设计标高在四周墙面和柱脚处弹出面层标高线，按板材规格和柱边门洞及镶边弹出平面控制线，由中心向两边进行。

5）铺板前先在基层上冲洗干净，刷带胶的素水泥浆，边铺边刷，不铺不刷，其上铺1:3干拌水泥砂浆，厚40mm。

6）板块铺完后养护3天再嵌缝，用篷布覆盖一周，并禁止通行，认真保养。

（6）楼梯工程施工方法

1）楼梯扶手应在楼梯间墙面、踏步饰面及金属栏杆和靠扶手铁件安装完毕，并经检验合格后进行。

2）金属楼梯栏杆、扶手安装应按设计要求，弹出栏杆立杆安装间距位置。楼梯起步处与平台处两端立杆应先安装，再拉通线用同样方法安装其余立杆。

（7）细木制品施工方法 木制空腹式花格柜式隔断可用半成品散料在现场按设计要求及实际情况就地进行加工组合并安装；对复杂的有连续几何图形要求的隔断，必须做足尺样板进行加工并拼装，其接头以榫接为主，接头应割角，并涂胶连接，角度应正确，接缝应平整吻合。

6.3.5 管理措施

管理措施应包括：

1）质量保证措施。

2）安全保卫措施。

3）文明施工措施。

4）成品保护措施。

5）季节施工措施。

6）新技术计划推广应用。

6.3.6 经济指标

工期：150天。

总工日数：40395工日。

天平均人数：$\dfrac{40395}{1.5\times150}$=179人。

天最高人数：268人。

建筑面积：11500m²。

单方用工：$\dfrac{40395}{11500}$=3.51工日/m²。

6.4　建筑装饰装修工程施工组织设计案例（2）

——某建筑外墙幕墙工程施工组织设计

6.4.1　编制依据

1）业主招标文件及施工图等。

2）国家主要规范和规程：《建筑幕墙》（GB/T　21086—2007）。

3）主要图集。

①《建筑幕墙胶缝构造图集》（上海科学技术文献出版社）。

②《点支式玻璃幕墙（采光顶）构造图集》。

4）管理体系标准文件。

6.4.2　工程概况（略）

1. 工程简介

1）工程名称：某建筑外墙二标段幕墙工程。

2）工程地点：A 路与 B 路交界处。

3）建设单位：C 建设单位。

4）监理单位：D 监理单位。

5）施工单位：E 施工单位。

2. 承包范围

施工范围包括隐框玻璃幕墙、明框玻璃幕墙、铝合金百叶、玻璃雨篷等一切幕墙相关的工作，并对幕墙进行全面地清洗。

6.4.3　施工部署

1. 施工管理的原则

运用科学的管理思想，采用先进的管理手段，对施工中人、材、机及管理等各要素进行分析、策划，实行目标管理，从而实现对本工程的各项承诺，确保各项经济技术指标的完成。项目经理部按照招标文件要求编制幕墙分部工程总进度计划，以总进度计划为依据，编制月、周进度计划，以二级计划为龙头全面组织现场有序施工。

2. 整体工程的划分

（1）施工阶段的划分　本工程分为三个施工阶段。

1）施工准备阶段。

2）中间施工阶段。

3）后期施工阶段。

（2）施工段的划分　根据工程特点及工期要求，按各楼体（1 号楼、2 号楼及 6 号楼连廊）

的外装构造层次划分相应施工段，各施工段既独立又相互协作，合理分工、流水作业，确保工程质量与工期。

6.4.3.1 玻璃幕墙工程施工

1. 施工现场准备
2. 施工技术准备
3. 测量放线定位
4. 竖框安装

根据放线的具体位置进行骨架安装。一般先安装竖向杆件，因为竖框与主体结构相连，竖框就位后再安装横梁。

竖框安装的允许偏差及检查方法还应符合表 6-10 的规定。

表 6-10 竖框安装的允许偏差及检查方法

项目	尺寸范围	允许偏差 /mm	检查方法	项目	尺寸范围	允许偏差 /mm	检查方法
竖框垂直度	高度≤30m	10	用经纬仪或激光仪	竖框外表面平面度	相邻三立柱	2	用经纬仪或挂线
	30m＜高度≤60m	15			高度≤30m	5	
	60m＜高度≤90m	20			30m＜高度≤60m	7	
	高度＞90m	25			60m＜高度≤90m	9	
竖框直线度	—	3	3m 靠尺、塞尺		高度＞90m	10	

5. 避雷设施
6. 横梁安装

（1）竖框与横梁连接方式

1）横向杆件横梁的安装宜在竖向杆件的竖框安装后进行。

2）铝合金型材一般多用角铝作为连接件。

（2）安装施工要求

1）横梁一般为水平构件，是分段在立柱中嵌入连接，横梁两端与竖框连接处应加弹性橡胶垫，弹性橡胶垫应有 20% ～ 35% 的压缩率，以适应和消除横向保温变形的要求。

2）横梁安装必须在土建湿作业完成及竖框安装后进行。大楼从上至下安装，同层从下至上安装。当安装完一层高度时，应进行检查、调整、校正、固定，使其符合质量要求。

3）应按设计要求牢固安装横梁，横梁与竖框接缝处应打密封胶，密封胶应选择与竖框梁和横梁相近的颜色。

4）横梁安装的允许偏差及检查方法应符合表 6-11 的规定。

表 6-11 横梁安装的允许偏差及检查方法

项目	尺寸范围	允许偏差 /mm	检查方法
相邻两横梁间尺寸	间距≤2m 时	1.5	用钢卷尺
	间距＞2m 时	2.0	
分格对角线差	对角线长≤2m 时	3	用钢卷尺或伸缩尺
	对角线长＞2m 时	3.5	
相邻两横梁的水平标高差		1	用钢卷尺或水平仪
横梁的水平度	横梁长≤2m 时	2	用水平仪
	横梁长＞2m 时	3	
同高度内主要横梁的高度差	横梁跨度≤35m 时	5	用水平仪
	横梁跨度＞35m 时	7	

5）横梁安装定位后，应进行自检。对不合格的应及时进行调校修正，自检合格后再报质检人员进行抽检，抽检量应为横梁总数的 5% 以上，且不小于 5 件。所有检测点不合格数不超 10%，可判为合格。抽检合格后才能进行下道工序。

6）安装横梁时，应注意如设计中有排水系统，冷凝水排出管及附件应与横梁预留孔连接严密，与内衬板出水孔连接处应设橡胶密封条；其他通气留槽孔及雨水排出口等应按设计施工，不得遗漏。

7. 幕墙组件安装

玻璃框在安装前应对玻璃及四周的铝框进行必要的清洁，保证嵌缝耐候胶能可靠黏结。安装前玻璃的镀膜面应粘贴保护膜加以保护，交工前再全部揭去。

8. 窗扇安装施工

9. 防火保温措施

10. 保护和清洁

11. 工程质量与安全的主要技术措施与保证

6.4.3.2 干挂石材幕墙工程施工

1. 施工准备

1）进场准备。

2）技术准备。

3）材料准备。

2. 现场准备

1）根据施工设计图纸及现场实际情况绘制施工大样图，做好型钢、预埋钢板、不锈钢石材挂件、膨胀螺栓、石材等主要材料的加工订货。

2）基体的检查和处理。对施工部位的基体，要认真对其结构施工质量进行细致地实测实量。根据设计图纸并结合石材施工大样，认真核对结构的实际偏差。墙面应检查垂直、平整情况，偏差较大时应剔槽、修补。

3. 测量

1）以建设方提供的轴线和标高为依据进行复测，测得值与水准点间应呈闭合状态。

2）高度测量。

3）层间标高测设。

4. 放线

对整个建筑测量结构之后，接着便进行施工放线。

5. 干挂石材的施工工艺

定位放线→复测预埋件→偏差修正处理→基层处理→安装"［"型连接件→固定龙骨→防火带安装→固定挂件主板→石材安装就位→打胶勾缝→清理→目检→成品保护→验收。

6. 钢结构、石材干挂安装质量要求

1）金属结构材料、挂件、焊条等进场时应附材质合格证和试验报告。

2）金属结构安装焊接时，严格保证焊缝饱满，长度、厚度符合要求，必须采用连续满焊方式。

3）钢结构安装前进行镀锌处理，施焊后应清除焊渣，在焊接处补刷防锈漆 2～3 遍。

4）石材的品种、规格、颜色要符合设计及工艺要求，颜色光泽度以订货样品为准，尽量保

证基本一致，无明显色差。

5）石材安装要牢固，无歪斜、缺棱、掉角、裂缝。

6）石材接缝宽度一致，横平竖直，泡沫条嵌入度符合要求，密封胶（橡胶条）嵌缝密实，不得渗水。

7. 硅酮耐候密封胶嵌缝

石材板块安装完后，板块间缝隙必须用硅酮耐候胶填缝予以密封，防止空气和雨水渗透。

8. 清洗和保护

施工完毕后，除去石材表面的胶带纸，用清水和清洁剂将石材表面擦洗干净，按要求进行打蜡或刷防护剂。

9. 施工注意事项

1）严格控制石材质量，材质和加工尺寸都必须合格。

2）要仔细检查每块石材有没有裂纹，防止石材在运输和施工时发生断裂。

3）测量放线要十分精确，各专业施工要组织统一放线、统一测量，避免各专业施工因测量和放线误差发生矛盾。

4）预埋件的设计和放置要合理，位置要准确。

5）根据现场放线数据绘制施工放样图，落实实际施工和加工尺寸。

6）安装和调整石材板位置时，可用垫片适当调整缝宽，所用垫片必须与挂件是同质材料。

7）固定挂片的螺栓要加弹簧垫圈，或调平调直拧紧螺栓后，在螺帽上抹少许石材胶固定。

10. 安全施工技术措施

1）进入现场必须佩戴安全帽，高空作业必须系好安全带，携带工具袋，严禁高空坠物。

2）禁止在外龙门架上攀爬，必须由通道上下。

3）幕墙施工下方禁止人员通行和施工。

4）现场电焊时，在焊接下方应设接火斗，防止电火花溅落引起火灾或烧伤其他建筑成品。

5）电源箱必须安装漏电保护装置，手持电动工具的操作人员应戴绝缘手套。

6）遭遇6级以上大风，大雾、雷雨、下雪天气时严禁高空作业。

7）所有施工机具在施工前必须进行严格检查，如手持吸盘须检查吸附质量和持续吸附时间，电动工具须进行绝缘电压试验。

8）在高处的石材幕墙安装与上部结构施工交叉作业时，结构施工层下方应架设防护网；在离地3m处，应搭设出6m的水平安全网。

11. 施工现场临时用电方案

根据现场勘查情况，总电源由总包方负责提供，采用电缆引入施工现场设置的总配电箱，由总配电箱分4路通过电缆配出至分配电箱，分配电箱下设若干开关箱。在分配电箱与开关箱内均设有漏电保护开关，形成施工现场三级配电和两级漏电保护系统。

12. 成品保护措施

成品的存放要根据成品的特点采取不同方法。龙骨要存放在平整的场地，并采取措施防止变形、生锈；油漆存放要远离火源，并配备灭火设施。

半成品在搬运过程中要轻拿轻放；搬运大面积石材时要用吸盘，并注意风向。

6.4.4 施工进度计划（图 6-14）

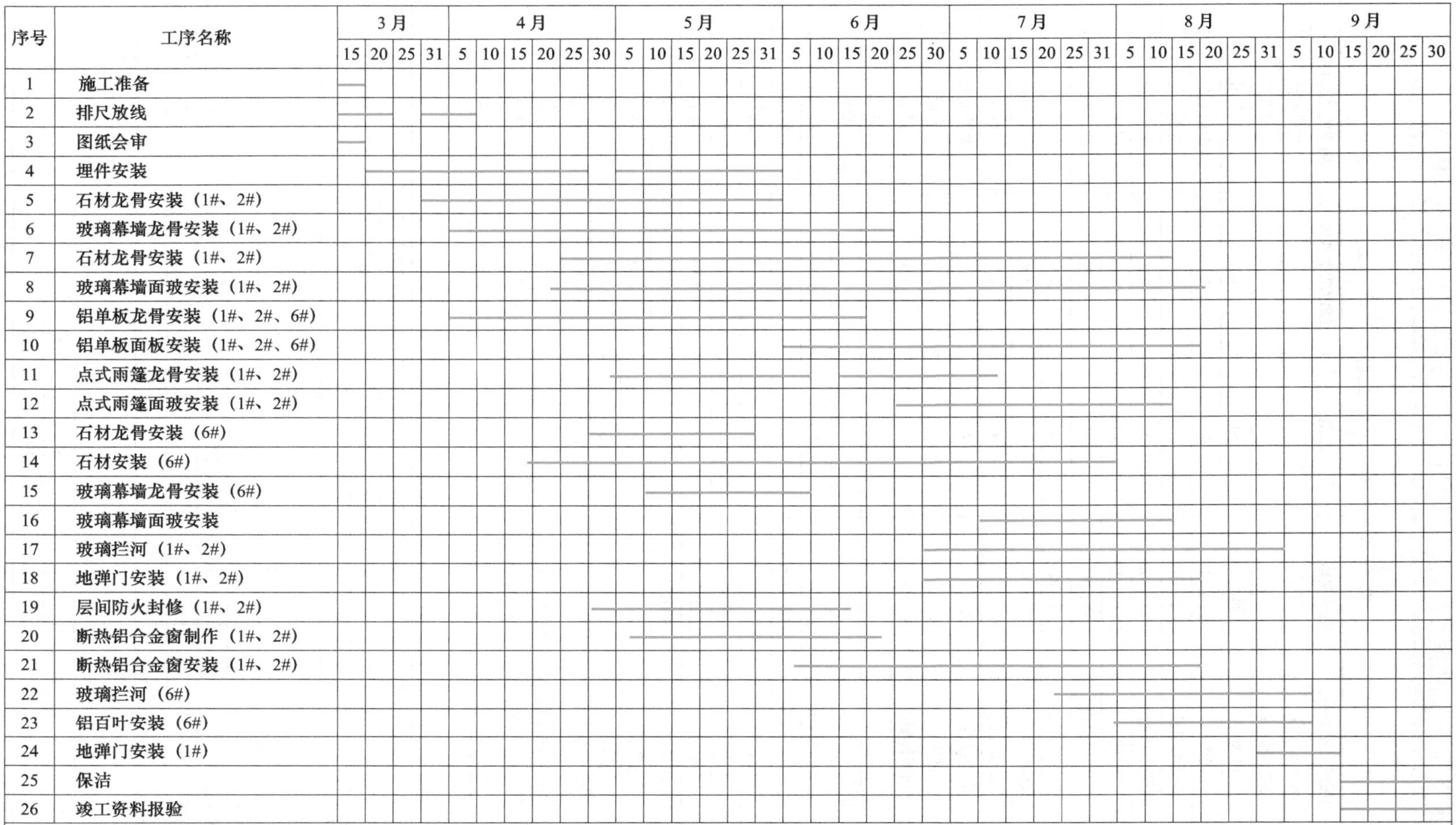
序号
工序名称
3月
4月
5月
6月
7月
8月
9月
15 20 25 31 5 10 15 20 25 30 5 10 15 20 25 31 5 10 15 20 25 30 5 10 15 20 25 31 5 10 15 20 25 31 5 10 15 20 25 30
1 施工准备
2 排尺放线
3 图纸会审
4 埋件安装
5 石材龙骨安装（1#、2#）
6 玻璃幕墙龙骨安装（1#、2#）
7 石材龙骨安装（1#、2#）
8 玻璃幕墙面玻安装（1#、2#）
9 铝单板龙骨安装（1#、2#、6#）
10 铝单板面板安装（1#、2#、6#）
11 点式雨篷龙骨安装（1#、2#）
12 点式雨篷面玻安装（1#、2#）
13 石材龙骨安装（6#）
14 石材安装（6#）
15 玻璃幕墙龙骨安装（6#）
16 玻璃幕墙面玻安装
17 玻璃拦河（1#、2#）
18 地弹门安装（1#、2#）
19 层间防火封修（1#、2#）
20 断热铝合金窗制作（1#、2#）
21 断热铝合金窗安装（1#、2#）
22 玻璃拦河（6#）
23 铝百叶安装（6#）
24 地弹门安装（1#）
25 保洁
26 竣工资料报验

注：1．此进度按每班八小时工作编制，可根据具体施工进展情况及甲方、监理单位要求作相应调整。

2．此工期天数有效施工天数不含由于自然条件因素而延误的工期，如有设计变更，设计院确认后另行编制计划。

图 6-14　施工进度计划

6.4.5 施工准备与资源配置计划（表 6-12、表 6-13）

表 6-12　拟投入的主要施工机械设备

序号	机械或设备名称	型号规格	数量	额定功率 /kW	用于施工部位	备注
1	激光水平仪	TX-38X	2		测量放线	
2	激光经纬仪	J6	2		测量放线	
3	电锤	博士	30	0.8	梁柱打孔	
4	角向磨机	达龙牌	30	0.5	饰面石材	
5	砂轮切割机	J2G2—300	6	2.0	饰面石材	
6	铝型材切割机	J3G2-400	5	1.2	饰面石材	
7	铆钉栓	KS101/23	30		型材连接	
8	V 型切口锯机	ST226	5	0.71	玻璃幕墙	
9	油压冲裁机	ST226	4	2.0	幕墙龙骨	
10	双轴仿型铣	KE78/10	8	1.8	幕墙龙骨	
11	单轴仿型铣	AS70/22	8	1.0	幕墙龙骨	
12	立镗铣床	AF350	4	1.2	幕墙龙骨	
13	钻床	BA135	3	1.1	锚板	
14	可侧倒装配合	ST-3000	3	5.5	幕墙	
15	双头切割机		9		幕墙	
16	铝合金方箱锯		4		幕墙	
17	双组分打胶机		5		幕墙	
18	大理石切割机	110/ 牧田	40	0.95	石材饰面	
19	电焊机	SBX$_3$—300	24	22.5	幕墙型钢	
20	手电钻	BE10R	35	0.3	幕墙	
21	手电钻	BE250R+1	25	0.56	幕墙	
22	冲击钻仪	SBE560	16	0.56	幕墙	
23	抛光机	EX450	40	0.45	幕墙	
24	气割机		6		幕墙	
25	铝板开槽机		15		幕墙	
26	可升降侧倒装配台	STH—2100	4	8.5	幕墙	
27	工具带切冲台	BW—1000	3	4.0	幕墙	
28	锯机磨床	UNLAPP60	1	2.8	幕墙	

表 6-13　劳动力需用量计划

工种	按工程施工阶段投入劳动力情况 / 人						
	1～30 天	31～60 天	61～90 天	91～120 天	121～150 天	151～180 天	181～200 天
测量工	8						
架子工	8	10	5	5	6	6	6
焊工	5	20	20	25	20	20	20
石材幕墙工		40	40	45	45	45	40
玻璃金属幕墙工		30	30	25	45	40	24
打胶工				6	12	12	24
油漆工	2	6	6	2	2	6	6
电工	2	3	3	3	3	3	3
杂工	8	10	20	3	20	20	20
工长	4	4	5	5	6	6	6
合计	37	123	129	119	159	158	149

〈ᵔᵕᵔ〉6.4.6　施工现场平面布置（图 6-15）

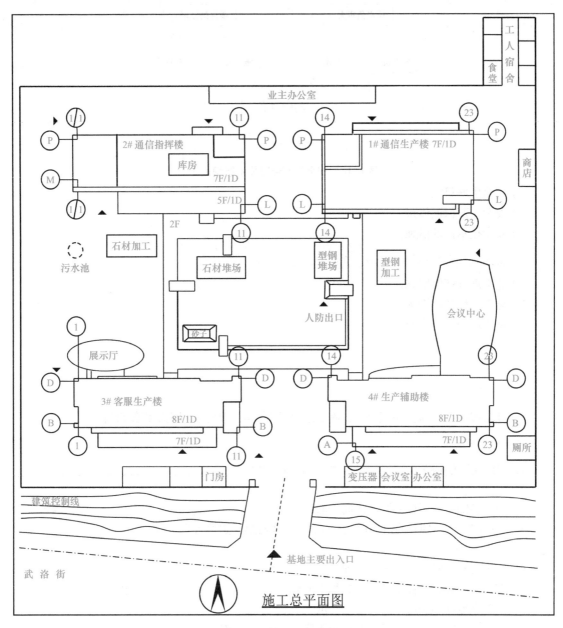

图 6-15　施工现场平面图

〈ᵔᵕᵔ〉6.4.7　主要施工管理计划

1. 确保安全生产的技术组织措施和保证措施

1）安全生产保障体系。安全生产保障体系组织机构如图 6-16 所示。

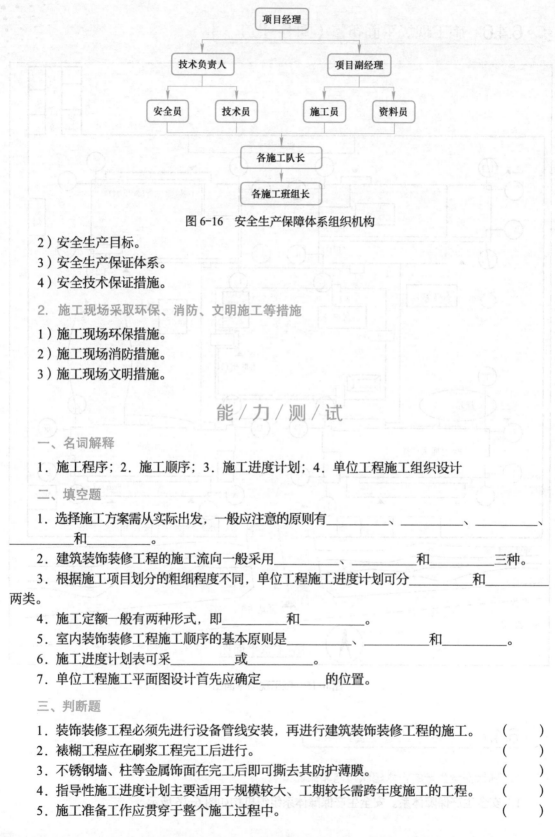

图 6-16　安全生产保障体系组织机构

2）安全生产目标。

3）安全生产保证体系。

4）安全技术保证措施。

2．施工现场采取环保、消防、文明施工等措施

1）施工现场环保措施。

2）施工现场消防措施。

3）施工现场文明措施。

能 / 力 / 测 / 试

一、名词解释

1．施工程序；2．施工顺序；3．施工进度计划；4．单位工程施工组织设计

二、填空题

1．选择施工方案需从实际出发，一般应注意的原则有_____、_____、_____、_____和_____。

2．建筑装饰装修工程的施工流向一般采用_____、_____和_____三种。

3．根据施工项目划分的粗细程度不同，单位工程施工进度计划可分_____和_____两类。

4．施工定额一般有两种形式，即_____和_____。

5．室内装饰装修工程施工顺序的基本原则是_____、_____和_____。

6．施工进度计划表可采_____或_____。

7．单位工程施工平面图设计首先应确定_____的位置。

三、判断题

1．装饰装修工程必须先进行设备管线安装，再进行建筑装饰装修工程的施工。　（　　）

2．裱糊工程应在刷浆工程完工后进行。　（　　）

3．不锈钢墙、柱等金属饰面在完工后即可撕去其防护薄膜。　（　　）

4．指导性施工进度计划主要适用于规模较大、工期较长需跨年度施工的工程。　（　　）

5．施工准备工作应贯穿于整个施工过程中。　（　　）

四、单选题

1．下列（　　　）不属于施工方案的内容。（单选题）

A．施工方法　　　　B．施工顺序　　　　C．主要技术组织措施　D．划分施工项目

2．下列施工过程属于室内装饰的是（　　　）。（单选题）

A．勒脚　　　　　　B．明沟　　　　　　C．水落管　　　　　　D．五金及各种木装饰

3．同一层室内抹灰施工，若考虑质量，一般应采用（　　　）施工顺序安排。（单选题）

A．地面→顶棚→墙面　　　　　　　　　B．地面→墙面→顶棚

C．顶棚→墙面→地面　　　　　　　　　D．顶棚→地面→墙面

4．单位工程施工平面图的正确步骤是（　　　）。（单选题）

A．决定起重机械的位置→布置材料和构件的堆场→布置运输道路→布置各种临时设施等

B．布置材料和构件的堆场→布置起重机械的位置→布置运输道路→布置各种临时设施等

C．布置材料和构件的堆场→布置运输道路→布置起重机械的位置→布置各种临时设施等

D．布置材料和构件的堆场→布置运输道路→布置各种临时设施等→最后确定竖直运输机械

五、多选题

1．施工项目工作持续时间的计算方法一般有（　　　　）。（多选题）

A．经验估计法　　　B．定额计算法　　　C．倒排计划法　　　D．直接计算法

E．间接计算法

2．施工进度计划检查调整的内容有（　　　　）。（多选题）

A．施工顺序　　　　B．工期　　　　　　C．施工方法　　　　D．资源均衡性

E．经济效益

3．单位工程施工平面图设计的内容包括（　　　　）。（多选题）

A．拟建和原有建筑物及其他设施的位置和尺寸　　　　B．起重机械的位置

C．测量放线标桩的位置和取舍土地点　　　　　　　　D．临时设施的布置

E．熟悉审查图纸

六、简答题

1．简述编制施工组织设计的依据及原则。

2．装饰装修工程的工程概况包括哪些内容？

3．试述选择施工方案的基本要求。

4．确定建筑装饰装修工程流向时，需考虑哪些因素？

5．选择施工机械应着重考虑哪些问题？

6．如何选择建筑装饰装修工程的施工方法？

7．单位工程施工进度计划的作用有哪些？可分为哪两类？

8．施工项目划分时应注意哪些问题？

9．如何确定一个施工项目的劳动量、机械台班量？

10．如何确定各分部分项工程的持续时间？

11．如何检查和调整施工进度计划？

12．建筑装饰装修工程冬、雨期施工时，应做好哪些施工准备工作？

13．试述施工平面图的设计步骤和依据。

单元 7

建筑装饰装修工程施工成本管理

知识目标

掌握建筑装饰装修工程施工成本管理的任务与措施；掌握建筑装饰装修工程施工成本计划的类型及编制方法；掌握建筑装饰装修工程施工成本控制的依据、步骤和方法；了解建筑装饰装修工程施工成本核算的方法和过程；掌握建筑装饰装修工程施工成本分析的方法；掌握建筑装饰装修工程费用的结算。

能力目标

能够识别建筑工程项目成本的构成，并能针对一个建筑装饰装修工程项目完成成本计划、成本控制、成本分析等环节，能够进行建筑装饰装修工程费用的结算。

7.1 建筑装饰装修工程施工成本管理概述

7.1.1 施工成本管理的概念

彼得斯·霍布斯在《项目管理》中指出：项目成本管理就是在规定的时间内，为保证实现项目的既定目标，对项目实际发生的费用支出所采取的各种措施。通过对项目的成本管理可以实现对整个项目实施的管理和监督，及时发现和解决项目实施过程中出现的各种问题。具体来说，项目成本管理包括在批准的预算内完成项目所需要的每一个过程，即资源计划编制、成本估算、费用预算和成本控制。

针对建筑装饰装修工程，施工成本管理是承包人为使项目成本控制在计划目标之内所作的预测、计划、控制、核算、分析和考核等管理工作。施工成本管理就是要确保在批准的预算内完成项目，具体项目要依靠制定成本管理计划、成本估算、成本预算、成本控制四个过程来完成。施工成本管理是在整个项目的实施过程中，为确保项目在已批准的成本预算内尽可能好地完成而对所需的各个过程进行管理。

成本管理概述

〈◯〉7.1.2　成本管理的任务

施工成本管理的任务包括成本计划、成本控制、成本核算、成本分析、成本考核。

1. 施工成本计划

施工成本计划是以货币形式编制施工项目在计划期内的生产费用、成本水平、成本降低率以及为降低成本所采取的主要措施和规划的书面方案。它是建立施工项目成本管理责任制、开展成本控制和核算的基础，此外，它还是项目降低成本的指导文件，是设立目标成本的依据，即成本计划是目标成本的一种形式。施工成本计划一般由施工单位编制。

2. 施工成本控制

施工成本控制指项目在施工过程中，对影响施工成本的各种因素加强管理，并采取各种有效措施，将施工中实际发生的各种消耗和支出严格控制在成本计划范围内，随时揭示并及时反馈，严格审查各项费用是否符合标准，计算实际成本和计划成本之间的差异并进行分析，消除施工中的损失浪费成本，总结先进经验。通过成本控制，最终实现甚至超过预期的成本目标。施工成本控制应贯穿施工项目从招投标阶段开始直至项目竣工验收的全过程，它是企业施工成本管理的重要环节。

3. 施工成本核算

施工成本核算是指工程项目施工过程中所发生的各种费用和形成施工成本的核算。它包括两个基本环节：一是按照规定的成本开支范围对工程施工费用进行归集，计算出工程项目施工费用的实际发生额；二是根据成本核算对象，采取适当的方法，计算出该工程项目的总成本和单位成本。施工成本核算所提供的各种成本信息，是成本计划、成本控制、成本分析和成本考核等各个环节的依据。

4. 施工成本分析

施工成本分析是在成本核算的基础上，对成本的形成过程和影响成本升降的因素进行分析（包括有利偏差的挖掘和不利偏差的纠正），以寻求进一步降低成本的途径。成本分析贯穿成本管理的全过程，它是在成本的形成过程中，主要利用施工项目的成本核算资料（实际成本），与目标成本（计划成本）、预算成本以及类似的施工项目的实际成本等进行比较，了解成本的变动情况，同时分析主要技术经济指标对成本的影响，系统地研究成本变动的因素，检查成本计划的合理性，并通过成本分析，深入揭示成本变动的规律，寻找降低施工成本的途径，以有效地进行成本控制。

5. 施工成本考核

施工成本考核是指工程项目完成后，对施工成本形成中的各责任者，按施工成本责任制的有关规定，将成本的实际指标与计划、定额、预算进行对比和考核，评定施工成本计划的完成情况和各责任者的业绩，并以此给予相应的奖励和处罚。通过成本考核，做到有奖有罚、赏罚分明，才能有效地调动企业的每一个职工在各自的施工岗位上努力完成目标成本的积极性，为降低施工成本和增加企业的积累，做出自己的贡献。

施工成本管理系统中每一个环节都是相互联系和相互作用的。成本计划是确定具体的目标值，成本控制则是对成本计划的实施进行监督，保证成本目标实现，而成本核算又是成本计划是否实现的最后检验，它所提供的成本信息又是为下一个施工成本预测和决策提供基础资料。成本考核是实现成本目标责任制的保证和实现决策目标的重要手段。

〈🔍〉 7.1.3　成本管理的措施

1. 组织措施

组织措施是编制成本控制工作计划、制定合理有效的规章制度、确定合理详细的工作流程等。做好施工采购计划，通过生产要素的优化配置、合理使用、动态管理，有效控制实际成本；加强施工定额管理和施工任务单管理，控制活劳动和物化劳动的消耗；加强施工调度，避免因施工计划不周和盲目调度造成窝工损失、机械利用率降低、物料积压等问题。成本管理工作只有建立在科学管理的基础之上，具备合理的管理体制，完善的规章制度，稳定的作业秩序，完整准确的信息传递，才能取得成效。组织措施是其他各类措施的前提和保障，而且一般不需要增加额外的费用，运用得当可以取得良好的效果。

2. 技术措施

施工过程中降低成本的技术措施包括进行技术经济分析，确定最佳的施工方案；结合施工方法，进行材料使用的比选，在满足功能要求的前提下，通过代用、改变配合比、使用外加剂等方法降低材料消耗；确定最合适的施工机械、设备使用方案；结合项目的施工组织设计及自然地理条件，降低材料的库存成本和运输成本；应用先进的施工技术，运用新材料，使用先进的机械设备等。在实践中，避免仅从技术角度选定方案而忽视对其经济效果的分析论证。技术措施不仅对解决成本管理过程中的技术问题起不可缺少的作用，而且对纠正成本管理目标偏差也有相当重要的作用。

3. 合同措施

采用合同措施控制成本，应贯穿整个合同周期，包括从合同谈判开始到合同终结的全过程。对于分包项目，首先应选用合适的合同结构，对各种合同结构模式进行分析、比较，在合同谈判时，要争取选用适合于工程规模、性质和特点的合同结构模式。其次，在合同的条款中应仔细考虑一切影响成本和效益的因素，特别是潜在的风险因素。通过对引起成本变动的风险因素的识别和分析，采取必要的风险对策，通过合理的方式增加承担风险的个体数量以降低损失发生的比例，并最终将这些策略体现在合同的具体条款中。在合同执行期间，合同管理的措施既要密切关注对方合同执行的情况，以寻求合同索赔的机会，同时也要密切关注自己履行合同的情况，以防被对方索赔。

4. 经济措施

经济措施是最易被人们接受和采用的措施。管理人员应编制资金使用计划，确定、分解成本管理目标，对成本管理目标进行风险分析，并制定防范性对策。在施工中严格控制各项开支，及时准确地记录、收集、整理、核算实际支出的费用。对各种变更，应及时做好增减账，落实业主签证并结算工程款；通过偏差原因分析和未完工程施工成本预测，发现一些潜在的可能引起未完工程施工成本增加的问题，及时采取预防措施。因此，经济措施的运用绝不仅仅是财务人员的事情。

7.2　建筑装饰装修工程成本计划

施工项目成本计划是在成本预测的基础上，经过分析、比较、论证、判断之后，以货币形式预先规定施工项目在计划期内的生产费用、成本水平、成本降低率，以及为降低成本所采取的主要措施和规划的书面方案。

7.2.1　施工成本计划的分类

1. 按照发挥的作用不同划分

（1）竞争性成本计划　竞争性成本计划是施工项目投标及签订合同阶段的估算成本计划。这类成本计划以招标文件中的合同条件、投标人须知、技术规范、设计图纸和工程量清单为依据，以有关价格条件说明为基础，结合调研、现场踏勘、答疑等情况，根据施工企业自身的工料消耗标准、水平、价格资料和费用指标等，对本企业完成投标工作所需要支出的全部费用进行估算。在投标报价过程中，虽也着重考虑降低成本的途径和措施，但总体上比较粗略。

（2）指导性成本计划　指导性成本计划是选派项目经理阶段的预算成本计划，是项目经理的责任成本目标。它是以合同价为依据，按照企业的预算定额标准制定的设计预算成本计划，且一般情况下以此确定责任总成本目标。

（3）实施性成本计划　实施性成本计划是项目施工准备阶段的施工预算成本计划，它是以项目实施方案为依据，以落实项目经理责任目标为出发点，采用企业的施工定额通过施工预算的编制而形成的实施性成本计划。

2. 按照生产费用计入成本方法的不同划分

（1）直接成本　直接成本是指直接耗用的并能直接计入工程对象的费用。

（2）间接成本　间接成本是指非直接耗用的，也无法直接计入工程对象的，但为进行工程施工所必须发生的费用，通常按照直接成本的比例来计算。

3. 按照生产费用与工程量关系的不同划分

（1）固定成本　固定成本是指在一定的期间和一定的工程量范围内发生的成本额不受工程量增减变动的影响而相对固定的成本，如折旧费、大修理费、管理人员工资、办公费和照明费等。这一成本是为了保持企业一定的生产经营条件而产生的。一般来说，企业的固定成本每年基本相同。

（2）变动成本　变动成本是指发生总额随着工程量的增减变动而呈正比例变动的费用，如直接用于工程的材料费、实行计件工资制的人工费等。所谓变动，是就其总额而言，对于单位分项工程上的变动费用往往是不变的。

7.2.2　施工成本计划的编制依据和程序

编制成本计划，需要广泛收集相关资料并进行整理，使其作为成本计划编制的依据。在此基础上，根据有关设计文件、工程承包合同、施工组织设计、成本预测资料等，按照项目应投入的生产要素，结合各种因素变化的预测和拟采取的各种措施，估算项目生产费用支出的总水平，进而提出项目的成本计划控制指标，确定目标总成本。

1. 成本计划编制依据

（1）合同文件　首先是工程承包合同文件，除合同文本外，招标文件、投标文件、设计文件等均是合同文件的组成内容，合同中的工程内容、数量、规格、质量、工期和支付条款都将对工程的成本计划产生重要的影响。因此，承包方除了在签订合同前进行细致的合同评审外，还需进行认真的研究与分析，以谋求在正确履约的前提下降低工程成本。

（2）项目管理实施规划　其中包括以工程项目施工组织设计文件为核心的项目实施技术方案与管理方案。二者是在充分调查和研究现场条件及有关法规条件的基础上制定的，不同实施条件下的技术方案和管理方案，将导致工程成本的不同。

（3）相关设计文件

（4）价格信息　包括生产要素的价格信息。

（5）相关定额　按管理层次分，有全国统一定额、专业通用定额、地方定额、企业定额和补充定额。

（6）类似项目的成本资料　通过分析类似项目的成本资料，可以更好地完成本项目的成本管理。

2. 编制程序

施工项目成本计划应由项目经理部进行编制。施工项目成本计划的关键内容是降低成本措施的合理设计。施工项目成本计划的编制步骤如下：

1）预测项目成本。

2）确定项目总体成本目标。

3）编制项目总体成本计划。

4）项目经理部的职能部门根据其责任成本范围，分别确定自己的成本目标，并编制相应的成本计划。

5）针对成本计划制定相应的控制措施。

6）由项目经理部的职能部门负责人分别审批相应的成本计划。

7.2.3　施工成本计划的编制方法

（1）按施工成本组成编制施工成本计划　施工成本可以按成本构成分解为人工费、材料费、施工机械使用费、措施费和间接费，如图 7-1 所示。

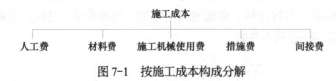

图 7-1　按施工成本构成分解

（2）按子项目组成编制施工成本计划　大中型的工程项目通常是由若干单项工程构成的，因此，首先要把项目总施工成本分解到单项工程和单位工程中，再进一步分解为分部工程和分项工程，如图 7-2 所示。

图 7-2　按子项目分解的施工成本

（3）按施工进度编制施工成本计划　工程项目的投资总是分阶段、分期支出的，资金应用是否合理与资金的时间安排有密切关系，按施工进度编制的施工成本计划通常可利用控制施工进度的网络计划进一步扩充而得。在建立网络计划时，一方面确定完成各项工作所需花费的时间，另一方面同时确定完成这一工作的合适的施工成本支出计划。在实践中，将施工项目分解为既能方便地表示时间，又能方便地表示施工成本支出计划的工作是不容易的，通常情况下，如果项目分解程度对时间控制合适的话，则对施工成本支出计划可能分解过细，以至于不可能对每项工作确定其施工成本支出计划。

以上三种编制施工计划的方法并不是相互独立的。在实际中，往往是将这几种方法结合起来使用，从而达到扬长避短的效果。例如按子项目分解项目总施工成本与按施工成本构成分解项目总施工成本两种方法结合，一般横向按施工成本构成分解，纵向按子项目分解。

7.3　建筑装饰装修工程成本控制

施工项目成本控制是指在施工过程中，对影响施工成本的各种因素加强管理，并采取各种有效措施，将施工中实际发生的各种消耗和支出严格控制在成本计划范围内。通过随时揭示并及时反馈，严格审查各项费用是否符合标准，计算实际成本和计划成本的差异并进行分析，进而采取各种措施，消除施工中的损失浪费现象。

工程项目施工成本控制应贯穿于项目从投标阶段开始直至竣工验收的全过程，它是企业全面成本管理的重要环节。施工成本控制可分为事先控制、事中控制（过程控制）和事后控制。在项目的施工过程中，需要按动态控制原理对实际施工成本的发生过程进行有效控制。施工项目成本控制的方法较多，一般可以从降低成本和增加收入两方面着手，确保项目成本目标的实现。

成本控制

7.3.1　施工项目成本控制的依据

1. 合同文件

成本控制要以合同为依据，围绕降低工程成本这个目标，从预算收入和实际成本两方面研究节约成本、增加收益的有效途径，以求获得最大的经济效益。

2. 成本计划

成本计划是根据施工项目的具体情况制定的成本控制方案，既包括预定具体成本控制目标，又包括实现控制目标的措施和规划，是成本控制的指导文件。

3. 进度报告

进度报告提供了对应时间节点的工程实际完成量，工程成本实际支出情况等重要信息。成本控制工作正是通过实际情况与成本计划相比较，找出两者之间的差别，分析偏差产生的原因，从而采取措施改进以后的工作。此外，进度报告还有助于管理者及时发现工程实施中存在的隐患，并在可能造成重大损失之前采取有效措施，尽量避免损失。

4. 工程变更与索赔资料

在项目的实施过程中，由于各方面的原因，工程变更与索赔是很难避免的。工程变更一般包括设计变更、进度计划变更、施工条件变更、技术规范与标准变更、施工次序变更、工程量变更等。一旦出现变更，工程量、工期、成本都有可能发生变化，从而使得成本控制工作变得更加复杂和困难。因此，成本管理人员应当通过对变更与索赔中各类数据的计算、分析，及时掌握变更情况，包括已发生工程量、将要发生工程量、工期是否拖延、支付情况等重要信息，判断变更与索赔可能带来的成本增减。

5. 各种资源的市场信息

根据各种资源的市场价格信息和项目的实施情况，计算项目的成本偏差，估计成本的发展趋势。

7.3.2 成本控制的程序

项目成本控制应遵循下列程序：

1. 确定项目成本管理分层次目标

项目成本管理分为成本管理计划、成本估算、成本预算、成本控制四个层次。确定各层次目标是进行项目成本管理的首要任务。

2. 采集成本数据，监测成本形成过程

各层次目标确立后，需要采集成本数据，进行成本的动态监测工作，对成本的运行状况、超支或节约的数量大小进行实时把控。不仅要检查指标本身的执行情况，而且要检查和监督影响指标的各项条件，如设备、工艺、工具、工人技术水平、施工环境等因素。

3. 找出偏差，分析原因

成本偏差有三种：

1）实际偏差＝实际成本－承包成本。

2）计划偏差＝承包成本－计划成本。

3）目标偏差＝实际成本－计划成本。

成本偏差的原因是多方面的，既有客观方面的因素，也有主观方面的因素。可以说在项目的计划、实施中，以及在技术、组织、管理、合同等任何一方面出现问题都会反映在成本上，造成成本偏差。

4. 制定对策，纠正偏差

偏差找出后，应当根据工程的具体情况、偏差分析和预测的结果，采取适当的措施，以期

达到使施工成本偏差尽可能小的目的。一般采用下列程序：

1）提出调整方案。从各种成本超支的原因中提出降低成本的方案。这些方案首先应当是针对一些成本降低潜力大、各方关心、可能实行的项目。提出方案的要求，包括方案的目的、内容、理由、根据和预期达到的经济效益。

2）讨论和决策。方案选定以后，应发动有关部门和人员进行广泛的研究和讨论。对重大问题，可能要提出多种解决方案，然后进行各种方案的对比分析，从中选出最优方案。

3）确定方案实施的方法步骤及负责执行的部门和人员。

4）贯彻执行确定的方案。在执行过程中也要及时加以监督检查。方案实现以后，还要检查方案实现后的经济效益，衡量是否达到了预期的目标。

5. 调整改进成本管理方法

最后应根据成本控制情况，提出优化整改措施，完善成本管理方法。

7.3.3　施工成本控制的方法

1. 价值工程法

价值工程法是对工程项目进行事前成本控制的重要方法，在工程项目设计阶段，研究工程设计的技术合理性，探究有无改进的可能性，在提高功能的条件下，降低成本。在工程施工阶段，也可以通过价值工程活动，进行施工方案的技术经济分析，确定最佳施工方案，降低施工成本。

2. 成本的过程控制方法

施工阶段是成本发生的主要阶段，这个阶段的成本控制主要是通过确定成本目标并按计划成本组织施工，合理配置资源，对施工现场发生的各项成本费用进行有效控制，其具体的控制方法如下：

（1）人工费的控制　加强劳动定额管理，提高劳动生产率，降低工程耗用人工工日，是控制人工费支出的主要手段。

1）制定先进合理的企业内部劳动定额，执行劳动定额，并将安全生产、文明施工及零星用工下达到作业队进行控制。全面推行全额计件的劳动管理办法和单项工程集体承包的经济管理办法，以不超出施工图预算人工费指标为控制目标，实行工资包干制度。把工程项目的进度、安全、质量等指标与定额管理结合起来，提高劳动者的综合能力，实行奖励制度。

2）提高生产工人的技术水平和作业队的组织管理水平，根据施工进度、技术要求，合理搭配各工种工人的数量，减少和避免无效劳动。不断地改善劳动组织，创造良好的工作环境，改善工人的劳动条件，提高劳动效率。

3）加强职工的技术培训和多种施工作业技能的培训，不断提高职工的业务技术水平和熟练操作程度，培养一专多能的技术工人，提高作业工效。提倡技术革新和推广新技术，提高技术装备水平和工厂化生产水平，提高企业的劳动生产率。

4）实行弹性需求的劳务管理制度。施工生产各环节上的业务骨干和基本的施工力量要保持相对稳定。要打破行业、工种界限，提倡一专多能，提高劳动力的利用效率。

（2）材料费的控制　材料费控制按照"量价分离"原则，控制材料用量和材料价格。

1）材料用量的控制。在保证符合设计要求和质量标准的前提下，合理使用材料，通过定额控制、指标控制、计量控制、包干控制等手段有效控制物资材料的消耗，具体方法如下：

① 定额控制。对于有消耗定额的材料，以消耗定额为依据，实行限额领料制度。限额领料的形式包括按分项工程实行限额领料、按工程部位实行限额领料、按单位工程实行限额领料等形式。

② 指标控制。对于没有消耗定额的材料，则实行计划管理和按指标控制的办法。根据以往项目的实际耗用情况，结合具体施工项目的内容和要求，制定领用材料指标，以控制发料。超过指标的材料，必须经过一定的审批手续方可领用。

③ 计量控制。准确做好材料物资的收发计量检查和投料计量检查。

④ 包干控制。在材料使用过程中，对部分小型及零星材料（如钢钉、钢丝等）根据工程量计算出所需材料量，将其折算成费用，由作业者包干使用。

2）材料价格的控制。材料价格主要由材料采购部门控制。由于材料价格是由买价、运杂费、运输中的合理损耗等所组成，因此控制材料价格，主要是通过掌握市场信息，应用招标和询价等方式控制材料、设备的采购价格。施工项目的材料物资，包括构成工程实体的主要材料和结构件，以及有助于工程实体形成的周转使用材料和低值易耗品。

（3）施工机械使用费的控制　施工机械使用费主要由台班数量和台班单价两方面决定，因此为有效控制施工机械使用费支出，应主要从以下两个方面进行控制：

1）台班数量。

① 根据施工方案和现场实际情况，选择适合项目施工特点的施工机械，制定设备需求计划，合理安排施工生产，充分利用现有机械设备，加强内部调配，提高机械设备的利用率。

② 保证施工机械设备的作业时间，安排好生产工序的衔接，尽量避免停工、窝工，尽量减少施工中所消耗的机械台班数量。

③ 核定设备台班定额产量，实行超产奖励办法，加快施工生产进度，提高机械设备单位时间的生产效率和利用率。

④ 加强设备租赁计划管理，减少不必要的设备闲置和浪费，充分利用社会闲置机械资源。

2）台班单价。

① 加强现场设备的维修、保养工作。降低大修、经常性修理等各项费用的开支，提高机械设备的完好率，最大限度地提高机械设备的利用率，避免因使用不当造成机械设备的停置。

② 加强机械操作人员的培训工作。不断提高操作技能，提高施工机械台班的生产效率。

③ 加强配件的管理。建立健全配件领发料制度，严格按油料消耗定额控制油料消耗，做到修理有记录，消耗有定额，统计有报表，损耗有分析。通过经常分析总结，提高修理质量，降低配件消耗，减少修理费用的支出。

④ 降低材料成本。做好施工机械配件和工程材料采购计划，降低材料成本。

⑤ 成立设备管理领导小组，负责设备调度、检查、维修、评估等具体事宜。对主要部件及其保养情况建立档案，分清责任，便于尽早发现问题，找到解决问题的办法。

3. 赢得值（挣值）管理法

赢得值管理法（Earned Value Management，EVM）作为一项先进的项目管理技术，国际上先进的工程公司已普遍采用赢得值管理法进行工程项目的费用、进度综合分析控制。用赢得值管理法进行费用、进度综合分析控制，基本参数有三项，即已完工作预算费用、计划工作预算费用和已完工作实际费用。

（1）赢得值管理法的三个基本参数

1）已完工作预算费用。已完工作预算费用为 BCWP（Budgeted Cost for Work Performed），是指在某一时间已经完成的工作（或部分工作），以批准认可的预算为标准所需要的资金总额。由于发包人正是根据这个值为承包人完成的工作量支付相应的费用，也就是承包人获得（挣得）的金额，故称赢得值或挣值。

$$已完工作预算费用（BCWP）= 已完成工作量 × 预算单价$$

2）计划工作预算费用。计划工作预算费用，简称 BCWS（Budgeted Cost for Work Scheduled），即根据进度计划，在某一时刻应当完成的工作（或部分工作），以预算为标准所需要的资金总额。一般来说，除非合同有变更，BCWS 在工程实施过程中应保持不变。

$$计划工作预算费用（BCWS）= 计划工作量 × 预算单价$$

3）已完成工作实际费用。已完工作实际费用，简称 ACWP（Actual Cost for Work Performed），即到某一时刻为止，已完成的工作（或部分工作）所实际花费的总金额。

$$已完工作实际费用（ACWP）= 已完成工作量 × 实际单价$$

（2）赢得值管理法的四个评价指标　在这三个基本参数的基础上，可以确定赢得值管理法的四个评价指标，它们都是时间的函数。

1）费用偏差 CV（Cost Variance）。

$$CV = BCWP - ACWP$$

当 CV<0 时，即表示项目运行超出预算费用。

当 CV>0 时，表示项目运行节支，实际费用没有超出预算费用。

2）进度偏差 SV（Schedule Variance）。

$$SV = BCWP - BCWS$$

当 SV<0 时，表示进度延误，即实际进度落后于计划进度。

当 SV>0 时，表示进度提前，即实际进度快于计划进度。

3）费用绩效指数 CPI（Cost Performance Index）。

$$CPI = \frac{BCWP}{ACWP}$$

当 CPI<1 时，表示超支，即实际费用高于预算费用。

当 CPI>1 时，表示节支，即实际费用低于预算费用。

4）进度绩效指数 SPI（Schedule Performance Index）。

$$SPI = \frac{BCWP}{BCWS}$$

当 SPI<1 时，表示进度延误，即实际进度落后于计划进度。

当 SPI>1 时，表示进度提前，即实际进度快于计划进度。

费用（进度）偏差反映的是绝对偏差，结果很直观，有助于费用管理人员了解项目费用出现偏差的绝对数额，并依此采取一定措施，制定或调整费用支出计划和资金筹措计划。但是，绝对偏差有其不容忽视的局限性。同样是 20 万元的费用偏差，对于总费用 2000 万元的项目和总费用 2 亿元的项目而言，其严重性显然是不同的。因此，费用（进度）偏差仅适合于对同一项目做偏差分析。费用（进度）绩效指数反映的是相对偏差，它不受项目层次的限制，也不受项目实施时间的限制，因而在同一项目和不同项目比较中均可采用。

例 7-1

某工程项目有 A、B、C、D 四个分项工程，采用工程量清单招标确定中标人，合同工期 5 个月，计划开工时间 2020 年 4 月，计划完工时间 2020 年 9 月。根据表 7-1 中的数据，为简便计算，本题中只分析分部分项工程量的成本、进度偏差，不进行规费税金的取费。

表 7-1 某工程部分数据

分项工程名称	进度 / 月度	第 1 月	第 2 月	第 3 月	第 4 月	第 5 月
A/m³	计划量	3000	3000			
	计划价	150	150			
	实际量	3200	3500			
	实际价	150	150			
B/m³	计划量		450	450		
	计划价		450	450		
	实际量		500	560		
	实际价		450	450		
C/t	计划量			60	60	
	计划价			4000	4000	
	实际量			50	50	
	实际价			4400	4400	
D/m²	计划量				900	900
	计划价				300	300
	实际量				900	900
	实际价				300	300

【问题】1）赢得值管理法使用的三项成本值是什么？

2）计算每月的三项成本值及累计成本值填入表 7-2。

3）分析第 4 月末的成本偏差、累计成本偏差和进度偏差、累计进度偏差。

【解析】1）赢得值法使用的三项成本值是已完成工作预算费用（BCWP）、计划工作预算费用（BCWS）和已完成工作实际费用（ACWP）。

2）每月的三项成本值及累计成本值计算结果见表 7-2。

表 7-2 各月成本值及累计值 （单位：万元）

项目名称	第 1 月	第 2 月	第 3 月	第 4 月	第 5 月
BCWP	48	75	45.2	47	27
累计 BCWP	48	123	168.2	215.2	242.2
BCWS	45	65.25	44.25	51	27
累计 BCWS	45	110.25	154.5	205.5	232.5
ACWP	48	75	47.2	49	27
累计 ACWP	48	123	170.2	219.2	246.2

3）根据表 7-2 的计算结果可以得出：

第 4 个月成本偏差 =BCWP-ACWP=47-49=-2（万元） 成本超支 2 万元。

第 4 个月累计成本偏差 =∑BCWP-∑ACWP=215.2-219.2=-4（万元） 成本超支 4（万元）。

第 4 个月进度偏差 =BCWP-BCWS=47-51=-4（万元） 进度延误 4 万元工程量。

第 4 个月累计进度偏差 =∑BCWP-∑BCWS=215.2-205.5=9.7（万元） 进度提前 9.7 万元工程量。

7.4 建筑装饰装修工程成本核算

施工项目成本核算是在成本范围内，以货币为计量单位，以施工项目成本直接耗费为对象，在区分收支类别和岗位成本责任的基础上，利用一定的方法，正确组织施工项目成本核算，全面反映施工项目成本耗费的一个核算过程。

7.4.1 施工项目成本核算的依据

成本核算的依据包括：

1）各种财产物资的收发、领退、转移、报废、清查、盘点资料。做好各项财产物资的收发、领退、清查和盘点工作，是正确计算成本的前提条件。

2）与成本核算有关的各项原始记录和工程量统计资料。

3）工时、材料、费用等各项内部消耗定额以及材料、结构件、作业、劳务的内部结算指导价。

7.4.2 施工成本核算的内容

1. 直接费成本核算

工程直接费成本包括人工费、材料费、周转材料费、结构件费和施工机械使用费等，实践中尚无具体统一的模式，各施工企业根据自身管理的要求，建立相应的核算制度和办法。

（1）直接人工费 直接人工费是指按照国家规定支付给施工过程中直接从事建筑安装工程施工的工人以及在施工现场直接为工程制作构件和运料、配料等工人的职工薪酬。

（2）直接材料费 直接材料费是指在施工过程中所耗用的、构成工程实体的材料、结构件、机械配件和有助于工程形成的其他材料以及周转材料的租赁费和摊销等。

（3）机械使用费 机械使用费是指施工过程中使用自有施工机械所发生的机械使用费，使用外单位施工机械的租赁费，以及按照规定支付的施工机械进出场费等。

（4）其他直接费用 其他直接费用是指施工过程中发生的材料搬运费、材料装卸保管费、燃料动力费、临时设施摊销、生产工具用具使用费、检验试验费、工程定位复测费、工程点交费、场地清理费，以及能够单独区分和可靠计量的为订立建造承包合同而发生的差旅费、投标费等费用。

2. 间接费成本核算

为了明确项目经理部的经济责任，正确合理地反映项目管理的经济效益，对施工间接费实行项目与项目之间"谁受益，谁负担；多受益，多负担；少受益，少负担；不受益，不负担"。组织的管理费用、财务费用作为期间费用，不再构成项目成本，组织与项目在费用上分开核算。凡属于项目发生的可控费用均下沉到项目去核算，组织不再硬性将公司本部发生费用向下分摊。

1）要求以项目经理部为单位编制工资单和奖金单列支工作人员薪金。项目经理部工资总额每月必须正确核算，以此计提职工福利费、工会经费、教育经费、劳保统筹费等。

2）劳务分公司所提供的炊事人员代办食堂承包、服务、警卫人员提供区域岗点承包服务以及其他代办服务费用等计入施工间接费。

3）内部银行的存贷利息，计入"内部利息"（新增明细子目）。

3. 分包费成本核算

建设工程项目总承包方或其施工总承包方，根据工程项目施工需要或出于风险管理的考虑，在建设法规许可的前提下，可将单位工程中的某些专业工程、专项工程进行分发包。此时，总、分包方之间所签订的分包合同价款及其实际结算金额，应列入总承包方相应工程的成本核算范围。分包工程的实际成本由分包方进行核算，总承包方不可能也没有必要掌握分包方的实际成本。

在工程项目成本管理的实践中，施工分包的方式是多种多样的，除了按部位分包外，还有施工劳务分包即包清工、机械作业分包等，即使按部位分包也还有包清工和包工包料（即双包）之分。对于各类分包费用的核算，要根据分包合同价款并对分包单位领用、租用、借用总包方的物资、工具、设备、人工等费用，根据项目经理部管理人员开具的且经分包单位指定专人签字认可的专用结算单据，如"分包单位领用物资结算单"及"分包单位租用工器具设备结算单"等结算依据，入账抵作已付分包工程款，进行核算。

7.4.3 施工成本核算的方法

施工项目成本核算的方法主要有表格核算法和会计核算法。

1. 表格核算法

表格核算法是通过对施工项目内部各环节进行成本核算，以此为基础，核算单位和各部门并定期采集信息，按照有关规定填制一系列的表格，完成数据比较、考核和简单的核算，形成工程项目成本的核算体系，作为支撑工程项目成本核算的平台。这种核算的优点是简便易懂，方便操作，实用性较好。缺点是难以实现较为科学严密的审核制度，精度不高，覆盖面较小。

2. 会计核算法

会计核算法是建立在会计对工程项目进行全面核算的基础上，再利用收支全面核实和借贷记账法的综合特点，按照施工项目成本的收支范围和内容，进行施工项目成本核算。不仅核算工程项目施工的直接成本，而且还要核算工程项目在施工过程中出现的债权债务、为施工生产而自购的工具、器具摊销、向发包单位的报量和收款、分包完成和分包付款等。这种核算方法的优点是科学严密，人为控制的因素较少而且核算的覆盖面较大；缺点是对核算工作人员的专业水平和工作经验都要求较高。项目财务部门一般采用此种方法。

3. 两种核算方法的综合使用

因为表格核算具有操作简单和表格格式自由等特点，因而对工程项目内各岗位成本的责任核算比较适用。施工单位除对整个企业的生产经营进行会计核算外，还应在工程项目上设成本会计，进行工程项目成本核算，以减少数据的传递，提高数据的及时性，便于与表格核算的数据接口。总的来说，用表格核算法进行工程项目施工各岗位成本的责任核算和控制，用会计核算法进行工程项目成本核算，两者互补，相得益彰，确保工程项目成本核算工作的开展。

7.5 建筑装饰装修工程施工成本分析

施工项目成本分析是根据会计核算、统计核算、业务核算提供的资料，对项目成本的形成过程和影响成本升降的因素进行分析，寻求进一步降低成本的途径，增强项目成本的透明度和可控性，为实现成本目标创造条件。

7.5.1 成本分析的依据和内容

1. 成本分析的依据

（1）会计核算 会计核算主要是价值核算。通过设置账户、复式记账、填制和审核凭证、登记账簿、成本计算、财产清查和编制会计报表等一系列有组织、有系统的方法，记录企业的一切生产经营活动，然后据此提出一些用货币来反映的有关各种综合性经济指标的数据，如资产、负债、所有者权益、收入、费用和利润等。由于会计记录具有连续性、系统性、综合性等特点，它是成本分析的重要依据。

（2）业务核算 业务核算是各业务部门根据业务工作的需要建立的核算制度，它包括原始记录和计算登记表，如单位工程及分部分项工程进度登记，质量登记，工效、定额计算登记，物资消耗定额记录，测试记录等。业务核算的范围比会计、统计核算要广。

（3）统计核算 统计核算是利用会计核算资料和业务核算资料，把企业生产经营活动客观现状的大量数据，按统计方法加以系统整理，以发现其规律性。它的计量尺度比会计宽，可以用货币。

会计和统计核算一般是对已经发生的经济活动进行核算，而业务核算不但可以核算已经完成的项目是否达到原定的目的、取得预期的效果，而且可以对尚未发生或正在发生的经济活动进行核算，以确定该项经济活动是否有经济效果，是否有执行的必要。它的特点是对个别的经济业务（例如各种技术措施、新工艺等项目）进行单项核算。业务核算的目的在于迅速取得资料，以便在经济活动中及时采取措施进行调整。

2. 成本分析的内容

成本分析可分为三个阶段，即工程开工前准备阶段的成本分析、工程施工过程中的成本分析和工程结束后的成本分析，在项目施工的不同阶段分析的内容也有所不同。

（1）工程开工前准备阶段的成本分析 随着建筑市场的开放，工程均实行投标制，施工单位为了承揽任务把标价压得很低，项目的盈利空间很小，所以在项目开工初期应结合实际图纸的自审、会审和其他相关资料进行成本分析，根据项目的规模、环境、装备和人员构成等情况，编制施工组织设计，积极采纳各方面的意见，从不同的角度预测、分析各种方案的成本，从中选择合理、可行的施工方案，保证以最小的成本获得项目最大的效益。

（2）工程施工过程中的成本分析　主要对工程所发生的直接人工费、直接材料费、机械使用费、措施费及管理费、税费等内容进行分析，寻求进一步降低成本费用的途径。在分析过程中要对提高项目效益有利的因素进行深入挖潜，而对影响项目效益的不利因素加以纠正。

1）人工费的分析。通过对人工费的分析可从以下几方面加以控制：一是用工数量上控制，发挥职工的聪明才智，采取合理的工序，通过合理安排，降低工日消耗，达到控制人工费的目的；二是在分包劳务的工程结算中，项目部先要测算出分包的工作量，再通过成本分析，确定分包工程的成本，做到心中有数，才能最大限度地节约成本；三是加强劳动定额的控制，发挥职工的工作积极性，做到多劳多得，提高劳动效率。

2）材料费的分析。材料费用占工程成本的比例较大，材料费用直接影响工程成本和经济效益。现阶段，项目材料的来源有以下几种方式：第一种是工程项目的设备及大部分主要材料由甲方（建设单位）提供，项目部作为交接验收方，就要做好接收材料、设备的台账，做好与预算材料费用的对比分析，控制先天性亏损，并要及时与建设单位对账；第二种是建设单位指定厂家供货，但采购合同由项目部与供货商签订，这部分材料的价格项目部可以与供货商沟通，尽量以最优价格供货；第三种是自行购料，项目部要进行市场调查，在确保质量的前提下，做到货比三家，在合格的供应商内择优购料，节约材料成本。

3）机械费用的分析。工程施工中必要的机械动力等设备，如不及时购置或得不到更新，项目施工中的工作效益就会降低，相应的其他费用就会增加。通过成本分析可以发现这些问题，采取积极的措施，添置必要的设备，提高劳动生产率，达到节约成本的目的。

4）现场管理的分析。装修工程的施工日期较长，需要几个月甚至一年多，管理费的支出也是一个不小的数字，也是影响项目效益的重要因素。节约管理费用应做到：一是精简管理人员，要做到因事设岗设人或一人多岗；二是合理安排施工方案，减少人员差旅费等；三是建立 QC（质量管理）小组，进行技术攻关，促进管理水平不断提高，减少管理费用支出。

（3）工程结束后的成本分析　在工程施工结束后，要及时进行成本分析。一是对项目竣工后至解体前的成本支出进行合理估算，制订费用的开支范围，加强项目管理成员的责任心，严格控制与项目无关的费用，保住项目已取得的效益；二是对整个项目的成本费用进行分析，将成本的实际指标与计划、定额、预算进行对比，可以初步分析出项目的盈亏情况。

7.5.2　成本分析的方法和处理

1. 成本分析的方法

（1）比较法　又称指标对比分析法，就是通过技术经济指标的对比，检查目标的完成情况，分析产生差异的原因，进而挖掘内部潜力的方法。这种方法具有通俗易懂、简单易行、便于掌握的特点，因而得到了广泛的应用，但在应用时必须注意各技术经济指标的可比性。比较法的应用，通常有下列形式：

1）将实际指标与目标指标对比。通过这种对比，可以检查目标完成情况，分析影响目标完成的积极因素和消极因素，以便及时采取措施，保证成本目标的实现。在进行实际指标与目标指标对比时，还应注意目标本身有无问题。如果目标本身出现问题，则应调整目标，重新正确评价实际工作的成绩。

2）本期实际目标与上期实际目标对比。通过这种对比，可以看出各项技术经济指标的变动情况，反映施工管理水平的提高程度。

3）与本行业平均水平、先进水平对比。通过这种对比，可以反映本项目的技术管理和经济管理与行业的平均水平和先进水平的差距，进而采取措施赶超先进水平。

以上三种对比，可以在一张表上同时反映出来。

例 7-2

某施工项目 2005 年度节约钢材的目标为 125 万元，实际节约 135 万元，2004 年节约 110 万元，本企业先进水平节约 160 万元。试编制分析表。

【解析】分析表编制见表 7-3。

表 7-3　节约钢材分析

指标	2005 年计划数	2004 年实际数	企业先进水平	2005 年实际数	差异数		
					2005 年与计划比	2005 年与 2004 年比	2005 年与先进水平比
钢材节约额/万元	125	110	160	135	10	25	-35

（2）因素分析法　因素分析法又称连环置换法。这种方法可用来分析各种因素对成本的影响程度。在进行分析时，首先要假定众多因素中的一个因素发生变化，而其他因素不变，然后逐个替换，分别比较其计算结果，以确定各个因素的变化对成本的影响程度。因素分析法的计算步骤如下：

1）确定分析对象，并计算出实际数与目标数的差异。

2）确定该指标是由哪几个因素组成的，并按其相互关系进行排序。

3）以目标数为基础，将各因素的目标数相乘，作为分析替代的基数。

4）将各个因素的实际数按照上面的排列顺序进行替换计算，并将替换后的实际数保留下来。

5）将每次替换计算所得的结果与前一次的计算结果相比较，两者的差异即为该因素对成本的影响程度。

6）各个因素的影响程度之和，应与分析对象的总差异相等。

例 7-3

某工程浇筑一层结构商品混凝土，目标成本为 378560 元，实际成本为 407880 元，比目标成本增加 29320 元。根据表 7-4 的资料，用"因素分析法"分析其成本增加的原因。

表 7-4　商品混凝土目标成本与实际成本对比

项目	计划	实际	差额
产量/m³	520	550	+30
单价/元	700	720	+20
损耗率（%）	4	3	-1
成本/元	378560	407880	+29320

【解析】1）分析对象是浇筑一层结构商品混凝土的成本，实际成本与目标成本的差额为 29320 元。

2）该指标是由产量、单价、损耗率三个因素组成的，其排序见表7-4。

3）以目标数378560（520×700×1.04）为分析替代的基础。

4）替换。

第一次替换：产量因素：以550替代520，得550×700×1.04＝400400（元）。

第二次替换：单价因素：以720替代700，并保留上次替换后的值，得411840元，即550×720×1.04＝411840（元）。

第三次替换：损耗率因素：以1.03替代1.04，并保留上两次替换后的值，得407880元。

5）计算差额：

第一次替换与目标数的差额＝400400－378560＝21840（元）。

第二次替换与第一次替换的差额＝411840－400400＝11440（元）。

第三次替换与第二次替换的差额＝407880－411840＝－3960（元）。

产量增加是成本增加了21840元，单价提高使成本增加了11440元，而损耗率下降使成本降低了3960元。

6）各因素的影响程度之和＝21840＋11440－3960＝29320（元），与实际成本和目标的总差额相等。

为了使用方便，企业也可以通过运用因素分析表来求出各因素的变动对实际成本的影响程度，其具体形式见表7-5。

表7-5　商品混凝土成本变动因素分析

顺序	连环替代计算	差异/元	因素分析
目标数	520×700×1.04		
第一次替代	550×700×1.04	21840	由于用量增加30m³，成本增加21840元
第二次替代	550×720×1.04	11440	由于单价提高20元，成本增加11440元
第三次替代	550×720×1.03	-3960	由于损耗率下降1%，成本减少3960元
合计	21840+11440-3960=29320	29320	

（3）差额计算法　差额计算法是因素分析法的一种简化形式，它利用各个因素的目标值与实际值的差额来计算其对成本的影响程度。

例如，某施工项目某月的实际成本降低额比目标数提高了2.00万元，具体形式见表7-6：

表7-6　降低成本目标与实际对比

项目	单位	目标	实际	差异
预算成本	万元	310	320	+10
成本降低率	%	4	4.5	+0.5
成本降低额	万元	12.4	14.4	+2.00

1）预算成本增加对成本降低额的影响程度

$$（320－310）×4\%＝0.40（万元）。$$

2）成本降低率提高对成本降低额的影响程度

$$（4.5\%－4\%）×320＝1.60（万元）。$$

以上两项合计0.40＋1.60＝2.00（万元）。

（4）比率法　比率法是指用两个以上的指标的比例进行分析的方法。它的基本特点是先把对比分析的数值变成相对数，再观察其相互之间的关系。常用的比率法有以下几种：

　　1）相关比率法。由于项目经济活动的各个方面是互相联系，互相依存，又互相影响的，因而可将两个性质不同而又相关的指标加以对比，求出比率，并以此来考察经营成果的好坏。

　　2）构成比率法。构成比率法又称比重分析法或结构对比分析法，通过构成比率，可以考察成本总量的构成情况以及各成本项目占成本总量的比重，同时也可看出量、本、利的比例关系（即预算成本、实际成本和降低成本的比例关系），从而为寻求降低成本的途径指明方向。

　　3）动态比率法。动态比率法就是将同类指标不同时期的数值进行对比，求出比率，以分析该项指标的发展方向和发展速度。动态比率的计算通常采用基期指数（或稳定比指数）和环比指数两种方法。

　　2. 成本分析的处理

　　（1）成本盈亏异常的处理　　当成本出现盈亏异常的状况，项目经理部的管理者和有关责任人需要明确原因，加以纠正。成本盈亏异常分析方法的依据是"三同步"原则，即该项工程的形象进度、已完成的预算收入（赢得值）和支出的实际成本这三者之间，必须有同步的关系，如果违背这种关系，就会发生成本的盈亏异常现象。根据"三同步"原则，可以通过以下几个方面的对比分析来进行检查。

　　1）形象进度内的赢得值与该时期内计划工程量的预算收入是否一致，如果前者大于后者，说明进度超前；前者小于后者，说明进度滞后；二者基本相等，说明施工的实际进度和计划进度相符。

　　2）计划资源消耗与施工任务单的实耗人工、限额领料单的实耗材料、当期租用的周转材料和机械的合同支出是否同步，通过这个问题，可以查出各项实际直接成本与相应的计划成本相比，是否出现了节超现象。

　　3）间接费用的实际支出与该段时间内的同项预算费用是否一致，如果不一致，说明间接费用的使用出现节超情况，需要对原因进行进一步的分析。

　　4）施工过程中是否出现了质量问题、工程变更与索赔、应收应付款项的不及时到位，或者严重的重要材料的浪费问题。将以上四个方面的同步情况查明以后，成本盈亏的原因就会一目了然。

　　（2）工期成本分析　　就是将计划工期成本和实际工期成本进行比较分析。计划工期成本是指在假定完成预期利润的前提下，计划工期内所耗用的计划成本；实际工期成本则是在实际工期中耗费的实际成本。工期成本分析的方法一般是比较法，即将计划工期成本与实际工期成本进行比较，然后采用"因素分析法"分析各种因素的变动对工期成本差异的影响程度。

　　（3）质量成本分析　　质量成本分析的目的是明确项目经理部的不同部门在建筑产品质量方面的损失和应承担的责任，促使各部门重视采取措施，降低质量成本。它是根据质量成本核算的资料进行归纳、比较和分析，主要包括质量成本总额的构成内容分析、质量成本总额的构成比例分析、质量成本各要素之间的比例关系分析、质量成本占预算成本的比例分析。这四项内容的分析完成之后，就能看出质量成本与计划相比，是否出现节超的情况；还可以看到质量成本的各要素的实际成本占总成本的比例大小，找出需要重点控制的要素，采取必要的措施，防止质量成本出现较大的偏差。

　　（4）资金成本分析　　对工程项目的资金成本进行分析，通常采用"成本支出率"指标，即成本支出占工程款收入的比例。计算公式为：成本支出率 =（计算期实际成本支出 / 计算期实际工程款收入）×100%。通过对成本支出率的分析，可以看出资金收入中用于成本支出的比重有多大，如果该比重过多地偏离于该计算期的计划比重，则要对项目的各项资金来源进行逐项分析。

（5）技术组织措施执行效果分析　技术组织措施是控制工程成本的一个主要途径。因此，在编制成本计划时，都要定期（如每月）对技术组织措施进行计划编制。但是，在施工过程中，往往有些措施未按计划实施，还有一些实施的措施是计划以外的。因此，在对措施计划的执行情况进行检查时，必须分析节约计划和超计划的具体原因，做出正确的分析和评价。技术组织措施的分析方法，通常是采用"措施节约效果"指标，其计算公式是：措施节约效果＝措施前的成本－措施后的成本。对措施节约效果进行分析，需要联系措施的内容和执行经过来进行。有些措施难度比较大，但节约效果并不高；而有些措施难度并不大，但节约效果却很高。

7.5.3　成本考核的程序和方法

1. 成本考核的程序

1）组织主管领导或部门发出考评通知书，说明考评的范围、具体时间和要求。

2）项目经理部按考评通知书的要求，做好相关范围成本管理情况的总结和数据资料的汇总，提出自评报告。

3）组织主管领导签发项目经理部的自评报告，交送相关职能部门和人员进行审阅评议。

4）及时进行项目审计，对项目整体的综合效益做出评估。

5）按规定时间召开组织考评会议，进行集体评价与审查并形成考评结论。

2. 成本考核的方法

成本考核的方法分为传统成本考核法和现代成本考核法。

（1）传统成本考核法　传统成本考核指标主要是可比产品成本计划完成情况指标。具体包括全部可比产品成本计划降低率、全部可比产品成本计划降低额、全部可比产品成本实际降低率、全部可比产品成本实际降低额。其中：

可比产品成本降低额＝本期实际成本－可比产品上期实际成本

可比产品成本降低率＝可比产品成本降低额／可比产品上期实际成本×100%

传统成本考核方法中可比产品成本降低率指标在计划经济体制下，对于加强国家对国有企业的成本管理，发挥职工降低成本的积极性，在企业之间进行有效的成本比较、成本竞赛，促进企业降低成本曾起过积极作用，并涌现出许多先进企业和先进个人。但随着这一指标运行时间的延长，其缺陷也日益暴露出来。主要表现为缺乏全面性、准确性、一致性、科学性和公正性。

（2）现代成本考核法　在现代成本管理的理论和方法中，对传统的成本考核内容进行了较大的改革，主要是围绕责任成本设计成本考核指标，其内容主要包括行业内部考核指标和企业内部责任成本考核指标。

行业内部考核指标具体包括成本降低率、标准总成本、实际总成本、销售收入成本率。其中：

成本降低率＝（标准总成本－实际总成本）／标准总成本×100%

销售收入成本率＝报告期销售成本总额／报告期销售收入总额×100%

企业内部责任成本考核指标具体包括责任成本差异率和责任成本降低率。其中：

责任成本差异率＝责任成本差异额／标准责任成本总额×100%

责任成本降低率＝本期责任成本降低额／上期责任成本总额×100%

现代成本考核法围绕责任成本设立了成本考核的指标，同时还包括成本岗位工作考核，引入成本否决制的基本思想，与奖惩密切结合起来，充分体现成本考核的时代性和先进性。

能 / 力 / 测 / 试

一、单选题

1．某分部分项工程预算单价为 300 元 /m³，计划 1 个月完成工程量 100m³，实际施工中用了两个月（匀速）完成工程量 160m³，由于材料费上涨导致实际单价为 330 元 /m³，则该分部分项工程的费用偏差为（　　）元。

  A．4800　　　　　　B．−4800　　　　　　C．18000　　　　　　D．−18000

2．根据《建设工程工程量清单计价规范》，发包人应在工程开工后的 28 天内预付不低于当年施工进度计划的安全文明施工费总额的（　　）。

  A．50%　　　　　　B．90%　　　　　　C．60%　　　　　　D．100%

3．根据《建设工程工程量清单计价规范》，采用单价合同的工程结算工程量应为（　　）。

  A．施工单位实际完成的工程量

  B．合同中约定应给予计量的工程量

  C．以合同图纸的图示尺寸为准计算的工程量

  D．合同中约定应给予计算并实际完成的工程量

4．已知某材料损耗率为 5%，该材料定额消耗量为 252m，该材料损耗量和净用量分别为（　　）m。

  A．12；240　　　　B．12.6；240　　　　C．12；252　　　　D．12.6；252

5．赢得值管理法的三个基本参数包括已完工作预算费用、计划工作预算费用和（　　）。

  A．已完工作实际费用　　　　　　　　B．计划工作实际费用

  C．已完工作测算费用　　　　　　　　D．计划工作测算费用

二、能力训练

某工程项目业主采用工程量清单计价方式公开招标确定了承包人，双方签订了工程承包合同，合同工期为 6 个月。合同中的清单项目及费用包括：分项工程项目 4 项，总费用为 200 万元，相应专业措施费用为 16 万元；安全文明施工措施费用为 6 万元；计日工费用为 3 万元；暂列金额为 12 万元；特种门窗工程（专业分包）暂估价 30 万元，总承包服务费为专业分包工程费用的 5%；规费费率 7% 和增值税率为 9%。各分项工程项目费用及相应专业措施费用、施工进度见表 7-7。

表 7-7　分项工程项目费用及相应专业措施费用、施工进度

分项工程项目名称	分项工程项目及相应专业措施费用 / 万元		施工进度 / 月					
	项目费用	措施费用	1	2	3	4	5	6
A	40	2.2						
B	60	5.4						
C	60	4.8						
D	40	3.0						

注：1．表中粗实线为计划作业时间，粗虚线为实际作业时间。

  2．各分项工程计划和时间作业按均衡施工考虑。

合同中有关付款条款约定如下：

1）工程预付款为签约合同价（扣除暂列金额）的 20%，于开工之日前 10 天支付，在工期最后 2 个月的工程款中平均扣回。

2）分项工程项目费用及相应专业措施费用按实际进度逐月结算。

3）安全文明施工措施费用在开工后的前 2 个月平均支付。

4）计日工费用、特种门窗专业费用预计发生在第 5 个月，并在当月结算。

5）总承包服务费、暂列金额按实际发生额在竣工结算时一次性结算。

6）业主按每月工程款的 90% 给承包商付款。

7）竣工结算时扣留工程实际总造价的 5% 作为质保金。

问题：

1）该工程签约合同价是多少万元？工程预付款为多少万元？

2）列式计算第 3 月末时的工程进度偏差并分析工程进度情况（以投资额表示）。

单元 8

建筑装饰装修工程进度管理

知识目标

了解建筑装饰装修工程项目进度管理的概念；熟悉建筑装饰装修工程进度计划的内容；掌握建筑装饰装修工程施工项目进度计划的检查和调整；掌握建筑装饰装修工程施工方进度控制的任务和措施。

能力目标

能够理解建筑装饰装修工程项目施工进度控制在整个项目管理过程中的作用和意义，通过本单元的学习，能够对建筑装饰装修工程进行有效的进度管理。

8.1 建筑装饰装修工程进度管理概述

8.1.1 建筑装饰装修工程进度管理简介

一个项目在预定的时间内完成，是项目最为重要的任务之一，也是进行项目管理所追求的目标之一。建筑装饰装修工程施工进度管理是一个动态的过程，有一个目标体系，保证工程项目按期交付使用，是工程施工阶段进度控制的最终目的。将施工进度总目标从上至下层层分解，形成施工进度控制目标体系，作为实施进度控制的依据。施工进度管理只有处理好各种因素的影响，制订最优的进度计划，运用科学的原理和手段，才能确保项目按工程目标完成，并提高施工效益。

1. 建筑装饰装修工程施工进度管理的含义

建筑装饰装修工程项目进度管理，是指在项目实施过程中，对各阶段的进展程度和项目最终完成的期限所进行的管理，目的是保证项目在满足时间约束的条件下实现项目总目标，既在限定的期限内，确定进度目标，编制最优的施工进度计划，又在施工进度计划的执行进度过程中，不断用实际进度与计划进度相比较，若出现偏差，分析产生的原因和对工期的影响程度，制订出必要的调整措施。对原进度计划调整，不断地如此循环，直到工程竣工，满足项目约定的交付时间。

2. 建筑装饰装修工程进度管理的程序

工程项目部应按照以下程序（图 8-1）进行管理。

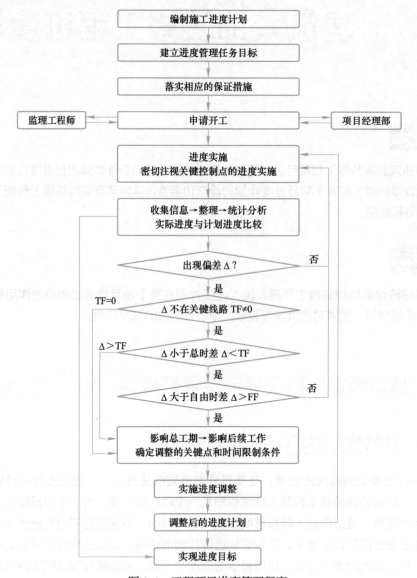

图 8-1　工程项目进度管理程序

3. 影响建筑装饰装修工程施工进度的因素

1）工程建设相关单位的影响。

2）物资供应进度的影响。

3）资金的影响。

4）设计变更的影响。

5）施工条件的影响。

6）各种风险因素的影响。

7）承包单位自身管理水平的影响。

8.1.2　建筑装饰装修工程进度管理的目标和进度控制的任务

1. 工程项目进度管理的目标

保证工程项目按期建成交付使用是工程项目进度管理的最终目的。建筑工程施工进度目标分解如图 8-2 所示。

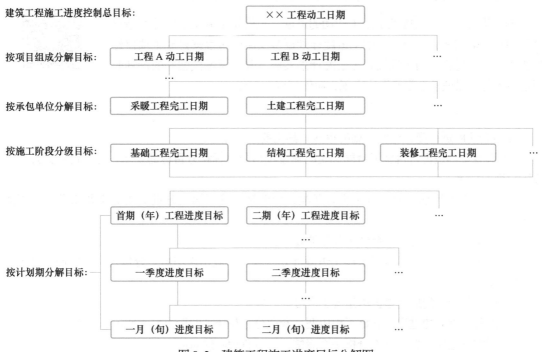

图 8-2　建筑工程施工进度目标分解图

2. 工程项目进度控制的任务

工程项目管理有多种类型，代表不同利益方的项目管理（业主方和项目参与各方）都有进度控制的任务。

业主方进度控制的任务是控制整个项目实施阶段的进度，包括控制设计准备阶段的工作进度、设计工作进度、施工进度、物资采购工作进度，以及项目动工前准备阶段的工作进度。

设计方进度控制的任务是依据设计任务委托合同对设计工作进度的要求控制设计工作进度，这是设计方履行合同的义务。另外，设计方应尽可能使设计工作的进度与招标、施工和物资采购等工作进度相协调。在国际上，设计进度计划主要是各设计阶段的设计图纸（包括有关的说明）的出图计划，在出图计划中标明每张图纸的名称、图纸规格、负责人和出图日期。出图计划是设计方进度控制的依据，也是业主方控制设计进度的依据。

施工方进度控制的任务是依据施工任务委托合同对施工进度的要求控制施工进度，这是施工方履行合同的义务。在进度计划编制方面，施工方应视项目的特点和施工进度控制的需要，编制深度不同的控制性、指导性和实施性施工进度计划，以及按不同计划周期（年度、季度、月度和旬）编制施工计划等。

供货方进度控制的任务是依据供货合同对供货的要求控制供货进度，这是供货方履行合同的义务。供货进度计划应包括供货的所有环节，如采购、加工制造、运输等。

8.2 建筑装饰装修工程进度计划的实施、检查和调整

8.2.1 建筑装饰装修工程进度计划的实施

施工进度计划的实施就是施工活动的进展，也就是用施工进度计划指导施工活动、落实和完成计划。施工进度计划逐步实施的过程就是施工项目建造逐步完成的过程。为了保证施工进度计划实施，并且尽量按编制的计划时间逐步进行，保证各进度目标的实现，应做好以下工作：

施工进度计划的实施

1. 施工进度计划的审核

项目经理应进行施工进度计划的审核，其主要内容如下：

1）进度安排是否符合施工合同确定的建设项目总目标和分目标的要求，是否符合其开工、竣工日期的规定。

2）施工进度计划中的内容是否有遗漏，分期施工是否满足分批交工的需要和配套交工的要求。

3）施工顺序安排是否符合施工程序的要求。

4）资源供应计划是否能保证施工进度计划实现，供应是否均衡，分包人供应的资源是否满足进度要求。

5）施工图设计的进度是否满足施工进度计划要求。

6）总分包之间的进度计划是否相协调，专业分工与计划的衔接是否明确、合理。

7）对实施进度计划的风险分析是否清楚，是否有相应的对策。

8）各项保证进度计划实现的设计措施是否周到、可行、有效。

2. 施工进度计划的贯彻

1）检查各层次的计划，形成严密的计划保证系统。

2）层层明确责任，并利用施工任务书。

3）进行计划的交底，促进计划的全面、彻底实施。

3. 施工进度计划的实施

1）编制月（旬）作业计划。

2）签发施工任务书。

3）做好施工进度记录，填好施工进度统计表。

4）做好施工中的调度工作。

8.2.2 建筑装饰装修工程施工进度计划的检查

施工进度计划的检查和调整

在施工项目的实施过程中，为了进行进度控制，进度控制人员应经常地、定期地跟踪检查

施工实际进度情况，主要是收集施工项目进度材料，进行统计整理和对比分析，确定实际进度与计划进度之间的关系，其主要工作如下：

1. 跟踪检查施工实际进度

为了对施工进度计划的完成情况进行统计、进行进度分析和调整计划提供信息，应对施工进度计划依据其实施记录进行跟踪检查。检查和收集资料的方式一般采用进度报表方式或定期召开进度工作汇报会。

2. 整理统计检查数据

收集到的施工项目实际进度数据，要进行必要的整理、按计划控制的工作项目进行统计，形成与计划进度具有可比性的数据、相同的量纲和形象进度。一般可以按实物工程量、工作量和劳动消耗量以及累计百分比整理和统计实际检查的数据，以便与相应的计划完成量相对比。

3. 对比实际进度与计划进度

将收集的资料整理和统计成具有与计划进度可比性的数据后，用施工项目实际进度与计划进度的比较方法进行比较。通常方法有横道图比较法、S 形曲线比较法、"香蕉"形曲线比较法、前锋线比较法和列表比较法等。通过比较得出实际进度与计划进度相一致、超前、拖后 3 种情况。

（1）横道图比较法 进行施工进度计划的分析比较，用横道图编制施工进度计划是工程上较熟悉的方法。它形象简明直观、编制方法简单，方便使用。例如，某小区室内装饰工程的施工实际进度计划与计划进度比较，其中双细实线表示计划进度，粗实线部分则表示工程施工的实际进度，见表 8-1。从比较中可以看出，在第 9 天末进行施工进度检查时顶棚工作已经完成；地面的工作按计划进度应当完成，而实际施工进度只完成了 75% 的任务，任务量拖欠了 25%；踢脚线按计划应该完成 60%，而实际只完成 20%，任务量拖欠 40%。

表 8-1 某室内装饰工程实际进度与计划进度比较表

施工过程	持续时间/天	施工进度计划/天													
		1	2	3	4	5	6	7	8	9	10	11	12	13	14
顶棚	6														
墙面	4														
地面	4														
踢脚线	5														
门窗安装	5														

▲
检查日期

通过上述记录与比较，发现了实际施工进度与计划进度之间的偏差，为采取调整措施提供了明确的任务。事实上，工程项目中各项工作的进展情况不一定是匀速的，根据工程项目中各项工作的进展是否匀速，可分别采取以下两种方法进行实际进度与计划进度的比较。

1）匀速进展横道图比较法。

2）非匀速进展横道图比较法。

横道图比较法虽有记录和比较简单、形象直观、易于掌握，使用方便等优点，但由于其以横道计划为基础，因而带有不可克服的局限性。在横道计划中，各项工作之间的逻辑关系表达不明确，关键工作和关键线路无法确定。一旦某些工作实际进度出现偏差时，难以预测其对后续工作和工程总工期的影响，也就难以确定相应的进度计划调整方法。因此，横道图比较法主要用于工程项目中某些工作实际进度与计划进度的局部比较。

（2）S形曲线比较法　S形曲线比较法与横道图比较法不同，它不是在编制的横道图进度计划上进行实际进度与计划进度比较。S形曲线比较法如图8-3所示，是以横坐标表示进度时间，纵坐标表示累计完成任务量，而绘制出一条按计划时间累计完成任务量的曲线，将施工项目的各检查时间实际完成的任务量与S形曲线进行实际进度与计划进度相比较的一种方法。在项目施工过程中，按规定时间将检查的实际完成情况，绘制在与计划S形曲线同一张图上，可得出实际进度S形曲线，比较两条S形曲线可以得到如下信息：

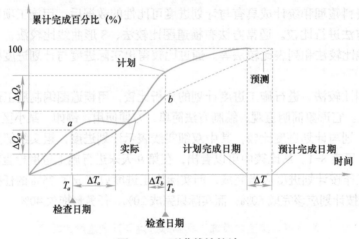

图8-3　S形曲线比较法

1）项目实际进度与计划进度比较，当实际工程进度点落在计划S形曲线左侧则表示此时实际进度比计划进度超前；若落在其右侧，则表示拖欠；若刚好落在其上，则表示两者一致。

2）项目实际进度比计划进度超前或拖后的时间。

3）任务量完成情况，即工程项目实际进度比计划进度超额或拖欠的任务量。

4）后期工程进度预测。

（3）"香蕉"形曲线比较法　"香蕉"形曲线是两条S形曲线组合成的闭合曲线。从S形曲线比较法中得知，按某一时间开始的施工项目的进度计划，其计划实施过程中进行时间与累计完成任务量的关系都可以用一条S形曲线表示。对于一个施工项目的网络计划，在理论上总是分为最早和最迟两种开始与完成时间的。因此，一般情况，任何一个施工项目的网络计划，都可以绘制出两条曲线。其一是计划以各项工作的最早开始时间安排进度而绘制的S形曲线，称为ES曲线。其二是计划以各项工作的最迟开始时间安排进度，而绘制的S形曲线，称LS曲线。两条S形曲线都是从计划的开始时刻开始和完成时刻结束，因此两条曲线是闭合的。一般情况，其余时刻ES曲线上的各点均落在LS曲线相应点的左侧，形成一个形如"香蕉"的曲线，称"香蕉"

形曲线，如图 8-4 所示。

在项目的实施中进度控制的理想状况是任一时刻按实际进度描绘的点，应落在该"香蕉"形曲线的区域内。

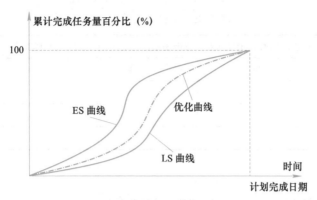

图 8-4 "香蕉"形曲线比较图

（4）前锋线比较法 施工的进度计划用时标网络计划表达时，还可以采用实际进度前锋线法进行实际进度与计划进度比较。所谓前锋线，是指在原时标网络计划上，从检查时刻的时标点出发，用点画线依次将各项工作实际进展位置点连接而成的折线。前锋线比较法就是通过实际进度前锋线与原进度计划中各工作箭线交点的位置来判断工作实际进度与计划进度的偏差，进而判断该偏差对后续工作及总工期影响程度的一种方法。例如，某分部工程施工网络计划，在第 4天下班时检查，C 工作未完成该工作的计划工作量，D 工作完成了该工作的计划工作量，E 工作已全部完成该工作的工作量，则实际进度前锋线如下图上点画线构成的折线如图 8-5 所示。

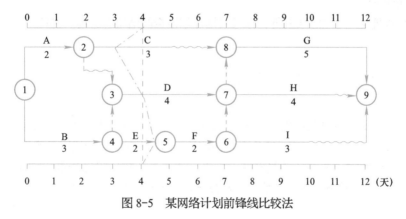

图 8-5 某网络计划前锋线比较法

通过比较可以得出以下结果：

1）工作 C 实际进度拖后 1 天，其总时差和自由时差均为 2 天，既不影响总工期，也不影响其后续工作的正常进行。

2）工作 D 实际进度与计划进度相同，对总工期和后续工作均无影响。

3）工作 E 实际进度提前 1 天，对总工期无影响，将使其后续工作 F、I 的最早开始时间提前 1 天。

综上所述，该检查时刻各工作的实际进度对总工期无影响，将使工作 F、I 的最早开始时间提前 1 天。

（5）列表比较法　当工程进度计划用无时标网络图表示时，可以采用列表比较法进行实际进度与计划进度的比较，见表 8-2。这种方法是记录检查日期应该进行的工作名称及其已经作业的时间，然后列表计算有关时间参数，并根据工作总时差进行实际进度与计划进度比较的方法。

表 8-2　工程进度检查比较

工作代号	工作名称	检查计划时尚需作业天数	到计划最迟完成时尚有天数	原有总时差	尚有总时差	情况判断
①	②	③	④	⑤	⑥	⑦

8.2.3　建筑装饰装修工程进度计划的调整

通过检查分析，如果发现原有进度计划已不能适用实际情况时，为了确保进度控制目标的实现或需要确定新的计划目标，就必须对原有进度计划进行调整，其调整方法主要有以下几种：

1）改变某些工作间的逻辑关系。

2）缩短某些工作的持续时间。

3）调整资源供应。

4）增减施工内容。

5）增减工程量。

6）改变起止时间。

网络计划的调整，可以定期进行，亦可根据计划检查的结果在必要时进行。

8.3　建筑装饰装修工程进度控制的措施

建筑装饰装修工程进度控制的依据就是进度计划，在项目开工前编制一个可行的进度计划很重要。然而，在实际项目施工中，总会因为各种各样的突发情况、干扰因素的作用而发生变化。这时候，项目管理者除了要动态调整进度计划外，还要采取相应措施来进行调整和管理，一般进度控制的措施有组织措施、管理措施、经济措施、技术措施和合同措施等。

8.3.1　建筑装饰装修工程进度控制的组织措施

1）职责到人。

2）明确目标。

3）规范制度。

4）编制流程。

5）分解进度。

6）控制节点。

以关键线路为主要线索，以网络计划中心起止里程碑为控制节点。划分施工阶段，不同施工阶段确定对应的重点进度控制对象，制定施工细则，以确保控制节点顺利完成。

8.3.2   建筑装饰装修工程进度控制的管理措施

管理措施就是通过项目内部的管理来提高进度控制的水平，消除或减轻各种不利因素对工程进度的影响。从管理入手，初步分为计划、实施、总结三个阶段。

1. 计划阶段

主要工作是制定工程进度计划，并结合项目现场对计划的可行性做评审。与项目的参与单位签订责任状，责任状中明确项目总工期，并根据总合同工期对各单位提出分项工程工期（节点工期）要求。

2. 实施阶段

1）对各级进度计划（周、月、季计划）的执行情况进行监督，检查是否有工期拖延现象，协助排除影响工程进度的障碍。

2）加强与业主、监理单位的沟通与协调，使现场出现的技术问题、变更洽商、竣工报验、质量问题等能快速解决。

3）加强与设计单位的配合，减少设计变更对施工进度造成的工期停滞。

4）保障施工过程中设备、材料、资金的及时供应。

5）定期、严格审查施工质量，避免因施工质量不达标而造成的施工返工。

3. 总结阶段

检查各单位的阶段性施工结果，对能在要求工期内按时、按质、按量完成施工任务的单位提出表彰、奖励，对未能如期完成施工的单位做出惩罚并总结经验，同时对新的施工阶段进行计划。

8.3.3   建筑装饰装修工程进度控制的经济措施

经济措施，就是提供进度计划实施过程中的资金需求保障，采取相应的经济激励与奖惩措施。进度控制的经济措施主要包括：

1）对工期提前的单位给予奖励。

2）对工期延误的单位做出惩罚，收取误期损失赔偿金，严重者根据合同终止合作。

3）出现应急赶工情况，对施工单位给予合理的（乃至优厚的）赶工费用。

4）简化、及时办理工程预付款及工程进度款支付手续。

5）提供施工过程中资金、设备、材料、人工等的供应保证。

6）加强完善工期索赔与反索赔管理。

8.3.4   建筑装饰装修工程进度控制的技术措施

技术措施，指的是选用对实现施工进度目标有利的设计技术和施工技术。进度控制的技术措施主要包括：

1）采用先进的进度计划编制技术（横道图计划、网络计划技术或其他科学适用的计划方法），结合互联网的运用，通过先进的控制方法与手段对工程进度进行动态把控。

2）审查进度计划的技术可行性，确保能在合理的、技术可实现的状态下施工。

3）组织流水化施工，保证施工作业连续、均衡、有节奏。

4）采取能加快施工进度的施工技术，缩短作业时间，减少技术间隔。

5）选用先进的施工方法、施工工艺和高效的施工机械。

8.3.5 建筑装饰装修工程进度控制的合同措施

合同措施是指通过签订合同来明确项目各参与方在项目进度控制中的职责，以合同管理为手段来保障进度目标的实现。进度控制的合同措施主要包括：

1）选择恰当的合同管理模式，如设计—建造模式、设计—采购—施工、交钥匙模式等，采取分段设计、分段发包和分段施工的方式，合同中明确施工负责范围。

2）协调合同工期与进度计划之间的关系，合同工期要与计划工期保持同步，保证合同中进度目标的实现。

3）加强合同管理，严格履行合同，依据合同来加强施工过程中的各方组织、管理、指挥、协调。

4）严格把控施工中的合同变更，对各参与单位在施工中提出的工程变更、设计变更，应配合专业工程师进行真实性、必要性审查，通过后才能补充到合同文件中。

5）在签订合同前，要提前考虑项目中可能存在的风险因素、其对工程进度的影响以及相应处理办法等，尽可能采取预控措施，减少影响。

6）合同中加强对工期延误的索赔管理，责任划分明确，公平、公正、公开地处理索赔，以督促各参与单位实现进度控制的目标。

能 / 力 / 测 / 试

一、名词解释

1. 进度管理；2. 施工进度计划；3. 组织措施；4. 管理措施

二、填空题

1. 对比实际进度与计划进度通常用的方法有_____、_____、_____、_____和_____。

2. 进度控制的措施一般包括组织措施_____、_____、_____和合同措施等。

三、简答题

1. 简述建筑装饰装修工程进度管理的程序。

2. 影响建筑装饰装修工程施工进度的因素有哪些？

3. 建筑装饰装修工程施工进度计划检查的工作有哪些？

单元 9

建筑装饰装修工程施工质量管理

知识目标

了解质量管理和质量控制的基本原理和方法；掌握建筑装饰装修工程项目施工质量控制；熟悉建筑装饰装修工程施工质量保证体系；掌握建筑装饰装修工程质量验收和施工质量事故的处理办法。

能力目标

通过实施建筑装饰装修工程各个环节的质量控制职能活动，有效防范和正确处理可能发生的质量事故。

9.1 建设工程项目质量管理和质量控制

9.1.1 建设工程项目质量管理

1. 质量的概念

根据国际标准化组织在 ISO 9000：2015《质量管理体系 基础和术语》中的定义，质量是指客体的一组固有特性满足要求的程度。

在这个定义中，没有将质量限定于产品或服务，而是泛指一切可单独描述和研究的事物，它可以是活动或过程，可以是产品，也可以是组织、体系或人以及上述各项的任何组合。理解质量概念，在于把握"特性"和"要求"这两个关键词。

2. 建设工程质量

建设工程质量简称工程质量，是指建设工程满足相关标准规定和合同约定要求的程度，包括其在安全、使用功能及耐久性能、节能与环境保护等方面所有明示和隐含的固有特性。

建设工程作为一种特殊的产品，除具有一般产品共有的质量特性外，还具有特定的内涵。建设工程质量的特性主要表现在以下七个方面：

1）适用性，即功能，是指工程满足使用目的的各种性能。

2）耐久性，即寿命，是指工程在规定的条件下，满足规定功能要求使用的年限，也就是工程竣工后的合理使用寿命期。

3）安全性，是指工程建成后在使用过程中保证结构安全，保证人身和环境免受危害的程度。

4）可靠性，是指工程在规定的时间和规定的条件下完成规定功能的能力。

5）经济性，是指工程从规划、勘测、设计、施工到整个产品使用寿命周期内的成本和消耗费用。

6）节能性，是指工程设计与建造过程及使用过程中满足节能减排、降低能耗的标准和有关要求的程度。

7）与环境的协调性，是指工程与周围生态环境协调，与所在地区经济环境协调以及与周围已建工程相协调，以适应可持续发展的要求。

3. 质量管理

国际化组织 ISO 9000：2015 关于质量管理的定义是在质量方面指挥和控制组织的协调的活动。质量管理就是建立和确定质量方针、质量目标及职责，并在质量管理体系中通过质量策划、质量控制、质量保证和质量改进等手段来实施和实现全部质量管理职能的所有活动。

4. 工程项目的质量管理

工程项目的质量管理是指在工程项目实施过程中，指挥和控制项目参与各方关于质量的相互协调的活动，是围绕着使工程项目满足质量要求，而开展的策划、组织、计划、实施、检查、监督和审核等所有管理活动的总和。它是工程项目的建设、勘察、设计、施工、监理等单位的共同职责，项目参与各方的项目经理必须调动与项目质量有关的所有人员的积极性，共同做好本职工作，才能完成项目质量管理的任务。

9.1.2 质量控制与工程项目质量控制

1. 质量控制

根据国家标准《质量管理体系 基础和术语》GB/T 19000—2016 的定义，质量控制是质量管理的一部分，是致力于满足质量要求的一系列相关活动。

质量控制是在明确的质量目标和具体的条件下，通过行动方案和资源配置的计划、实施、检查和监督，进行质量目标的事前预控、事中控制和事后纠偏控制，实现预期质量目标的系统过程。

2. 工程项目的质量控制

工程项目的质量要求是由业主方提出的，即项目的质量目标，是业主的建设意图通过项目策划，包括项目的定义及建设规模、系统构成、使用功能和价值、规格、档次、标准等的定位策划和目标决策来确定的。

工程项目质量控制，就是在项目实施整个过程中，包括项目的勘察设计、招标采购、施工安装、竣工验收等各个阶段，项目参与各方致力于实现业主要求的项目质量总目标的一系列活动。工程项目质量控制包括项目的建设、勘察、设计、施工、监理各方的质量控制活动。

3. 影响工程质量的因素

建设工程项目质量的影响因素，主要是指在项目质量目标策划、决策和实现过程中影响质量形成的各种客观因素和主观因素，包括人员素质、工程材料、机械设备、方法（工艺方法、操作方法和施工方案）和环境条件等，简称人、机、料、法、环。

9.2　建筑装饰装修工程质量管理和施工质量控制

9.2.1　建筑装饰装修工程全面质量管理体系

1. 全面质量管理（TQC）的内涵

TQC（Total Quality Control）即全面质量管理，是 20 世纪中期开始在欧美和日本广泛应用的质量管理理念和方法。我国从 20 世纪 80 年代开始引进和推广全面质量管理，其基本原理就是强调在企业或组织最高管理者的质量方针指引下，实行全面、全过程和全员参与的质量管理。

TQC 的主要特点是以顾客满意为宗旨；领导参与质量方针和目标的制定；提倡预防为主、科学管理、用数据说话等。建设工程项目的质量管理同样应贯彻"三全"管理的思想和方法。

1）全面质量管理。

2）全过程质量管理。

3）全员参与质量管理。

2. 全面质量管理体系的运行方法

在长期的生产实践和理论研究中形成 PDCA（计划、实施、检查、处理）循环，是建立质量管理体系和进行质量管理的基本方法。PDCA 循环原理是项目目标控制的基本方法，也同样适用于工程项目质量控制。实施 PDCA 循环管理时，把质量控制全过程划分为计划 P、实施 D、检查 C、处理 A 四个阶段。

PDCA 循环的关键不仅在于通过 A 去发现问题、分析原因、予以纠正及预防，更重要的是对于发现的问题在下一个 PDCA 循环中某个阶段（如计划阶段）要予以解决。于是不断地发现问题，不断地进行 PDCA 循环，使质量不断改进、不断上升，如图 9-1 所示。

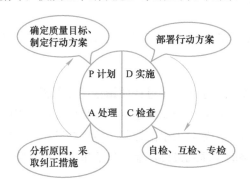

图 9-1　PDCA 循环过程

如图 9-2 所示，PDCA 循环的特点是四个阶段的工作完整统一、缺一不可；大环套小环，小环促大环，阶梯式上升，循环前进，不断提高质量。

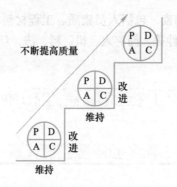

图 9-2　PDCA 循环特点

9.2.2　建筑装饰装修工程施工质量控制

1. 建筑装饰装修工程施工质量控制的依据

建筑装饰装修工程施工质量控制的依据分为共同性依据和专门技术法规性依据。专门技术法规性依据是指针对不同的行业和不同质量控制对象制定的专门技术法规文件，如《建筑装饰装修工程质量验收标准》GB 50210—2018，有关的新技术、新工艺的质量规定和鉴定意见等。

2. 建筑装饰装修工程施工质量控制的基本内容

建筑装饰装修工程施工质量控制的基本内容包括质量文件的审核和现场质量检查。审核有关技术文件、报告或报表是项目经理对工程质量进行全面管理的重要手段。

3. 建筑装饰装修工程施工质量控制的特点

建筑装饰装修工程质量控制的特点是由建筑装饰装修工程本身和施工生产的特点决定的。建筑装饰装修工程（产品）及其生产的特点：一是产品的固定性，生产的流动性；二是产品多样性，生产的单件性；三是产品时间性，高投入、生产周期长；四是产品的社会性，生产的外部约束性。

装饰工程质量的检查评定及验收是按检验批、分项工程、分部工程、单位工程进行的。

4. 建筑装饰装修工程施工质量控制的基本环节

施工质量控制应贯彻全面、全员、全过程质量管理的思想，运用动态控制原理，进行质量的事前控制、事中控制和事后控制。因此，建筑装饰装修工程施工阶段的质量控制可以根据施工项目实体质量形成的不同阶段划分为事前控制、事中控制和事后控制。事后质量控制也称为事后质量把关，以使不合格的工序或最终产品（包括单位工程或整个工程项目）不流入下道工序、不进入市场。

以上三大环节不是互相孤立和截然分开的，它们共同构成有机的系统过程，实质上也就是质量管理 PDCA 循环的具体化，在每一次滚动循环中不断提高，达到质量管理和质量控制的持续改进。

◇ 9.2.3　建筑装饰装修工程施工质量控制的方法

统计质量管理是 20 世纪 30 年代发展起来的科学管理理论与方法，它把数理统计方法应用于产品生产过程的抽样检验，通过研究样本质量特性数据的分布规律，分析和推断生产过程质量的总体状况，改变了传统的事后把关的质量控制方式，为工业生产的事前质量控制和事中质量控制提供了有效的科学手段。它的作用和贡献使之成为质量管理历史上一个阶段性的标志，至今仍是质量管理不可缺少的工具。本节主要介绍分层法、因果分析图法、排列图法、直方图法的应用。

1. 分层法

（1）分层法的定义　分层法又称分类法或分组法，就是将收集到的质量数据，按统计分析的需要进行分类整理，使之系统化，以便找到产生质量问题的原因，及时采取措施加以纠正。

（2）分层法的实际应用　分层法的关键是调查分析的类别和层次划分，根据管理需要和统计目的，通常可按照以下分层方法取得原始数据：

1）按施工时间分，如季节、月、日、上午、下午、白天、晚间。

2）按地区部位分，如区域、城市、乡村、楼层、外墙、内墙。

3）按产品材料分，如产地、厂商、规格、品种。

4）按检测方法分，如方法、仪器、测定人、取样方式。

5）按作业组织分，如工法、班组、工长、工人、分包商。

6）按工程类型分，如住宅、办公楼、道路、桥梁、隧道。

7）按合同结构分，如总承包、专业分包、劳务分包。

由于项目质量的影响因素众多，对工程质量状况的调查和质量问题的分析，必须分门别类地进行，以便准确有效地找出问题及其原因，这就是分层法的基本思想。例如一个焊工班组有 A、B、C 三位工人实施焊接作业，共抽检 60 个焊接点，发现有 18 点不合格，占 30%。究竟问题出在谁身上？根据分层调查的统计数据表 9-1 可知，主要是作业工人 C 的焊接质量影响了总体的质量水平。

表 9-1　分层调查的统计数据

作业工人	抽检点数	不合格点数	个体不合格率（%）	占不合格点总数百分率（%）
A	20	2	10	11
B	20	4	20	22
C	20	12	60	67
合计	60	18	—	100

2. 因果分析图法

（1）因果分析图法概念　因果分析图法是利用因果分析图来系统整理分析某个质量问题（结果）与其产生原因之间关系的有效工具。因果分析图也称特性要因图，又因其形状常被称为树枝图或鱼刺图。

因果分析图的基本形式如图 9-3 所示。从图 9-3 可见，因果分析图由质量特性（即质量结果指某个质量问题）、要因（产生质量问题的主要原因）、枝干（指一系列箭线表示不同层次的原因）、主干（指较粗的直接指向质量结果的水平箭线）等所组成。

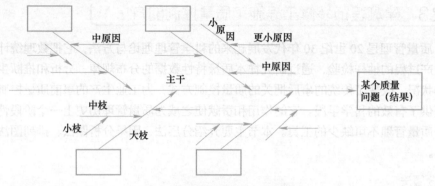

图 9-3 因果分析图的基本形式

（2）因果分析图法的应用示例 现以某工程在施工过程中发现混凝土强度不足的质量问题为例绘制因果分析图，分析可能出现的原因，如图 9-4 所示。

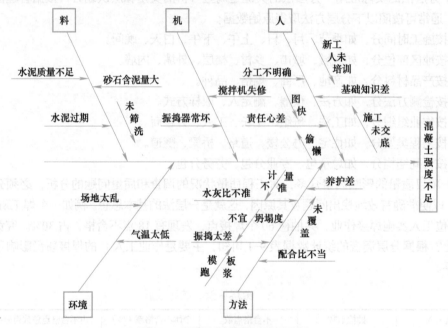

图 9-4 混凝土强度不足因果分析

（3）因果分析图法应用时的注意事项

1）一个质量特性或一个质量问题使用一张图分析。

2）通常采用 QC 小组活动的方式进行，集思广益，共同分析。

3）必要时可以邀请小组以外的有关人员参与，广泛听取意见。

4）分析时要充分发表意见，层层深入，排除所有可能的原因。

5）在充分分析的基础上，由各参与人员采用投票或其他方式，从中选择 1～5 项多数人达成共识的最主要原因。

3. 排列图法

（1）排列图法概念 排列图法是利用排列图寻找影响质量主次因素的一种有效方法。排列图又叫帕累托图或主次因素分析图，它是由两个纵坐标、一个横坐标、几个连起来的直方形和一条曲线所组成，如图 9-5 所示。左侧的纵坐标表示频数，右侧纵坐标表示累计频率，横坐标表示影响质量的各个因素或项目，按影响程度大小从左至右排列，直方形的高度示意某个因素的影响大小。实际应用中，通常按累计频率划分为（0%～80%）、（80%～90%）、（90%～100%）三部分，与其对应的影响因素分别为 A、B、C 三类。A 类为主要因素，B 类为次要因素，C 类为一般因素。

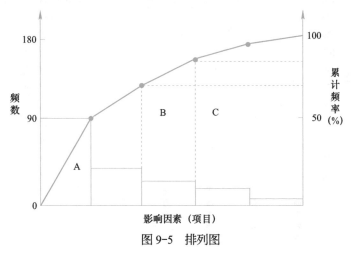

图 9-5 排列图

（2）排列图的应用示例 表 9-2 表示对某处工地现场现浇构件尺寸质量精度进行抽样检查，得到 150 个不合格点数的统计数据。然后按照质量特性不合格点数（频数）由大到小的顺序，重新整理为表 9-3，并计算出累计频率。

表 9-2 不合格点抽样检查数据

序号	检查项目	不合格点数	序号	检查项目	不合格点数
1	轴线位置	1	5	平面水平度	15
2	垂直度	8	6	表面平整度	75
3	标高	4	7	预埋设施中心位置	1
4	截面尺寸	45	8	预留孔洞中心位置	1

表 9-3 重新整理后的抽样检查数据

序号	项目	频数	频率（%）	累计频率（%）
1	表面平整度	75	50.0	50.0
2	截面尺寸	45	30.0	80.0
3	平面水平度	15	10.0	90.0
4	垂直度	8	5.3	95.3
5	标高	4	2.7	98.0
6	其他	3	2.0	100.0
合计		150	100	

根据表 9-3 的统计数据画排列图，如图 9-6 所示，并将其中累计频率利用 ABC 分类法，确定主次因素。将累计频率曲线按（0%～80%）、（80%～90%）、（90%～100%）分为三部分，各曲线下面所对应的影响因素分别为 A、B、C 三类因素，该例中 A 类即主要因素是表面平整度、

截面尺寸，B类即次要因素是平面水平度，C类即一般因素有垂直度、标高和其他项目。综上分析结果，下一步应重点解决A类等质量问题。

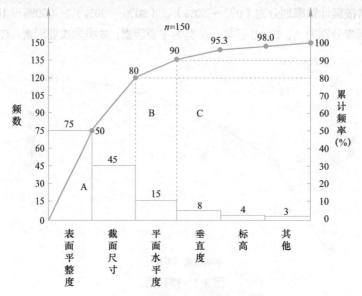

图 9-6　构件尺寸不合格点排列图

（3）排列图的应用　排列图可以形象、直观地反映主次因素。其主要应用有：

1）按不合格点的内容分类，可以分析出造成质量问题的薄弱环节。

2）按生产作业分类，可以找出生产不合格品最多的关键过程。

3）按生产班组或单位分类，可以分析比较各单位技术水平和质量管理水平。

4）将采取提高质量措施前后的排列图对比，可以分析措施是否有效。

5）此外还可以用于成本费用分析、安全问题分析等。

4. 直方图法

（1）直方图法的用途　直方图法即频数分布直方图法，它是将收集到的质量数据进行分组整理，绘制成频数分布直方图，用以描述质量分布状态的一种分析方法，所以又称质量分布图法。通过对直方图的观察与分析，可了解产品质量的波动情况，掌握质量特性的分布规律，以便对质量状况进行分析判断。同时可通过质量数据特征值的计算，估算施工生产过程总体的不合格品率，评价过程能力等。

（2）直方图的绘制方法

1）收集整理数据，用随机抽样的方法抽取数据，一般要求数据在50个以上。

2）计算极差 R，极差 R 是数据中最大值和最小值之差。

3）对数据分组，包括确定组数 k、组距 h 和组限（每组最大值为上限，最小值为下限）。

4）编制数据频率统计表。

5）绘制频数分布直方图。

表 9-4 为某工程10组试块的抗压强度数据50个，从这些数据很难直接判断其质量状况是否正常、稳定和受控情况，如将其数据整理后绘制成直方图就可以根据正态分布的特点进行分析判断，如图9-7所示。

表 9-4　工程试块抗压强度

序号	抗压强度 /MPa					最大值	最小值
1	39.8	37.7	31.5	33.8	36.1	39.8	31.5
2	37.2	38.0	39.0	33.1	36.0	39.0	33.1
3	35.8	35.2	37.1	31.8	34.0	37.1	31.8
4	39.9	34.3	40.4	33.2	41.2	41.2	33.2
5	39.2	35.4	38.1	34.4	40.3	40.3	34.4
6	42.3	37.5	39.3	35.5	37.3	42.3	35.5
7	35.9	42.4	36.3	41.8	36.2	42.4	35.9
8	46.2	37.6	39.7	38.3	38.0	46.2	37.6
9	36.4	38.3	38.2	43.4	38.0	43.4	36.4
10	44.4	42.0	38.4	37.9	39.5	44.4	37.9

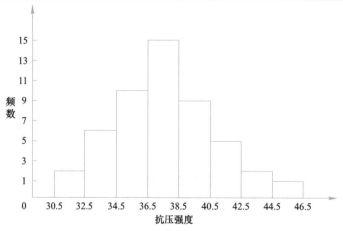

图 9-7　混凝土抗压强度分布直方图

（3）直方图的观察与分析

1）通过分布形状观察分析。

① 所谓形状观察分析是指将绘制好的直方图形状与正态分布图的形状进行比较分析，一看形状是否相似，二看分布区间的宽窄。直方图的分布形状及分布区间宽窄是由质量特性统计数据的平均值和标准偏差所决定的。

② 正常直方图呈正态分布，其形状特征是中间高、两边低、成对称，如图 9-8a 所示。正常直方图反映生产过程质量处于正常、稳定状态。数理统计研究证明，当随机抽样方案合理且样本数量足够大时，在生产能力处于正常、稳定状态，质量特性检测数据趋于正态分布。

③ 异常直方图呈偏态分布，常见的异常直方图有折齿型、缓坡型、孤岛型、双峰型、峭壁型，如图 9-8b ～ f 所示，出现异常的原因可能是生产过程存在影响质量的系统因素；或收集整理数据制作直方图的方法不当所致，要具体分析。

2）通过分布位置观察分析。

① 所谓位置观察分析是指将直方图的分布位置与质量控制标准的上下限范围进行比较分析，如图 9-9 所示。

② 生产过程的质量正常、稳定和受控，还必须在公差标准上下界限范围内达到质量合格的要求。只有这样的正常、稳定和受控才是经济合理的受控状态，如图 9-9a 所示。

③ 图 9-9b 质量特性数据分布偏下限，易出现不合格，在管理上必须提高总体能力。

④ 图 9-9c 质量特性数据的分布宽度边界达到质量标准的上下界限，其质量能力处于临界状态，易出现不合格，必须分析原因，采取措施。

⑤ 图 9-9d 质量特性数据的分布居中且边界与质量标准的上下界限有较大的距离，说明其质量能力偏大，不经济。

⑥ 图 9-9e、f 的数据分布均已出现超出质量标准的上下界限，这些数据说明生产过程存在质量不合格，需要分析原因，采取措施进行纠偏。

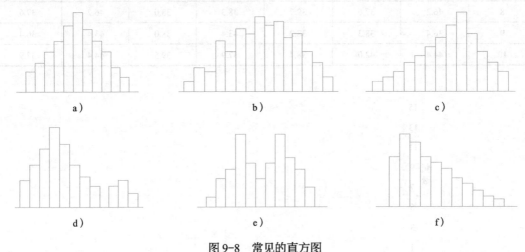

图 9-8　常见的直方图

a）正常型　b）折齿型　c）缓坡型　d）孤岛型　e）双峰型　f）峭壁型

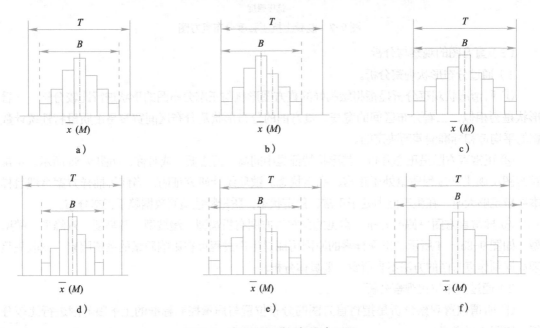

图 9-9　直方图与质量标准上下限

9.3　建筑装饰装修工程施工质量验收和事故处理办法

9.3.1　建筑装饰装修工程施工质量的检查与验收

1. 建筑装饰装修工程施工质量检查

建筑装饰装修工程施工质量检查就是在建筑装饰装修工程施工质量形成的全过程中，专业质量检查员对所施工的工程项目或产品实体质量及工艺操作质量进行实际而及时的测定、检查等活动。通过质量检查，防止不合格工程或产品进入到下个施工活动或进入用户手中，把发生或可能发生的质量问题解决在施工过程之中，并通过质量检查得到反馈的质量信息，发现存在的质量问题。

2. 建筑装饰装修工程施工质量验收

建筑装饰装修工程施工质量验收是指工程施工质量在施工单位自行检查合格的基础上，由工程质量验收责任方组织，工程建设相关单位参加，对检验批、分项、分部、单位工程及其隐蔽工程的质量进行抽样检验，对技术文件进行审核，并根据设计文件和相关标准以书面形式对工程质量是否达到合格做出确认。工程施工质量验收包括工程施工过程质量验收和竣工质量验收，是工程质量控制的重要环节。

3. 建筑装饰装修工程施工过程质量验收

工程项目质量验收，应将项目划分为单位（子单位）工程、分部（子分部）工程、分项工程和检验批进行验收。施工过程质量验收主要是指检验批和分项、分部工程的质量验收。

4. 建筑装饰装修工程竣工质量验收

单位工程质量验收也称质量竣工验收，是建筑工程投入使用前的最后一次验收，也是最重要的一次验收。

单位工程质量验收合格应符合下列规定：

1）单位（子单位）工程所含分部（子分部）工程的质量均应验收合格。

2）质量控制资料应完整。

3）单位（子单位）工程所含分部工程有关安全和功能的检测资料应完整。

4）重要功能项目的抽查结果应符合相关专业质量验收规范的规定。

5）观感质量应符合要求。

除构成单位工程的各分部工程应该合格，并且有关的资料文件应完整外，还应增加上述的第3）、4）、5）条的验收内容。参建各方责任主体和有关单位及人员，应给予足够的重视，认真做好单位工程质量竣工验收，把好工程质量验收关。

5. 施工过程质量验收不合格的处理

一般情况，不合格现象在检验批验收时就应发现并及时处理，但实际工程中不能完全避免不合格情况的出现，因此工程施工质量验收时不符合要求的应按下列要求进行处理：

1）经返工或返修的检验批，应重新进行验收。

2）经有资质的检测机构检测鉴定能够达到设计要求的检验批，应予以验收。

3）经有资质的检测机构检测鉴定达不到设计要求，但经原设计单位核算认可能够满足安全和使用功能的检验批，可予以验收。

4）经返修或加固处理的分项、分部工程，满足安全及使用功能要求时，可按技术处理方案和协商文件的要求予以验收。

5）经返修或加固处理仍不能满足安全或重要使用要求的分部工程及单位工程，严禁验收。

9.3.2 建筑装饰装修工程施工质量事故处理办法

施工质量事故处理办法

1. 工程质量不合格概念

根据我国标准《质量管理体系　基础和术语》GB/T 19000—2016 的规定，凡工程产品没有满足某个规定的要求，就称之为质量不合格；而未满足某个与预期或规定用途有关的要求，称为质量缺陷；凡是工程质量不合格，影响使用功能或工程结构安全，造成永久质量缺陷或存在重大质量隐患，甚至直接导致工程倒塌或人身伤亡，必须进行返修、加固或报废处理，按照由此造成直接经济损失的大小分为质量问题和质量事故。

2. 质量问题和质量事故

工程质量事故是指由于建设、勘察、设计、施工、监理等单位违反工程质量有关法律法规和工程建设标准，使工程产生结构安全、重要使用功能等方面的质量缺陷，造成人身伤亡或者重大经济损失的事故。工程质量事故具有复杂性、严重性、可变性和多发性的特点，建设工程质量事故的分类有多种方法，不同专业工程类别对工程质量事故的等级划分也不尽相同。

（1）按事故造成损失的程度分级　根据工程质量事故造成的人员伤亡或者直接经济损失，将工程质量事故分为 4 个等级。

1）特别重大事故：是指 30 人以上死亡，或者 100 人以上重伤，或者 1 亿元以上直接经济损失的事故。

2）重大事故：是指 10 人以上 30 人以下死亡，或者 50 人以上 100 人以下重伤，或者 5000 万元以上 1 亿元以下直接经济损失的事故。

3）较大事故：是指 3 人以上 10 人以下死亡，或者 10 人以上 50 人以下重伤，或者 1000 万元以上 5000 万元以下直接经济损失的事故。

4）一般事故：是指造成 3 人以下死亡，或者 10 人以下重伤，或者 100 万元以上 1000 万元以下直接经济损失的事故。

该等级划分所称的"以上"包括本数，所称的"以下"不包括本数。

（2）按事故责任分类

1）指导责任事故：指由于工程实施指导或领导失误而造成的质量事故。

2）操作责任事故：指在施工过程中，由于实施操作者不按规程和标准实施操作，而造成的质量事故。

3）自然灾害事故：指由于突发的严重自然灾害等不可抗力造成的质量事故。

3. 施工过程质量不合格的处理

施工过程的质量验收是以检验批的施工质量为基本验收单元。检验批质量不合格可能是由于使用的材料不合格，或施工作业质量不合格，或质量控制资料不完整，其处理方法有：

1）在检验批验收时，发现存在严重缺陷的应推倒重做，有一般的缺陷可通过返修或更换器具、设备缺陷消除后重新进行验收。

2）个别检验批发现某些项目或指标不满足要求难以确定是否验收时，应请有资质的法定检测单位检测鉴定，当鉴定结果能够达到设计要求时，应予以验收。

3）当检测鉴定达不到设计要求，但经原设计单位核算仍能满足结构安全和使用功能的检验批，可予以验收。

4）存在严重质量缺陷或超出检验批范围的缺陷，经法定检测单位检测鉴定以后，认为不能满足最低限度的安全储备和使用功能，必须进行加固处理，虽然改变外形尺寸，但能满足安全使用要求，可按技术处理方案及协商文件进行验收，责任方应承担经济责任。

5）通过返修或加固处理后仍不能满足安全使用要求的分部工程严禁验收。

4. 建筑装饰装修工程施工质量事故处理基本办法

工程质量事故处理的基本方法包括工程质量事故处理方案的确定及工程质量事故处理后的鉴定验收。其处理基本要求是安全可靠，不留隐患；满足建筑物的功能和使用要求；技术可行，经济合理。

（1）工程质量事故处理方案类型　根据建筑装饰装修工程质量事故的情况可归纳为修补处理、返工处理、不做处理三种工程质量事故处理的方案类型。

（2）工程质量事故处理方案的辅助方法　选择工程质量事故处理方案，是复杂而重要的工作，它直接关系到工程的质量、费用和工期。处理方案选择不合理，不仅劳民伤财，严重的会留有隐患，危及人身安全，特别是对需要返工或不做处理的方案，更应慎重对待。

（3）工程质量事故处理的鉴定验收　质量事故的技术处理是否达到了预期目的，消除了工程质量不合格和工程质量缺陷，是否仍留有隐患，项目监理机构应通过组织检查和必要的鉴定，对此进行验收并予以最终确认。

能／力／测／试

一、名词解释

1. 质量；2. 全面质量管理；3. 质量控制；4. 质量事故

二、填空题

1. 建筑装饰装修工程施工质量保证体系的运行，按照 PDCA 循环的原理，通过_____、_____、_____和_____的步骤展开控制。

2. 建筑装饰装修工程施工质量管理的过程可分为_____、_____和_____控制三个阶段。

3. 建筑装饰装修工程质量控制是_____的一部分，是致力于满足质量要求的一系列相关活动。

4．建筑装饰装修工程施工质量控制的基本内容包括_____审核和_____检查。

5．施工质量控制应贯彻全面、_____、全过程质量管理的思想，运用动态控制原理。

三、简答题

1．简述建筑装饰装修工程施工质量的特性。

2．简述建筑装饰装修工程全面质量管理（TQC）的内涵。

3．简述建筑装饰装修工程项目的质量管理。

4．简述建筑装饰装修工程质量的特点。

5．简述建筑装饰装修工程现场质量检查的方法。

6．简述建筑装饰装修工程施工质量控制的特点。

7．简述建筑装饰装修工程项目的事中质量控制的内容。

8．简述建筑装饰装修工程施工质量的事后控制的重点。

9．简述建筑装饰装修工程施工质量检查要点。

10．简述建筑装饰装修工程施工质量事故处理的基本方法。

建筑装饰装修工程职业健康安全与环境管理

掌握职业健康安全事故的分类和处理；掌握职业健康安全和环境管理的概念、目的、任务以及特点；掌握施工安全生产的概念和特点；掌握文明施工的概念和内容；了解职业健康安全与环境管理体系。

能够掌握职业健康安全与环境管理的相关知识，并能够应用到未来的工作中。

10.1 建筑装饰装修工程职业健康安全与环境管理概述

随着全球经济的发展，职业健康安全和环境问题受到的关注越来越多。为了保证劳动生产者在劳动过程中的健康安全，保护生态环境，防止和减少生产安全事故的发生，并且节约能源、降低资源浪费，促进社会的经济发展与人类的生存环境相协调，必须加强职业健康安全与环境管理。但严峻的职业健康安全和环境问题如果只是使用技术手段并不能解决问题，更加需要重视生产中的管理以及对人们职业健康安全和环境意识的教育。

10.1.1 职业健康安全与环境管理简介

1. 职业健康安全与环境管理的含义

职业健康安全是指影响或者可能影响工作场所内人员、临时工作人员、合同方人员、访问者以及其他人员健康安全的条件和因素。它包括为制订、实施、实现、评审和保持职业健康安全方针所需的组织结构、计划活动、职责、惯例、程序、过程和资源。

环境是指组织运行活动的外部存在，包括空气、水、土地、自然资源、植物、动物、人及其之间的相互关系。环境管理体系是整个管理体系的重要组成部分，包括为制订、实施、实现、评审和保护环境方针所需要的组织结构、计划活动、职责、管理、程序、过程和资源。

2. 职业健康安全与环境管理的目的

（1）职业健康安全管理的目的　职业健康安全管理的目的是在生产过程中，通过职业健康安全生产的管理活动，控制影响生产的具体因素的状态，使得生产因素中的不安全行为及状态减少或消除，尽量减少甚至避免事故的发生，以保证生产过程中人员的健康与安全、保障人民群众的财产。

（2）环境管理的目的　保护环境是我国的一项基本国策。环境管理的目的是保护生态环境，促进社会经济的发展与人类的生存环境相协调。对工程项目而言，施工环境保护主要是指保护和改善施工现场的环境。企业应当遵照国家以及地方的相关法律法规、行业规定以及企业对自身的要求，选用恰当的措施减少施工现场的各类废水、废气、粉尘、固体的废弃物以及噪声等，尽量减少污染物对环境的污染以及危害，同时还要做到资源的节约、避免浪费资源。

3. 职业健康安全与环境管理的特点

建设工程产品以及其生产的过程与其他工业产品有着非常大的区别，有着其自身的特殊性。正是因为这特殊性，使得建设工程职业健康安全和环境管理显得尤其重要。建设工程职业健康安全与环境管理应当考虑以下的特点：

（1）复杂性　建设工程一方面涉及大量的露天作业，并且受到气候因素、工程地质因素、水文地质因素以及地理因素等不可控因素的影响；另一方面还受工程的规模、复杂程度、施工技术难度、施工作业环境以及施工空间有限等诸多工程本身复杂多变因素的影响，由此导致施工现场的职业健康安全与环境管理较为复杂。

（2）多变性　一方面是由于工程项目建设现场材料、工具以及设备的流动性大；另外一方面则是因为工程技术进步，新材料、新工艺及新设备等多种因素的不断发展变化，以及施工作业人员人数多且专业知识能力参差不齐，并且施工人员处于动态调整的不稳定状态中，这使得施工现场的职业健康安全与环境管理难度进一步增加。

（3）协调性　工程项目涉及多个单位、专业、材料以及工种，同时还包括大量的高空作业、地下作业、用电作业、爆破作业、起重作业及施工机械等较为危险的工程，并且在生产活动中各工种往往需要交叉作业或平行作业。这就要求施工方在各专业和单位之间协调好各方之间的关系。

（4）持续性　工程项目一般具有建设周期长的特点，从前期决策、设计、施工直至竣工验收、投产使用，诸多环节、工序环环相扣。前一道工序的隐患，极大可能在后续的工序中暴露，甚至造成安全事故。

（5）经济性　因为项目的生产周期长，投入的人力、物力以及财力相对比较大，使得施工单位考虑降低工程成本的措施，从而可能会在一定程度上影响职业健康安全与环境管理的费用的支出，可能造成施工现场的健康安全问题以及环境污染现象；另一方面建筑产品的时代性、社会性与多样性同样使得管理者必须对职业健康安全与环境管理的经济性做出评估。

（6）环境性　目前建设项目的生产过程中手工作业以及湿作业的工作较多，机械化水平低，劳动条件差，工作强度大，这对施工现场的职业健康安全影响较大，且现场环境污染因素较多。

多种原因导致施工过程中事故的潜在不安全因素和人的不安全因素较多，使企业的经营管理，特别是施工现场的职业健康安全与环境管理比其他工业企业的管理更加复杂。

10.1.2　职业健康安全与环境管理体系

1. 职业健康安全管理体系

职业健康安全管理体系是企业管理体系中非常重要的一部分内容。作为我国推荐性国家标准的职业健康安全管理体系标准，即：《职业健康安全管理体系　要求及使用指南》（GB/T 45001—2020），目前已经被企业普遍采用。

职业健康安全管理体系是全部管理体系中专门管理健康安全工作的部分。组织实施该体系的目的是辨别组织内部存在的危险源，控制其所带来的风险，从而减少或避免事故的发生。

2. 环境管理体系

环境管理体系标准是一个庞大的标准系统，由环境管理体系、环境审核、环境标志、环境行为评价、生命周期评价、术语和定义、产品标准中的环境指标等系列标准构成。

在《环境管理体系　要求及使用指南》GB/T 24001—2016 中，环境是指"组织运行活动的外部存在，包括空气、水、土地、自然资源、植物、动物、人，以及它（他）们之间的相互关系"。

10.2　建筑装饰装修工程项目职业健康安全管理

职业健康安全管理的目的是在工程的生产过程中，通过职业健康安全生产的管理活动，对影响生产的具体因素的状态进行控制，使生产因素中的不安全行为和状态减少或消除，减少或避免事故的发生，以保证生产过程中人员的健康与安全、保障财产的安全。

10.2.1　施工安全生产管理

1. 安全及安全生产的概念

安全是指没有危险、不出事故的状态。安全包括人的安全、设备与财产的安全、环境安全等方面。通俗地讲，安全即人的平安无事、物的安稳可靠以及环境的安定与良好。

施工安全生产是指在施工过程中，通过努力改善劳动条件、克服不安全因素，尽量减少或避免伤亡事故出现，使得劳动生产在保障劳动者安全健康和国家财产不受损失的前提下进行。

2. 施工安全生产的特点

1）工程建设的最大特点是工程建筑产品的固定，这是它与其他行业最根本的不同之处。建筑产品是固定的，且生产周期较长、体积庞大。产品本身固定局限了作业的环境。由于建筑物位置以及空间固定，从而导致必须在有限的场地和空间上集中大量的劳动力、材料、机具来进行交叉作业，也导致了作业环境的局限性，因而容易发生物体打击等伤亡事故。

2）露天的作业导致作业条件恶劣。工程项目大多数在露天空旷的场地上完成，这造成了工作环境的艰辛，并且容易发生伤亡事故。

3）施工作业的高空性，因为建筑产品体积庞大导致作业难度增大。建筑产品的体积都较为庞大，而且许多作业多在高处进行操作，导致高处作业较容易发生伤亡事故。

4）工人整体素质良莠不齐，给安全管理带来了难度。施工人员流动性较大、素质参差不齐，这要求安全管理措施必须及时、到位，同时也使施工安全方面的管理难度增大。

5）在环境恶劣的作业条件下，施工工人的手工作业多、体力耗费较大，工人的劳动时间以及劳动强度都非常大，造成职业危害可能性较大且较严重，因此对全部个体的劳动保护的任务较为繁重。

6）建筑产品多种多样，整个施工工程中的施工工艺数量多且多变，这使得安全措施有时难以保证。因为多种多样的建筑产品，并且工程施工工艺具有多变性，例如从一栋住宅的基础、主体、装饰直至竣工验收，中间多道施工工序具备不同特性，因此危险的因素各不相同，采取的安全措施也有差异。因此，随着施工的进行，施工现场不安全因素的变化，施工单位必须根据工程进度以及施工现场的实际情况，及时地采取相应的安全技术措施保证施工过程的安全。

7）狭小的施工场地使得多工种需要平行、交叉施工。尤其是城市施工场地狭小，这使施工场地与施工条件的矛盾日益突出，多工种交叉作业增加，也使得各类伤害事故较之前增多。

8）拆除工程潜在危险使得作业的不安全性增大。随着社会的发展，拆除工程数量大量增加，但是许多建筑物原来的施工图纸缺失，建筑后期不断地加层或改变结构使原体系性质产生变化，这使得作业的不安全性增大，可能导致拆除工程出现事故。

从以上特点可以看出建筑施工的安全隐患多存在于高处作业、交叉作业、垂直运输以及使用电气工具设备方面。伤亡事故也多发生在高处坠落、物体打击、机械和起重伤害、触电等方面。如采取措施减少甚至消除这几类伤害，伤亡事故则会大幅度地下降，这就是建筑施工安全技术要解决的主要方面。

3. 安全生产的方针与原则

（1）安全生产的方针　安全生产的方针是对安全生产工作的总要求，是安全生产工作的方向。我国的安全生产方针是"安全第一、预防为主、综合治理"。其中安全第一是原则，预防为主、综合治理是手段和途径。

1）安全第一，是指在生产经营活动中，在处理安全与生产经营活动的关系上，必须始终将安全放在首位，优先考虑从业人员以及其他工作人员的人身安全，实行安全优先的原则。生产目标的实现，必须在确保安全的前提下进行。

2）预防为主，就是按照系统化、科学化的管理思想，事故发生的规律和特点，尽可能避免发生事故，做到防患于未然，将事故的起因消灭在萌芽阶段。即使工程在生产过程中仍然不可能完全杜绝事故的发生，但只要思想重视，预防措施得当，事故将会大大地减少。

3）综合治理，就是标本兼治，重在治本。发生重大、特大事故时，在采取果断的措施遏制重大、特大事故，实现安全指标的同时，积极寻找治本之策，综合运用科技手段、法律手段、经济手段、教育培训和必要的行政手段，从发展规划、行业管理、安全投入、科技进步、经济政策、教育培训、安全立法、激励约束以及追究事故责任、查处违法违纪等方面着手，解决影响制约我国安全生产的历史性、深层次问题，从而做到思想认识警钟长鸣，制度保证严密有效，技术支撑坚强有力，监督检查严格细致，事故处理严肃认真。

（2）安全生产的原则

1）管生产必须管安全。项目中的各级领导和全体员工在生产过程中，必须坚持在抓好生产的同时抓好安全工作，遵循抓生产必须抓安全的原则，这是施工项目必须坚持的基本原则，体现了安全与生产的统一。

2）安全具有否决权。安全工作是衡量项目管理的一项基本内容，要求在对项目各项指标考核评优创先时，首先考虑安全指标的完成情况，安全指标具有一票否决的作用。

3）职业安全卫生"三同时"。职业安全卫生"三同时"，是指一切生产性的基本建设和技术改造工程项目，必须符合国家职业安全卫生方面的法规和标准。职业安全卫生技术措施必须与主体工程同时设计、同时施工、同时投产使用。

4）事故处理的"四不放过"。根据国家法律法规的要求，一旦企业出现事故，在处理事故时须实施"四不放过"原则。"四不放过"是指在因工伤亡事故的调查处理中，必须坚持事故原因分析不清"不放过"，事故责任者和群众没有受到教育"不放过"，没有制定防范措施"不放过"，事故责任者和领导没有处理"不放过"。

4. 安全生产管理的含义

安全生产管理是指在施工过程中组织安全生产的全部管理活动。安全管理以国家法律法规和技术标准等为依据，采取各种手段，通过对生产要素进行过程控制，使生产要素的不安全行为和不安全状态得以减少或消除，达到减少一般事故，杜绝伤亡事故的目的，从而保证安全管理目标的实现。

10.2.2　安全隐患的处理

1. 建设工程安全的隐患

建设工程安全隐患包括三个部分的不安全因素：人的不安全因素、物的不安全因素以及组织管理上的不安全因素。

2. 建设工程安全隐患的处理

在工程生产过程中，安全事故隐患是难以避免的，但要做到尽可能预防、减少以及消除安全事故隐患的发生。首先工程参建各方都需要加强安全意识，做好事前控制，建立健全安全生产管理制度，落实安全生产责任制，重视安全生产教育培训，保证安全生产条件所需资金的投入，遏制萌芽阶段的安全隐患；其次是根据工程的特点确保各项安全施工措施的落实，加强对工程安全生产的检查监督，及时发现安全事故隐患；再者是对发现的安全事故隐患进行及时处理，并且查找原因，防止事故隐患的进一步扩大。

（1）安全事故隐患治理原则

1）冗余安全度治理原则。为确保安全，在处理事故隐患时应考虑设置多道防线，这样即使一道防线出现问题，还有冗余的防线能够控制事故隐患。例如道路上有一个坑，既要设防护栏及警示牌，又要设照明和夜间警示红灯，防止行人未看到防护栏和警示牌。

2）单项隐患综合治理原则。人、机、料、法、环五者任一环节产生安全事故隐患，都要从五者安全匹配的角度考虑，调整匹配的方法，提高匹配的可靠性。一件单项隐患问题的整改须多角度、多方面进行综合治理。人的隐患，既要治人也要治机具及生产环境等各环节。例如某工程出现触电事故，一方面要进行人的安全用电操作教育，同时现场也要设置漏电开关，对配电箱、用电线路进行防护改造，也要严禁非专业电工乱接乱拉电线。

3）事故直接隐患与间接隐患并治原则。对人、机、环境系统进行安全治理的同时，还须治理安全管理措施。

4）预防与减灾并重治理原则。治理安全事故隐患时，须尽可能降低发生事故的概率，也需要尽量降低事故的等级，将伤害和损失降到最低。但预防措施即使再完善，都不可能保证事故完全不会发生，还必须对事故减灾做好充分准备，研究应急技术操作规范，例如，应及时切断电源的操作方法；应及时降压、降温、降速以及停止运行的方法；应及时排放毒物的方法；应及时抢救人员的方法；应及时请求救援的方法等。定期进行训练和演习，使该生产环境中每名干部及工人都能够真正掌握相关的减灾技术。

5）重点治理原则。对隐患的分析评价结果实行危险点分级治理，也可以用安全检查表打分，对隐患危险程度分级。

6）动态治理原则。动态治理是对生产过程进行动态随机安全化治理，生产过程中及时发现问题，及时治理，既可以做到及时消除隐患，又可以避免小的隐患发展为大的隐患。

（2）安全事故隐患的处理 在工程生产活动中，安全事故隐患可能出现在任何参建方，包括建设单位、设计单位、监理单位、施工单位、供货商、工程监管部门等等。各方对于事故安全隐患处理的义务和责任，以及相关的处理程序在《建设工程安全生产管理条例》中已有明确的界定。这里仅从施工单位角度谈其对事故安全隐患的处理方法。

1）当场指正，限期纠正，预防隐患发生。对于违章指挥和违章作业行为，检查人员应当场指出，并限期纠正，预防事故的发生。

2）做好记录，及时整改，消除安全隐患。对检查中发现的各类安全事故隐患，应做好记录，对安全隐患进行分析找出原因，制定消除隐患的纠正措施，报相关方审查批准后进行整改，及时消除隐患。对重大安全事故隐患排除前或者排除过程中无法保证安全的，责令从危险区域内撤出作业人员或者暂时停止施工，待隐患消除再行施工。

3）分析统计，查找原因，制定预防措施。对于反复发生的安全隐患，应通过分析统计，属于多个部位存在的同类型隐患，即"通病"；属于重复出现的隐患，即"顽症"，查找产生"通病"和"顽症"的原因，修订和完善安全管理措施，制定预防措施，从根源上杜绝安全事故隐患。

4）跟踪验证。检查纠正和预防措施的实施过程和实施效果，进行跟踪验证，并保存验证记录。

〈◇〉10.2.3 职业健康安全事故的分类和处理

1. 职业伤害事故的分类

职业健康安全事故分两大类型，即职业伤害事故与职业病。由于生产过程及工作原因或与其相关的其他原因造成的伤亡事故为职业伤害事故。

（1）按照事故发生的原因分类 根据我国《企业职工伤亡事故分类》规定，职业伤害事故分为 20 类，其中与建筑业有关的有以下 12 类：物体打击、机械伤害、起重伤害、车辆伤害、触电、火灾、灼烫、高处坠落、火药爆炸、坍塌、中毒和窒息、其他伤害。

在这 12 类职业伤害事故中，高处坠落、物体打击、机械伤害、触电、坍塌、中毒、火灾这 7 类是在建设工程中最常见的职业伤害事故。

（2）按事故严重程度分类 根据我国《企业职工伤亡事故分类》规定，按事故严重程度分类，事故分为：

1）轻伤事故，是指造成职工肢体或某些器官功能性或器质性轻度损伤，能引起劳动能力轻度或暂时丧失的伤害的事故，一般每个受伤人员休息 1 个工作日以上（含 1 个工作日），105 个工作日以下。

2）重伤事故，一般指受伤人员肢体残缺或视觉、听觉等器官受到严重损伤，能引起人体长期存在功能障碍或劳动能力有重大损失的伤害，或者造成每个受伤人损失 105 工作日以上（含

105 个工作日）的失能伤害的事故。

3）死亡事故，其中，重大伤亡事故指一次事故中死亡 1 ～ 2 人的事故；特大伤亡事故指一次事故死亡 3 人以上（含 3 人）的事故。

（3）按事故造成的人员伤亡或者直接经济损失分类　根据《生产安全事故报告和调查处理条例》规定，参考生产安全事故（以下简称事故）造成的人员伤亡或者直接经济损失，事故分为：

1）特别重大事故，是指造成 30 人以上死亡，或者 100 人以上重伤（包括急性工业中毒，下同），或者 1 亿元以上直接经济损失的事故。

2）重大事故，是指造成 10 人以上 30 人以下死亡，或者 50 人以上 100 人以下重伤，或者 5000 万元以上 1 亿元以下直接经济损失的事故。

3）较大事故，是指造成 3 人以上 10 人以下死亡，或者 10 人以上 50 人以下重伤，或者 1000 万元以上 5000 万元以下直接经济损失的事故。

4）一般事故，是指造成 3 人以下死亡，或者 10 人以下重伤，或者 1000 万元以下直接经济损失的事故。

2. 建设工程安全事故的处理

一旦事故发生，通过应急预案的实施，首先要防止事态的严重发展，其次考虑的是降低因事故发生的损失。最后按照事先制定好的程序，找出原因，制定出相应的纠正和预防措施，减少同类事故。

建设工程安全
事故的处理

（1）事故处理的原则（"四不放过"原则）

1）事故原因未查清不放过。在调查处理伤亡事故时，首先要找出事故发生的原因，找到造成事故的真正原因，未找到真正原因绝不轻易放过。直到找出真正原因，并弄清楚各因素之间的因果关系才算达到目的。

2）责任人员未处理不放过。这是安全事故责任追究制的具体体现，对事故责任者要严格按照安全事故责任追究的法律法规的规定进行严肃处理。不仅要追究事故直接责任人的责任，同时要追究有关负责人的领导责任。当然，处理事故责任者必须谨慎，避免事故责任追究的扩大化。

3）相关人员未受到教育不放过。必须使事故责任者和广大群众了解事故发生的原因及所造成的危害，并深刻认识到做好安全生产的重要性，从事故中吸取教训，提高安全意识，改进安全管理工作。

4）整改措施未落实不放过。必须针对事故发生的原因，提出相应预防措施防止类似事情发生，并监督事故发生单位实施。只有这样，才算达到事故调查和处理的最终目的。

（2）建设工程安全事故处理措施

1）按规定向有关部门报告事故情况。事故发生后，事故现场有关人员应当立即向本单位负责人报告，单位负责人接到报告后，应当于 1 小时内向事故发生地县级以上人民政府应急管理部门和负有安全生产监督管理职责的有关部门报告，并有组织、有指挥地抢救伤员、排除险情，防止人为或自然因素的破坏，便于事故原因的调查。

① 组织调查组，开展事故调查。特别重大事故由国务院或者国务院授权有关部门组织事故调查组进行调查。重大事故、较大事故，一般事故分别由事故发生地省级人民政府、设区的市级人民政府、县级人民政府负责调查。省级人民政府、设区的市级人民政府、县级人民政府可以直接组织事故调查组进行调查，也可以授权或者委托有关部门组织事故调查组进行调查。未发生人员伤亡的一般事故，县级人民政府也可以委托事故发生单位组织事故调查组进行调查。

② 事故调查组有权向有关单位和个人了解与事故有关的情况，并要求其提供相关文件、资料，有关单位和个人不得拒绝。事故发生单位的负责人和有关人员在事故调查期间不得擅离职守，并应当随时接受事故调查组的询问，回答真实的情况。事故调查中发现涉嫌犯罪的，事故调查组应当及时将有关材料或者其复印件移交司法机关处理。

2）现场勘查。事故发生后，调查组应迅速到现场进行及时、全面、准确和客观的勘查，包括现场笔录、现场拍照和现场绘图。

3）分析事故原因。通过调查分析，查明事故经过，按受伤部位、受伤性质、起因物、致害物、伤害方法、不安全状态、不安全行为等，查清事故原因，包括人、物、生产管理和技术管理等方面的原因。通过直接和间接地分析，确定事故的直接责任者、间接责任者和主要责任者。

4）制定预防措施。根据事故原因分析，制定预防措施防止相似事件发生。根据事故后果和事故责任者应负的责任提出处理意见。

5）提交事故调查报告。事故调查组应当自事故发生之日起60日内提交事故调查报告；特殊情况下，经负责事故调查的人民政府批准，提交事故调查报告的期限可以适当延长，但延长的期限最长不超过60日。事故调查报告应当包括下列内容：

① 事故发生单位概况。

② 事故发生经过和事故救援情况。

③ 事故造成的人员伤亡和直接经济损失。

④ 事故发生的原因和事故性质。

⑤ 事故责任的认定以及对事故责任者的处理建议。

⑥ 事故防范和整改措施。

6）事故的审理和结案。重大事故、较大事故、一般事故，负责事故调查的人民政府应当自收到事故调查报告之日起15日内作出批复；特别重大事故，30日内作出批复，特殊情况下，批复时间可以适当延长，但延长的时间最长不超过30日。

10.3 建筑装饰装修工程项目环境管理

10.3.1 现场环境保护

建筑装饰装修工程项目必须满足相关的环境保护法律法规的要求，在生产过程中注意环境保护，对于企业发展、员工健康和社会文明等各方面都有着非常重要的意义。

环境保护是按照法律法规、各级主管部门和企业的要求，保护和改善作业现场的环境，控制现场的各种粉尘、废水、废气、固体废弃物、噪声、振动等对环境的污染和危害。环境保护也是文明施工的重要内容之一。

1. 环境保护的目的

1）保护和改善环境质量，从而保护人民的身心健康，防止人体在环境污染影响下产生遗传突变和退化。

2）合理开发和利用自然资源，减少或消除有害物质对环境的影响，加强生物多样性的保护，维护生物资源的生产能力，使之得以恢复。

2. 环境保护的原则

1）经济建设与环境保护协调发展的原则。

2）预防为主、防治结合、综合治理的原则。

3）依靠群众保护环境的原则。

4）环境经济责任原则，即污染者付费的原则。

3. 工程施工现场环境保护的措施

工程建设过程中的污染主要包括对施工场界内的污染和对周围环境的污染。对施工场界内的污染防治属于职业健康安全问题，而对周围环境的污染防治是环境保护的问题。

工程环境保护措施主要包括大气污染的防治、水污染的防治、噪声污染的防治、固体废弃物的处理以及文明施工措施等。

（1）大气污染的防治

1）大气污染物的分类。大气污染物的种类非常多，大气污染物通常以气体状态和粒子状态存在于空气中。其中施工中最多出现的是扬尘污染。

2）施工现场空气污染的防治措施。

① 在施工工地周围设置连续、封闭的围挡，可以有效减少扬尘的扩散。

② 施工现场垃圾渣土要及时清理出现场。

③ 高大建筑物清理施工垃圾时，要使用封闭式的容器或者采取其他措施处理高空废弃物，严禁凌空随意抛撒。

④ 施工现场道路应指定专人定期活水清扫，形成制度，防止道路扬尘。

⑤ 细颗粒散体材料（如水泥、粉煤灰、白灰等）的运输、储存要注意遮盖、密封，防止和减少飞扬。

⑥ 车辆开出工地要做到不带泥沙，基本做到不撒土、不扬尘，减少对周围环境污染。

⑦ 除设有符合规定的装置外，禁止在施工现场焚烧油毡、橡胶、塑料、皮革、树叶、枯草、各种包装物等废弃物品以及其他会产生有毒、有害烟尘和恶臭气体的物质。

⑧ 机动车都要安装减少尾气排放的装置，确保符合国家标准。

⑨ 拆除旧建筑物时，应适当洒水，防止扬尘。

（2）水污染的防治

1）水污染物主要来源。水污染的主要来源有：

① 工业污染源：指各种工业废水向自然水体的排放。

② 生活污染源：主要有食物废渣、食油、粪便、合成洗涤剂等。

③ 农业污染源：指的是化肥、农药等。

施工现场废水和固体废物随水流流入水体部分，包括泥浆、水泥、各种油类、混凝土外加剂、重金属、酸碱盐、非金属无机毒物等。

2）施工过程水污染的防治措施。施工过程水污染的防治措施有：

① 禁止将有毒有害废弃物作土方回填。

② 施工现场搅拌站废水、现制水磨石的污水、电石（碳化钙）的污水必须经沉淀池沉淀合格后再排放，最好将沉淀水用于工地洒水降尘或采取措施回收利用。

③ 现场存放油料，必须对库房地面进行防渗处理，如采用防渗混凝土地面、铺油毡等措施。使用时，要采取防止油料跑、冒、滴、漏的措施，以免污染水体。

④ 施工现场设置的临时食堂，污水排放时可设置简易有效的隔油池，定期清理，防止污染。

⑤ 工地临时厕所、化粪池应采取防渗漏措施。中心城市施工现场的临时厕所可采用水冲式厕所，并有防蝇灭蛆措施，防止污染水体和环境。

⑥ 化学用品、外加剂等要妥善保管，库内存放，防止污染环境。

（3）噪声污染的防治

1）噪声的分类。从来源分，噪声可分为交通噪声（如汽车、火车、飞机等产生的声音）、工业噪声、建筑施工的噪声（如打桩机、推土机、混凝土搅拌机等发出的声音）、社会生活噪声。噪声妨碍人们正常休息、学习和工作，为防止噪声扰民，应控制人为的强噪声。

根据国家标准《建筑施工场界环境噪声排放标准》GB 12523—2011 的要求，对建筑施工过程中场界环境噪声排放限值见表 10-1。其中夜间噪声最大声级超过限值的幅度不得高于 15dB（A）。

表 10-1　建筑施工场界噪声排放限值　　　　　[单位：dB（A）]

昼间	夜间
70	55

2）施工现场噪声的控制措施。噪声控制技术可从声源、传播途径以及接收者防护等多方面来考虑，例如通过改进装备从声源处降低噪声、封闭声源、安装消声器等。

（4）固体废物的处理

1）建设工程施工工地上常见的固体废物。建设工程施工工地上常见的固体废物主要有：

① 建筑渣土：包括碎砖、碎瓦、碎石、渣土、混凝土碎块、废钢铁、碎玻璃、废屑、废弃装饰材料等。

② 废弃的散装大宗建筑材料：包括水泥、石灰等。

③ 生活垃圾：包括厨余垃圾、丢弃的食品、废纸、生活用具、废电池、陶瓷碎片、废塑料制品、煤灰渣、废交通工具等。

④ 设备、材料等的包装材料。

⑤ 粪便。

2）固体废物的处理和处置。固体废物处理的基本思想是采取资源化、减量化和无害化的处理，对固体废物产生的全过程进行控制。固体废物的主要处理方法如下：

① 资源化。对固体废物采用适当的处理技术，回收其中有用的物质和能源，包括物质回收、物质转换和能量转换，使固体废物变为二次资源或再生资源利用，例如粉煤灰在建设工程领域的广泛应用、废钢铁可以作为炼钢原料。

② 减量化。采用适当的技术手段从根源上减少固体废物的产生量和排放量，尽量减少或避免固体废物的产生。而对已经产生的固体废物进行分选、破碎、压实浓缩、脱水等减少其最终处置量，降低处理成本，减少对环境的污染。在减量化处理的过程中，也包括其他处理技术和相关的工艺方法，如焚烧、热解、堆肥等。

③ 焚烧。焚烧用于不适合再利用且不宜直接予以填埋处置的废物，除设有符合规定的装置外，不得在施工现场熔化沥青和焚烧油毡、油漆，亦不得焚烧其他可产生有毒有害和恶臭气体的废弃物。垃圾焚烧处理应使用符合环境要求的处理装置，避免对大气的二次污染。

④ 稳定和固化。稳定和固化处理是利用水泥、沥青等胶结材料，将松散的废物胶结包裹起来，减少有害物质从废物中向外迁移、扩散，使得废物对环境的污染减少。

⑤ 填埋。填埋是固体废物经过无害化、减量化处理的废物残渣集中到填埋场进行处置。禁止将有毒有害废弃物现场填埋，填埋场应利用天然或人工屏障。尽量使需处置的废物与环境隔离，并注意废物的稳定性和长期安全性。

10.3.2　文明施工

1. 文明施工的概念

场地的文明施工是指在施工过程中保持场地卫生、整洁，施工组织科学，施工程序合理的一种施工现象。文明施工的实现，既需要做好施工现场的场容管理工作，还需要做好现场设备、材料、技术、安全、保卫、消防和生活卫生等多方面的管理工作。工程的文明施工水平是该工程以及所在企业管理工作水平的综合体现。

2. 施工现场文明施工的要求

1）工地主要入口要设置简朴规整的大门，门旁必须设立明显的标牌，标明工程名称、施工单位和工程负责人姓名等内容。

2）施工现场建立文明施工责任制，划分区域，明确管理负责人，实行挂牌制。

3）施工现场场地平整，道路坚实畅通，有排水措施，地下管道施工完后要及时回填平整，清除积土。

4）现场施工临时水电要有专人管理，不得有长流水、长明灯。

5）施工现场的临时设施，要严格按施工组织设计确定的施工平面图布置、搭设。

6）工人操作地点和周围必须清洁整齐，做到活完脚下清、工完场地清，丢撒在楼梯、楼板的砂浆混凝土要及时清除，落地灰要回收过筛后使用。

7）砂浆、混凝土在搅拌、运输、使用过程中要做到不撒、不漏、不剩，砂浆、混凝土必须有容器或垫板，如有撒、漏情况要及时清理。

8）要有严格的成品保护措施，严禁损坏污染成品，堵塞管道。严禁在建筑物内大小便。

9）建筑物内清除的垃圾渣土，要通过临时搭设的竖井、电梯井或采取其他措施稳妥下卸，严禁从门窗口向外抛掷。

10）施工现场不准乱堆垃圾。应在适当地点设置临时堆放点，并定期外运。清运渣土垃圾及流体物品，要采取遮盖防漏措施。

11）根据工程性质和所在地区的不同情况，在工地周边设置必要的围护和遮挡措施，并保持外观整洁。

12）根据施工现场情况设置宣传标语和黑板报，并适时更换内容，切实起到表扬先进、督促后进的作用。

13）现场使用的机械设备，要按平面布置规划固定点存放，遵守机械安全规程，经常保持机身及周围环境的清洁，机械的标记、编号明显，安全装置可靠。

14）清洗机械排出的污水要有排放措施，不得随地流淌。

15）在用的搅拌机、砂浆机旁必须设有沉淀池，不得将水直接排放入下水道及河流等处。

16）施工现场应建立不扰民措施，针对施工特点设置防尘和防噪声设施，夜间施工必须有当地主管部门的批准。

3. 施工现场文明施工的措施

（1）加强现场文明施工的管理

1）建立文明施工的管理组织。应确立项目经理为现场文明施工的第一责任人，以各专业工程师、施工质量、安全、材料、保卫等现场项目经理部人员组成施工现场文明管理组织，对工程现场文明施工工作进行管理及负责。

2）健全文明施工的管理制度。包括建立各级文明施工岗位责任制，将文明施工工作考核列入经济责任制，建立定期的检查制度，实行自检、互检、交接检制度，建立奖惩制度，开展文明施工立功竞赛，加强文明施工教育培训等。

（2）落实现场文明施工的各项管理措施　针对现场文明施工的各项要求，落实相应的各项管理措施。

1）施工平面图。施工总平面图是现场管理、实现文明施工的依据。施工总平面图应对施工机械设备、材料和构配件的堆场、现场加工场地，以及现场临时运输道路、临时供水供电线路和其他临时设施进行合理布置，并随工程实施的不同阶段进行场地布置和调整。

2）现场围挡、标牌。

① 施工现场必须实行封闭管理，设置进出口大门，制定门卫制度，严格执行外来人员进场登记制度。沿工地四周连续设置围挡，市区主要路段和其他涉及市容景观路段的工地设置围挡的高度不低于 2.5m，一般路段工地的围挡高度不低于 1.8m，围挡材料要求坚固、稳定、统一、整洁、美观。

② 施工现场必须设有"五牌一图"，即工程概况牌、管理人员名单及监督电话牌、消防保卫（防火责任）牌、安全生产牌、文明施工牌和施工现场总平面图。

③ 施工现场应合理悬挂安全生产宣传和警示牌，标牌悬挂牢固可靠，特别是主要施工部位，作业点和危险区域以及主要通道口都必须有针对性地悬挂醒目的安全警示牌。

3）施工现场。

① 施工现场应积极推行硬地坪施工，作业区、生活区主干道地面必须用一定厚度的混凝土硬化，场内其他道路地面也应硬化处理。

② 施工现场道路畅通、平坦、整洁，无散落物。

③ 施工现场设置排水系统，排水畅通，不积水。

④ 严禁泥浆、污水、废水外流或未经允许排入河道，严禁堵塞下水道。

⑤ 在施工现场适当位置设置吸烟处，作业区内禁止随意吸烟。

⑥ 积极美化施工现场环境，根据季节变化，适当进行绿化布置。

4）材料堆放、周转设备管理。

① 建筑材料、构配件、料具必须按施工现场总平面布置图堆放，布置合理。

② 建筑材料、构配件及其他料具等必须做到安全、整齐堆放，严禁超高堆放。堆料分门别类，悬挂标牌，标牌应统一制作，标明名称、品种、规格数量等。

③ 建立材料收发管理制度，仓库、工具间材料堆放整齐，易燃易爆物品分类堆放，专人负责，确保安全。

④ 施工现场建立清扫制度，落实到人，做到工完料尽场地清，车辆出场应有清洗措施，防止将粉尘、泥浆带出。建筑垃圾及时清运，临时存放现场的也应集中堆放整齐、悬挂标牌。不用的施工机具和设备应及时出场。

⑤ 施工设施、大模板等，集中堆放整齐；大模板成对放稳，角度正确。钢模及零配件、脚手扣件分类分规格，集中存放。

（3）建立检查考核制度　对于建设工程文明施工，国家和各地大多制定了标准或规定，都有着较为成熟的经验。在实际工作中，建设工程应结合相关标准和规定建立适用于本工程的文明施工考核制度，推进各项文明施工措施的落实。

（4）抓好文明施工建设工作

1）建立宣传教育制度。现场宣传安全生产、文明施工、国家大事、社会形势、企业精神、优秀事迹等。

2）坚持以人为本，加强管理人员和班组文明建设。教育职工遵纪守法，提高企业整体管理水平和文明素质。

3）主动与有关单位配合，积极开展共建文明活动，树立企业良好的社会形象。

能／力／测／试

一、名词解释

1．职业健康安全；2．“四不放过”原则；3．文明施工

二、单选题

1．《环境管理体系　要求及使用指南》（GB/T 24001—2016）中的“环境”是指（　　）。

　　A．组织运行活动的外部存在

　　B．各种天然的和经过人工改造的自然因素的总体

　　C．废水、废气、废渣的存在和分布情况

　　D．周边大气、阳光和水分的总称

2．工程建设过程中，对施工场界范围内的污染防治属于（　　）。

　　A．现场文明施工问题　　　　　　　　B．环境保护问题

　　C．职业健康安全问题　　　　　　　　D．安全生产问题

3．某房屋建筑拆除工程施工中，发生倒塌事故，造成 11 人重伤、7 人死亡，根据《企业职工伤亡事故分类标准》，该事故属于（　　）。

　　A．较大事故　　　　　　　　　　　　B．特大伤亡事故

　　C．重大事故　　　　　　　　　　　　D．重大伤亡事故

4．根据《生产安全事故报告和调查处理条例》，下列安全事故中，属于重大事故的是（　　）。

　　A．3 人死亡，10 人重伤，直接经济损失 3000 万元

　　B．12 人死亡，直接经济损失 850 万元

　　C．37 人死亡，50 人重伤，直接经济损失 6500 万元

　　D．1 人死亡，100 人重伤，直接经济损失 1.3 亿

5. 某县一建筑工地发生生产安全重大事故，则事故调查组应由（　　）负责组织。

　　A. 事故发生地县级人民政府　　　　B. 国务院应急管理部

　　C. 事故发生单位　　　　　　　　　D. 事故发生地省级人民政府

6. 关于按规定向有关部门报告建设工程安全事故情况的说法，正确的是（　　）。

　　A. 事故发生后，事故现场有关人员应当于 1 小时内向本单位安全负责人报告

　　B. 专业工程施工中出现安全事故的，可以只向行业主管部门报告

　　C. 事故现场人员可以直接向事故发生地县级以上人民政府应急管理部门报告

　　D. 应急管理部门每级上报的时间不得超过 5 小时

7. 关于按规定向有关部门报告建设工程安全事故情况的说法，正确的是（　　）。

　　A. 事故发生后，事故现场有关人员应当于 1 小时内向本单位安全负责人报告

　　B. 专业工程施工中出现安全事故的，可以只向行业主管部门报告

　　C. 事故现场人员可以直接向事故发生地县级以上人民政府应急管理部门报告

　　D. 应急管理部门每级上报的时间不得超过 4 小时

8. 根据《建筑施工场界环境噪声排放标准》GB 12523—2011，工程施工在昼间施工噪声排放限值是（　　）dB。

　　A. 55　　　　　　　　B. 60　　　　　　　　C. 65　　　　　　　　D. 70

9. 施工现场文明施工管理组织的第一责任人（　　）。

　　A. 项目经理　　　　　　　　　　　B. 总监理工程师

　　C. 业主代表　　　　　　　　　　　D. 项目总工程师

10. 下列施工现场噪声控制的措施中，属于声源控制的是（　　）。

　　A. 消声器阻止声音传播　　　　　　B. 使用吸声材料吸收声能

　　C. 应用隔声屏障阻碍噪声传播　　　D. 采用低噪声设备和加工工艺

三、简答题

1. 简述职业健康安全与环境管理的特点。

2. 简述施工安全生产的原则。

3. 环境保护的原则有哪些？

4. 建设工程施工工地上常见的固体废物有哪些？

建筑装饰装修工程项目信息管理

熟悉掌握信息管理的概念和作用；掌握工程项目信息的分类及编码；熟悉并掌握工程管理信息化相关知识等。

能力目标

能够理解工程项目信息管理知识，在工作中运用这方面的知识提高管理水平。

11.1 建筑装饰装修工程信息管理概述

11.1.1 建筑装饰装修工程信息管理的概念及重要性

1. 信息的概念

信息指的是用口头的方式、书面的方式或电子的方式传输的知识、新闻、或可靠的或不可靠的情报。声音、文字、数字和图像等都是信息表达的形式。建设工程项目的实施需要人力资源和物质资源，同时信息也是项目实施的重要资源之一。

建筑装饰装修工程
信息管理概述

2. 信息管理的概念

信息管理指的是信息传输合理的组织控制。施工方在投标过程中、承包合同谈判过程中、施工准备工作中、施工过程中、验收过程中，以及在保修期工作中形成大量的各种信息。这些信息不但在施工方内部各部门间流转，其中许多信息还必须提供给政府建设主管部门、业主方、设计方、相关的施工合作方和供货方等，还有许多有价值的信息应有序地保存，可供其他项目施工借鉴。上述过程包含了信息传输的过程，由谁（哪个工作岗位或工作部门等）、在何时、向谁（哪个项目主管和参与单位的工作岗位或工作部门等）、以什么方式、提供什么信息等，这就是信息管理的内涵。信息管理不能简单理解为仅对产生的信息进行归档和一般的信息领域的行政事务管理。为充分发挥信息资源的作用和提高信息管理水平，施工单位和项目管理部门都应设置专门的工作部门（或专门的人员）负责信息管理。

3. 项目信息管理的概念

项目的信息管理是通过对各个系统、各项工作和各种数据的管理，使项目的信息能方便和有效地获取、存储、存档、处理和交流。项目信息管理旨在通过有效的项目信息传输的组织和控制为项目建设的增值服务。

1）上述"各个系统"可视为与项目的决策、实施和运行有关的各系统，它可分为建设工程项目决策阶段管理子系统、实施阶段管理子系统和运行阶段管理子系统。其中，实施阶段管理子系统又可分为业主方管理子系统、设计方管理子系统、施工方管理子系统和供货方管理子系统等。

2）上述"各项工作"可视为与项目的决策、实施和运行有关的工作。例如施工方管理子系统中的工作包括安全管理、成本管理、进度管理、质量管理、合同管理、信息管理、施工现场管理等。

3）上述"数据"并不仅指数字，在信息管理中，数据作为一个专门术语，包括数字、文字、图像和声音等。在施工方信息管理中，各种报表、成本分析的有关数字、进度分析的有关数字、质量分析的有关数字以及各种来往的文件、设计图纸，施工摄影和摄像资料与录音资料等都属于信息管理中数据的范畴。

为充分发挥信息资源的作用和提高信息管理水平，施工单位和各项目管理部门都设置专门的工作部门或专门人员负责信息管理。

4. 建筑工程项目的信息

建筑工程项目的信息包括在项目决策过程、实施过程（设计准备、设计、施工和物资采购过程等）和运行过程中产生的信息，以及其他与项目建设有关的信息，具体包括项目组织类信息、管理类信息、经济类信息、技术类信息和法规类信息。

5. 信息交流的重要性

1）建设工程项目实施过程中存在的诸多问题，其中大部分与信息沟通一方没有及时回复，或没有将另一方所需要的信息及时传达，或没有将正确的信息传递给另一方的问题有关。如在施工过程中已经产生了质量问题的隐患，但现场施工人员没有及时向有关技术负责人汇报情况。

2）建设工程项目其中部分费用增加与信息交流存在问题有关，如设计图纸有问题但建设方未及时和设计方沟通解决问题，从而导致施工进度暂停，各项费用增加。

11.1.2 项目信息管理的任务

1. 信息管理手册

业主方和项目参与各方都有各自的信息管理任务，为充分利用和发挥信息资源的价值，提高信息管理的效率以及实现有序和科学的信息管理，各方都应编制各自的信息管理手册，以规范信息管理工作。信息管理手册描述和定义信息管理做什么、谁做、什么时候做和其工作成果是什么等，它的主要内容包括：

1）信息管理的任务（信息管理任务目录）。

2）信息管理的任务分工表和管理职能分工表。

3）信息的分类。

4）信息的编码和编码体系。

5）信息输入输出模型。

6）各项信息管理工作的工作流程图。

7）信息流程图。

8）信息处理的工作平台及其使用规定。

9）各种报表和报告的格式，以及报告周期。

10）项目进展的月度报告、季度报告、年度报告和工程总报告的内容及其编制。

11）工程档案管理制度。

12）信息管理的保密制度等。

2. 信息管理部门的工作任务

项目管理班子中各个工作部门的管理工作都与信息处理有关，而信息管理部门的主要工作任务是：

1）负责编制信息管理手册，在项目实施过程中进行信息管理手册的必要修改和补充，并检查和督促其执行。

2）负责协调和组织项目管理班子中各个工作部门的信息处理工作。

3）负责信息处理工作平台的建立和运行维护。

4）与其他工作部门协同组织收集信息、处理信息和形成各种反映项目进展和项目目标控制的报表和报告。

5）负责工程档案管理等。

在国际上，许多建设工程项目都会专门设立信息管理部门或信息中心，以确保信息管理工作的顺利进行；同时也有一些大型建设工程项目专门委托专业的咨询公司从事项目信息动态跟踪和分析，从宏观上对项目的实施进行控制。

3. 信息工作流程

各项信息管理任务的工作流程如下：

1）信息管理手册编制和修订的工作流程。

2）为形成各类报表和报告，收集信息、录入信息、审核信息、加工信息、信息传输和发布的工作流程。

3）工程档案管理的工作流程等。

4. 应重视基于互联网的信息处理平台

由于建设工程项目大量数据处理的需要，在当今的时代应重视利用信息技术的手段进行信息管理。其核心的手段是基于互联网的信息处理平台。

11.2 建筑装饰装修工程项目信息的分类、编码

11.2.1 工程项目信息的分类

建设项目有各种信息。业主方和项目参与各方可根据各自项目管理的需求确定其信息的分类，但为了信息交流的方便和实现部分信息共享，应尽可能作出一些统一分类的规定，如项目的分解结构应统一。

可以从不同的角度对建设工程项目的信息进行分类，如：

1）按项目管理工作的对象，即按项目的分解结构，如子项目1、子项目2等进行信息分类。

2）按项目实施的工作过程，如设计准备、设计、招投标和施工过程等进行信息分类。

3）按项目管理工作的任务，如投资控制、进度控制、质量控制等进行信息分类。

4）按信息的内容属性，如组织类信息、管理类信息、经济类信息、技术类信息和法规类信息。

为满足项目管理工作的要求，往往需要对建设工程项目信息进行综合分类，即按多维进行分类，例如：第一维按项目的分解结构。第二维按项目实施的工作过程。第三维按项目管理工作的任务。

11.2.2 工程项目信息的编码

1. 编码的内涵

编码由一系列符号（如文字）和数字组成，编码是信息处理的一项重要的基础工作。

2. 服务于各种用途的信息编码

一个建设工程项目有不同类型和不同用途的信息，为了有组织地存储信息、方便信息的检索和信息的加工整理，必须对项目的信息进行编码。

1）项目的结构编码依据项目结构图对项目结构的每一层的每一个组成部分进行编码。

2）项目管理组织结构编码，依据项目管理的组织结构图，对每一个工作部门进行编码。

3）对项目的政府主管部门和各参与单位编码（组织编码），包括：

① 政府主管部门。

② 业主方的上级单位或部门。

③ 金融机构。

④ 工程咨询单位。

⑤ 设计单位。

⑥ 施工单位。

⑦ 物资供应单位。

⑧ 物业管理单位等。

4）项目实施的工作项编码应覆盖项目实施的工作任务目录的全部内容，包括：

①设计准备阶段的工作项。

②设计阶段的工作项。

③招标投标阶段的工作项。

④施工和设备安装工作项。

⑤项目动用前的准备工作项等。

5）业主方的投资项编码、施工方的成本项编码，它并不是概预算定额确定的分部分项工程的编码，它应综合考虑概算、预算、标底、合同价和工程款的支付等因素，建立统一的编码，以服务于项目投资目标的动态控制。

6）项目的进度计划的工作项编码，应综合考虑不同层次、不同深度和不同用途的进度计划工作项的需要，建立系统的编码，服务于项目进度目标的动态控制。

7）项目进展报告和各类报表编码。项目进展报告和各类报表编码应包括项目管理形成的各种报告和报表的编码。

8）合同编码，应参考项目的合同结构和合同的分类，反映合同的类型、相应的项目结构和合同签订的时间等特征。

9）函件编码，应反映发函者、收函者、函件内容所涉及的分类和时间等，以便函件的查询和整理。

10）工程档案编码，应根据有关工程档案的规定、项目的特点和项目实施单位的需求等建立。

以上这些编码是因不同的用途而编制的，如投资项编码（业主方）、成本项编码（施工方）分别服务于投资控制工作、成本控制工作；进度项编码服务于进度控制工作。但是有些编码并不是针对某一项管理工作而编制的，如投资控制、成本控制、进度控制、质量控制、合同管理、编制项目进展报告等都要使用项目的结构编码，因此就需要进行编码的组合。

3. 工程管理信息化的含义

工程管理信息化指的是工程管理信息资源的开发和利用，以及信息技术在工程管理中的开发和应用。工程管理信息化属于领域信息化的范畴，它和企业信息化也有联系。

我国实施国家信息化的总体思路是：

1）以信息技术应用为导向。

2）以信息资源开发和利用为中心。

3）以制度创新和技术创新为动力。

4）以信息化带动工业化。

5）加快经济结构的战略性调整。

6）全面推动领域信息化、区域信息化、企业信息化和社会信息化进程。

我国建筑业和基本建设领域应用信息技术与工业发达国家相比，尚存在较大的数字鸿沟、它反映在信息技术在工程管理中应用的观念上，也反映在有关的知识管理上，还反映在有关技术的应用方面。

能 / 力 / 测 / 试

一、名词解释

1. 信息管理; 2. 信息管理手册; 3. 编码

二、单选题

1. 项目信息管理的目的是通过对项目信息传输的有效组织和控制,为项目的(　　)提供服务。

　　A. 技术更新　　　　B. 档案管理　　　　C. 信息管理　　　　D. 建设增值

2. 下列工程项目管理工作中,属于信息管理部门工作任务的是(　　)。

　　A. 工程质量管理　　　　　　　　B. 工程安全管理

　　C. 工程档案管理　　　　　　　　D. 工程进度管理

三、简答题

1. 简述信息管理手册的主要内容。

2. 信息管理部门的主要工作任务是什么?

3. 简述工程项目信息的分类。

参 考 文 献

[1] 刘帅，李均．建筑施工组织与管理 [M]．上海：上海交通大学出版社，2015．

[2] 王立霞，刘天萍．施工组织设计 [M]．北京：中国建筑工业出版社，2006．

[3] 冯美宇．建筑装饰施工组织与管理 [M]．4 版．武汉：武汉理工大学出版社，2018．

[4] 吴涛．建设工程项目管理规范实施指南 [M]．北京：中国建筑工业出版社，2017．

[5] 中华人民共和国住房和城乡建设部．建设工程项目管理规范：CB/T 50326—2017[S]．北京：中国建筑工业出版社，2017．

[6] 中华人民共和国住房和城乡建设部．工程网络计划技术规程：JGJ/T 121—2015[S]．北京：中国建筑工业出版社，2015．

[7] 韩国平，陈晋中．建筑施工组织与管理 [M]．2 版．北京：清华大学出版社，2012．

[8] 刘春江．建设工程合同管理 [M]．北京：化学工业出版社，2017．

参考文献

[3]

[4]

[5]

[6]

[7]

[8]